Couvertures supérieure et inférieure
manquantes

BALFOUR STEWART & TAIT

L'UNIVERS

INVISIBLE

ÉTUDES PHYSIQUES SUR UN ÉTAT FUTUR

TRADUIT DE L'ANGLAIS SUR LA DIXIÈME ÉDITION

PAR A.-B..., LIEUTENANT DE VAISSEAU

ET PRÉCÉDÉ

D'UN AVERTISSEMENT *AUX LECTEURS FRANÇAIS*

PAR LE PROFESSEUR D. DE S.-P.....

> Les choses que l'on voit sont temporelles,
> mais celles que l'on ne voit pas sont éternelles.

PARIS

LIBRAIRIE GERMER BAILLIÈRE ET Cie

108, BOULEVARD SAINT-GERMAIN

(Au coin de la rue Hautefeuille.)

TOULOUSE, ÉDOUARD PRIVAT, RUE DES TOURNEURS, 45

1883

L'UNIVERS INVISIBLE

ou

ÉTUDES PHYSIQUES SUR UN ÉTAT FUTUR

AUX LECTEURS FRANÇAIS

« Il n'est jamais inutile, fût-ce au dernier rang, de rendre hommage à qui le mérite. » J'ai besoin de me rappeler ces paroles d'un de nos plus grands écrivains pour répondre au désir qui m'a été exprimé, et présenter au public français le savant ouvrage des professeurs Balfour Stewart et Tait, l'*Univers invisible, études physiques sur un état futur*. La traduction de cette œuvre de science et de conscience est un service éminent rendu aux familiers de la pensée, à tous ceux qui cherchent de bonne foi la vérité dans ces hautes et importantes matières.

Assurément, un livre qui, malgré sa forme austère a pu s'imposer à l'attention d'un pays comme l'Angleterre, et atteindre en si peu de temps la dixième édition, est par là même suffisamment recommandé. Cependant, il est bon de tenir compte du tempérament national et de préparer certains esprits à des procédés de démonstration, à un langage qui ne ressemble guère aux procédés et au langage ordinaires de la métaphysique ou de la théologie ; à des applications tout à fait imprévues des principes et des découvertes de la physique moderne.

Démontrer par des arguments purement scientifiques la possibilité d'une vie future immortelle, et celle d'un Dieu personnel, tel est le principal objet de l'ouvrage, le but de ces spéculations physiques. La noble inspiration à laquelle ont obéi les auteurs est clairement indiquée par cette pensée de Pascal, qui sert d'épigraphe au premier chapitre : « L'immortalité de l'âme est une chose qui nous importe si fort et qui nous touche si profondément, qu'il faut avoir perdu tout sentiment pour être dans l'indifférence de savoir ce qui en est. »

Dans une lettre adressée par Charles Darwin à un jeune étudiant d'Iéna, et dont la publication récente a produit une assez vive émotion, le célèbre auteur de l'*Origine des espèces,* « vieux et malade », déclare que « l'habitude des recherches scientifiques rend un homme difficile en fait de preuves... En ce qui concerne la vie future, ajoute-t-il, chacun doit se décider, pour son compte, entre des probabilités vagues et contradictoires. » Voici deux mathématiciens et physiciens éminents, que l'habitude des sciences exactes a rendus certainement « difficiles en fait de preuves », et qui se proposent d'élever « ces probabilités vagues et contradictoires » à l'état de vérités scientifiques.

Ils ont soin de diviser en trois classes les hommes qui se préoccupent de ce grand sujet. La première comprend ceux qui sont, à l'égard de la vie future, dans cette quiétude de l'esprit, dans ce repos parfait qui constitue la certitude. Ces hommes n'ignorent pas que certaines conclusions de la science semblent être en désaccord avec certaines vérités de la religion; mais, à leurs yeux, ces conclusions sont prématurées, et, après une étude plus approfondie des lois de la nature, on constatera l'harmonie parfaite qui existe certainement entre la science et la révélation. Ce n'est pas pour de tels croyants que sont écrites ces spéculations physiques sur l'immortalité; mais ils pourront y puiser des considérations nouvelles et très concluantes pour défendre leurs croyances, universellement discutées à cette heure.

La seconde classe renferme les chercheurs encore incertains qui connaissent et apprécient les puissants motifs de croire à la vie future, à l'existence du monde spirituel; mais qui se sentent fortement troublés par les objections de quel-

ques savants contre cette doctrine. Ils cherchent
anxieusement la vérité sans pouvoir la découvrir.
C'est surtout à ce genre d'hommes, dont le nombre s'est considérablement accru dans les derniers
temps, à ces esprits tourmentés, honnêtes, et plus
facilement accessibles aux raisonnements scientifiques, que s'adressent les savantes démonstra-
tions de l'*Univers invisible*.

Enfin, la troisième catégorie comprend les maîtres et les disciples des diverses écoles positivistes et matérialistes, qui ne reconnaissent aucune
raison de croire à quelque chose au-delà ou à
côté du monde physique actuel, qui repoussent
à priori toute discussion dogmatique, et n'admettent d'autre réalité objective que celle de la force
unie à la matière. MM. Tait et Balfour Stewart
ne craignent pas d'affirmer que, même à ce point
de vue, leur système d'investigation conduit à
une connaissance plus complète et plus continue
de l'ordre des choses visibles, que ne saurait le
faire le système moniste. Il en est de cette conception de l'univers, comme des hypothèses de
l'atome ou du milieu éthéré : elle fournit les
meilleures explications des phénomènes matériels.

Voici quel est, selon nous, le caractère propre
de ces spéculations sur la vie future, leur originalité réelle bien digne de fixer l'attention du penseur et du savant. Les maîtres les plus autorisés qui

se sont occupés de la méthode expérimentale sont
d'accord pour reconnaître que la science positive,
c'est-à-dire la vraie science, « ne doit jamais faire
intervenir dans ses conceptions la considération
de l'essence des choses, de l'origine du monde et
de ses destinées[1];... elle procède en établissant
des faits, et en les rattachant les uns aux
autres par des relations immédiates[2]... Le caractère essentiel de tout fait scientifique est
d'être déterminé, ou du moins déterminable. Déterminer un fait, c'est le rattacher à sa cause
immédiate et l'expliquer par elle[3]. » C'est en se
conformant à ces règles de la méthode la plus
sévère que MM. Balfour Stewart et Tait péné-
trent jusqu'aux confins de la pensée pure, jusqu'aux limites extrêmes qui séparent la science
expérimentale de la métaphysique et de la théologie; et là, sans sortir de leur domaine, en vertu
d'un principe universellement accepté, et sur lequel même la conception moniste du monde prétend s'appuyer pour nier toute intervention extra-
naturelle, en vertu du principe de Continuité, ils
relient fortement l'ordre présent des choses à un
état passé et à un état futur, ils jettent l'ancre
dans cet univers invisible qui a précédé l'univers

1. Pasteur.
2. Berthelot.
3. Claude Bernard.

actuel, qui coexiste avec lui et qui lui survivra. Cette loi de Continuité, dans la succession des phénomènes tour à tour effets et causes, offre la double garantie de la certitude expérimentale et de la certitude métaphysique. C'est une chaîne sans fin d'événements, tous pleinement soumis à des conditions déterminées ou déterminables, aussi loin qu'on puisse aller en avant ou en arrière, et qui conduit immédiatement à l'immortalité dans un état futur. Tel est, disons-nous, le point de vue culminant et la piquante originalité de ces méditations.

En interrogeant la nature, en se laissant guider, sans défiance et sans hésitation, par les principes scientifiques autorisés, les auteurs de l'*Univers invisible* arrivent à ce résultat que « la science ainsi développée, loin de se présenter en adversaire du Christianisme, devient son [soutien le plus efficace... La science et la religion ne sont pas, ne peuvent pas être deux champs de connaissances sans communication possible entre eux. Une semblable hypothèse est simplement absurde. Il existe indubitablement une avenue, conduisant de l'une à l'autre. Malheureusement cette avenue a été murée avec cet écriteau : *On ne passe pas ici.* » Leur but et leur espoir est de renverser ce mur de séparation.

MM. Tait et Stewart appartiennent à l'Église

anglicane. Lorsqu'ils s'appliquent à fortifier ou à
compléter les témoignages de la physique générale par ceux de la Révélation, ils usent largement
du principe du libre examen dans l'interprétation
des Écritures ou de la doctrine chrétienne, depuis
le dogme de la Trinité jusqu'à celui de la Résurrection. Il ne faut donc pas lire ces pages avec
des préoccupations d'orthodoxie théologique. Leur
métaphysique n'est pas moins indépendante que
leur exégèse, et l'on est un peu surpris, par exemple, de les voir soutenir à plusieurs reprises ces
deux assertions qui se contredisent: « Nous maintenons que l'univers visible, c'est-à-dire l'univers
des atomes, ne peut pas avoir existé de toute
éternité »; — « nous sommes incapables de prouver que l'univers visible n'est pas infini. »
Comme si la première conclusion n'impliquait
pas nécessairement la seconde. Mais n'oublions
pas ce qu'ils nous disent d'eux-mêmes, dès les premières pages : ils ne sont ni métaphysiciens ni
moralistes, encore moins dogmatiseurs ; ils sont
physiciens et mathématiciens, et traitent scientifiquement de la vie future; c'est là qu'est l'importance et le haut prix de l'œuvre.

Après ces considérations générales sur le but
et le caractère de l'ouvrage, il ne reste plus qu'à
tracer le tableau synoptique des sept chapitres

dont il se compose. On saisira mieux ainsi l'or-
donnance des matières, la marche des idées,
qu'il n'est pas toujours facile de démêler dans
le détail des faits, des conceptions ou déductions
scientifiques qui se pressent dans ces fortes
pages.

Dans les préfaces successives des nombreuses
éditions de l'*Univers invisible*, aussi bien que
dans l'Introduction générale, MM. B. Stewart et
Tait s'appliquent à faire bien connaître leur pensée, leur but, leur méthode, et à prévenir ou réfuter les critiques les plus sérieuses. Les lignes
suivantes, pleines de bon sens et d'*humour*, en
offrent un excellent résumé : « Nous nous sommes
honnêtement efforcés de voir les choses avec deux
yeux : l'œil de la science et l'œil de la foi ; d'a-
bord avec le premier, ensuite avec le second,
enfin avec l'un et l'autre. Ce sera beaucoup si
nous avons réussi à faire accepter la légitimité de
cette manière de voir, apparemment la plus naturelle. Nous renonçons à satisfaire les critiques
extrêmes et de parti pris, soit du côté de la
science, soit du côté de la religion, qui regardent
un homme ayant deux yeux comme un monstre,
même dans ces recherches où sont en jeu des
vérités d'une importance réellement vitale. »

Le chapitre Ier, qui a pour titre : *Esquisse
préliminaire*, contient un aperçu rapide des di-

verses croyances sur la vie future adoptées par
les principales nations civilisées. On se borne
aux traits caractéristiques des systèmes plus particulièrement liés au sujet de l'ouvrage. On passe
ainsi en revue la religion des Égyptiens, des Hébreux, — chez lesquels « la vie future n'était pas
niée, n'était pas contestée, mais seulement éclipsée par le sentiment de la présence vivante et actuelle de Dieu lui-même », — les mythologies de
la Grèce et de Rome, « le système philosophique
chrétien », la doctrine de Mahomet, « les siècles
d'obscurité », l'école rationaliste ou centre gauche, l'école matérialiste ou extrême gauche, et
enfin ce nombreux groupe d'hommes qui, au
milieu de luttes douloureuses et d'une grande
amertume d'esprit, ont senti leurs plus chères
aspirations troublées par le travail de la pensée. Les prétendues manifestations du spiritisme
sont examinées en passant, et jugées comme
n'ayant aucune réalité objective.

Dans le chapitre II—*position prise par les au-*
teurs, axiomes physiques— MM. Stewart et Tait
déterminent les deux conditions générales de
l'existence organique, indépendante, dans l'univers invisible comme dans le monde actuel : — un
organe de mémoire qui donne à l'individu prise
sur le passé, — la faculté d'une action variée dans
le présent. Ils attachent, pour la démonstration de

leur thèse, une grande importance à ces deux propositions. Leur manière de concevoir le miracle et de prouver qu'il ne viole pas le principe de Continuité, mérite aussi de fixer l'attention. Ils rappellent, d'après Charles Babbage et Jevons, l'idée nouvelle d'une machine possible qui, après avoir longtemps fonctionné d'une manière régulière, pourrait tout à coup présenter un écart, et reprendre ensuite sa régularité première. Sans rien enlever au miracle de sa force probante, ils montrent ainsi qu'il n'est pas incompatible avec l'idée fondamentale de loi.

Le chapitre III — l'*Univers physique actuel* — résume ce que la science nous enseigne du monde des atomes : à quelles lois il est soumis, quand et comment a eu lieu son commencement, quand et comment aura lieu sa fin. Les deux seules choses réelles de l'univers visible sont la matière passive et l'énergie. Nous pouvons transformer la matière, son apparence, ses propriétés, mais sa masse est hors de notre atteinte. Il en est de même de la force vive, de la quantité de mouvement. Il existe deux formes d'énergie qui se transforment l'une dans l'autre : l'énergie cinétique ou actuelle et l'énergie potentielle. Mais, par suite de l'inégalité de transformation, si l'énergie universelle reste la même en quantité, elle devient de moins en moins utilisable. La tendance de la chaleur vers l'égalisation conduit fatalement le système des atomes à la ruine.

En vertu des lois physiques actuelles, il y aura, à d'immenses intervalles de temps, de puissantes catastrophes amenées par la rencontre de soleils morts. Dans un avenir plus lointain encore, les mondes toujours croissant en grandeur et décroissant en nombre, jusqu'à épuisement complet de l'énergie et de tout mouvement visible, il y aura l'éternel repos. On peut ainsi toucher du doigt le commencement et la fin de l'univers physique actuel.

Chapitre IV. — *Matière et éther.* — Après avoir traité jusqu'ici du fonctionnement de la machine appelée Univers, il s'agit maintenant d'étudier la structure, la nature intime des matériaux qui le composent, et plus spécialement de cette forme étrange de la matière qui sert de véhicule à l'énergie solaire. L'histoire critique des hypothèses les plus raisonnables, imaginées pour résoudre ce problème, prouve combien il est difficile. Aujourd'hui encore, les notions de la science sur la nature intime de la matière sont incertaines, mais on est mieux préparé à concevoir ce qu'elle peut être et ce qu'elle ne peut pas être. Les savants professeurs n'admettent pas l'action à distance : la théorie du choc ou de la pression leur paraît seule acceptable. Ils adoptent,

comme très favorable à leur conception de l'état
futur, cette hypothèse grandiose : l'éther absorbe
la plus grande partie de l'énergie radiante, soit
pour la dissiper en rayonnements dans toutes les
directions de l'espace, soit pour produire d'autres
formes d'énergie dans l'univers invisible. Ils ne
doutent pas que les propriétés de l'éther ne soient
d'un ordre beaucoup plus élevé dans les arcanes
de la nature, que celles de la matière tangible,
que son pouvoir ne soit beaucoup plus étendu
qu'on ne l'a cru jusqu'à présent.

Ce chapitre fait un pas de plus dans la consta-
tation scientifique de la fin des choses actuelles et
de l'immortalité future. Il ne restera pas même
du monde visible, ces masses énormes, inertes,
hors d'usage, et absolument dépourvues d'énergie
utilisable, dont on vient de parler, ces cadavres
de mondes disparaîtront à leur tour ; « pourquoi
l'univers n'enterrerait-il pas ses morts ? »

Dans le chapitre V — *Développement* — l'univers estconsidéré immédiatement après sa production. A-t-il été livré aux lois naturelles, aux
agents pseudo-inorganiques appelés forces? A-t-il
toujours fonctionné de la même manière, ou bien
a-t-il subi quelque interruption apparente? Le
développement des mondes est examiné au triple
point de vue : chimique ou de la substance, — des
globes — de la vie.

Les éléments chimiques ou corps simples, encore indécomposés, ne sont que des combinaisons d'atomes primordiaux d'espèce unique. La chaleur à une haute température suffit à les dissocier ; c'est ce que démontre, dans les différentes atmosphères des étoiles, la corrélation de la blancheur et de la simplicité. Le développement des globes, le *processus* cosmique, fournissent une démonstration nouvelle du commencement et de la fin de l'univers visible dans le temps : Les planètes décrivant des spirales de plus en plus étroites, le soleil et Sirius, après avoir dévoré chacun leur cortège, gravitant l'un sur l'autre, etc... Le seul fait que les grandes masses de l'univers sont de dimension finie suffit pour nous assurer que ce *processus* n'a pas duré toujours.

Dans l'importante question du développement de la vie, les deux éminents physiciens ne refusent pas d'accorder à la nature le pouvoir de transformer les espèces, si on lui laisse le temps d'agir. Ils estiment que l'homme de science doit reculer autant que possible, dans le passé, l'intervention créatrice de la Grande Cause première. Ils pensent, avec M. Wallace, que l'action particulière d'une volonté extérieure a été nécessaire pour la production de l'homme ; et avec le professeur Huxley que « l'orbite du darwinisme

est beaucoup trop circulaire ». Dans vingt ans
d'ici, les naturalistes l'auront certainement modifié. Quant à la production originelle du germe
primordial vivant, ils constatent et démontrent
l'absolue nécessité d'un antécédent doué de vie.

Le chapitre VI, dont nous avouons ne pas
bien comprendre la portée, est rempli par la discussion, assez brève d'ailleurs, de cette question : *Peut-il y avoir dans l'univers actuel des
intelligences supérieures à l'homme?* La conclusion est négative. « La religion, il est vrai, nous
apprend qu'au-dessus de l'homme il est d'autres
êtres, mais ceux-ci ne vivent pas dans l'univers
visible. » Passons au chapitre le plus étendu et
sans doute le plus important de l'ouvrage.

Chapitre VII : l'*Univers invisible.* Il est scientifiquement démontré, on vient de le voir, que le
monde matériel, que la race humaine en tant que
race, ne peuvent durer toujours ; il faut donc
chercher ailleurs « le vêtement de l'immortalité ».
La conception scientifique adoptée pour résoudre
ce problème paraîtra singulier à plus d'un ; mais
certes elle ne manque ni d'élan ni d'ampleur.
L'énergie de l'univers actuel qui passe incessamment et dans de si larges proportions à l'univers
invisible, sera au service de l'âme après la mort,
et lui fournira les éléments de cet organe de mémoire indispensable à la vie personnelle, puis-

que seul il permet de concevoir une prise sur le passé.

On reconnaît aujourd'hui que tout déplacement d'atomes, même au sein de la terre, est ressenti dans l'univers entier. On doit logiquement aller plus loin encore et admettre que les mouvements moléculaires qui accompagnent la pensée — car chacune de nos pensées est accompagnée d'un déplacement de molécules cérébrales — a un retentissement dans l'espace. Une partie de ces mouvements moléculaires est localisée dans le cerveau, de manière à produire notre mémoire actuelle ; les autres parties sont communiquées à l'univers invisible et y sont emmagasinées pour y constituer notre mémoire dans la vie future, les événements accomplis restant accumulés et fidèlement conservés dans un tel organe.

Ce chapitre se continue par une série de réponses anticipées aux diverses objections qu'on pourrait élever contre la thèse proposée ; par la démonstration, toujours au point de vue physique, de la non éternité de l'atome, dans lequel on retrouve les caractères d'un objet manufacturé, de telle sorte qu'il est tout aussi faux de déclarer éternelle cette agrégation qu'on nomme atome, que de déclarer éternelle cette autre agrégation qu'on nomme soleil ; par une distinction aussi simple que lumineuse servant à concilier l'action

des volontés libres avec le principe de Continuité; enfin, par un choix de récits et de textes
de la Bible comparés aux témoignages de la
science.

Résumons-nous : le livre de MM. Tait et B. Stewart est tout entier dans ce syllogisme :

Le principe fondamental de Continuité exige la
continuation des choses;

La continuation des choses, scientifiquement
démontrée impossible dans l'univers actuel, exige
un univers invisible qui lui succède;

Donc, le principe fondamental de Continuité
exige et prouve l'existence de l'univers invisible.

Les spéculations physiques dont se compose
l'ouvrage ne sont qu'un large développement logique de cet argument; elles s'unissent et se forti-
fient l'une l'autre pour démontrer la possibilité,
la réalité et les conditions d'un état futur.

On peut, sans doute, discuter de semblables
thèses, on n'en saurait nier l'importance et la
grandeur; on ne saurait nier le puissant attrait
de ces problèmes souverains, poursuivis avec la
vigueur d'élan et la sûreté de vol que donne la
science moderne bien comprise. Celui qui ne
se laissera pas décourager par la rude fatigue
de l'ascension, qui ne craindra pas le vertige
en cotoyant les profondeurs, sera largement dé-

dommagé en touchant aux sommets. L'horizon
plus vaste et mieux éclairé lui permettra de distinguer cette « avenue, dont parlent les auteurs
de l'*Univers invisible,* qui sert de communication
entre les deux champs de nos connaissances, entre la science positive et la religion révélée. »

Nous ne terminerons pas ces simples pages
d'introduction destinées aux lecteurs français,
sans rendre un nouvel hommage de gratitude à
l'habile traducteur, à l'officier studieux qui a su,
dans le service de mer le plus actif et le plus
pénible, trouver le temps de se livrer à des méditations profondes, à des labeurs prolongés, et
rendre ainsi accessible à un plus grand nombre
une voie nouvelle pouvant conduire à la vérité.

D. DE St-P.

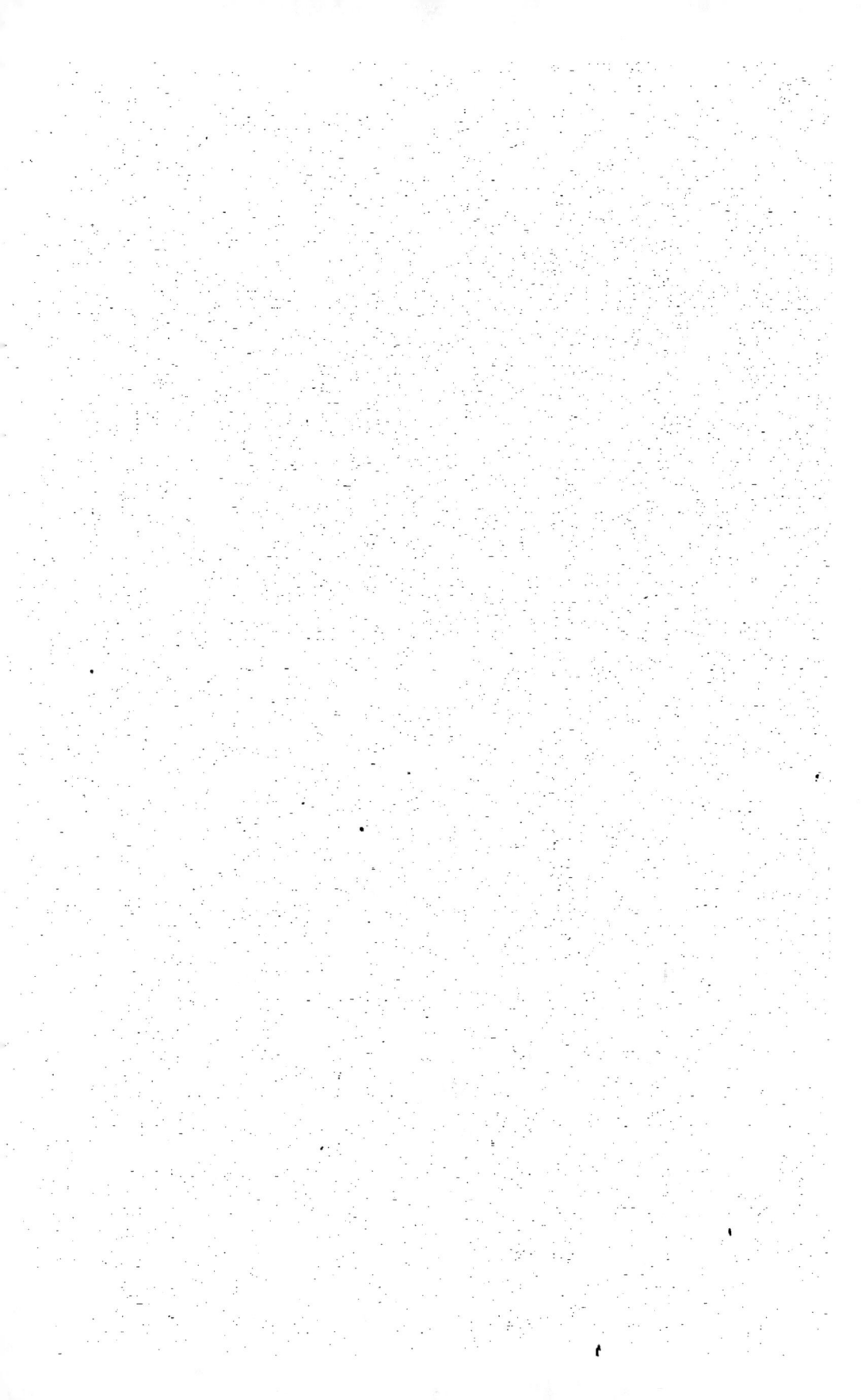

PRÉFACE

(Ceci est la préface de notre sixième édition. Bien que notre ouvrage ait subi plusieurs modifications importantes, nous ne croyons pas nécessaire de les rappeler ici à l'attention du lecteur.)

Nos lecteurs trouveront vers la fin de l'ouvrage le paragraphe suivant, reproduit dans toutes les éditions :

« Nous avons l'espoir que lorsque ces régions de la pensée seront plus sérieusement examinées, elles conduiront à quelque terrain commun sur lequel les hommes de la science, d'une part, et les partisans de la religion révélée, de l'autre, se réconcilieront et reconnaîtront leurs droits respectifs, sans rien sacrifier de leur indépendance, sans porter nulle atteinte à leur respect réciproque. Adoptant cette manière de voir, nous accueillerons avec un sincère plaisir toutes remarques ou critiques sur ce travail qui nous est propre, soit qu'elles proviennent des maîtres de la science, ou des docteurs de la religion. »

Un ouvrage comme le nôtre renfermant un défi de cette sorte devait naturellement provoquer des critiques nombreuses. Préoccupés de l'*odium théologicum*, nous nous sentions prêts à trembler, il faut bien l'avouer, en ouvrant un compte rendu de notre ouvrage dans quelque journal théologique en renom ; mais bientôt nous avons été agréablement surpris de trouver des hommes prépondérants dans les discussions religieuses disposés à nous traiter avec une extrême courtoisie. Ils ont été d'accord avec nous sur bien des points, et quand le besoin s'en faisait sentir, ils ont exprimé leur divergence d'opinion d'une manière parfaitement calculée pour ménager à la fois leur indépendance et notre amour-propre. Nous leur sommes très reconnaissants de ce procédé si encourageant pour nous. Aussi espérons-nous qu'en comparant notre quatrième édition avec la cinquième, on verra que, doués d'une certaine plasticité, nous avons appris à profiter de la critique si loyale et si courtoise qu'on a bien voulu faire de notre ouvrage

A ce propos, nous tenons à déclarer que le principe de Continuité tel que nous l'entendons se rapporte uniquement aux facultés intellectuelles.

Il nous conduit ainsi à affirmer que l'ordre de production de l'univers visible a dû être d'une nature compréhensible, plus ou moins, aux intelligences supérieures de l'univers.

Mais il ne nous conduit pas à affirmer l'éternité de la substance ou matière, car cette affirmation comporterait l'application injustifiable de la loi de conservation de l'énergie à l'univers invisible; or, cette loi n'appartient qu'au système actuel de l'univers.

Le principe ne nous conduit pas davantage à assigner à l'éther un rôle important dans nos corps futurs, car notre connaissance des choses est beaucoup trop limitée pour nous permettre une telle conclusion.

Si, malgré ces remarques, quelque théologien en renom pense que notre quatrième édition et les suivantes sont trop imbues d'idées de cette nature, nous modifierons volontiers notre langage quand l'occasion favorable s'en présentera.

C'est probablement au défaut d'entente de nos paroles ou peut-être à une difficulté sans cesse ressentie par nous de trouver des mots exactement appropriés à plusieurs de nos conceptions les plus nouvelles, que nous devons d'avoir été en quelque mesure qualifiés, même par des critiques bienveillants, de « matérialistes subtils » ou de « positivistes relâchés ».

On reconnaîtra probablement qu'à moins de
forger de nouveaux termes (chose peut-être nécessaire) il est impossible d'échapper à de telles
accusations quand on écrit sur de pareils sujets.

Si les véritables arbitres des discussions religieuses ont ainsi comblé toutes nos espérances
par leurs bons procédés, si même quelques-uns
se sont montrés nos champions plutôt que nos
critiques, nous avons vu avec regret, cependant,
que ce bon exemple n'a pas été suivi par tous
leurs disciples. Mais tout le monde n'est pas un
Bayard, tantôt par défaut de la lame, tantôt par
celui du bras. Des pages de notre livre sous le
nom « d'extrait » ont été cousues ensemble, ici
par des écrivains appartenant à l'école de la Haute
Église anglicane (*High Church*), là par les plus
radicaux du parti évangélique (*Low Church*),
toujours sans aucun égard à leur place dans le
texte ni à leur entourage, et il en est résulté
naturellement une représentation aussi infidèle
que possible de notre pensée. Ces « extraits »,
toujours soigneusement compris entre guillemets,
ne sont pas seulement altérés dans leur signification, par suite de leur séparation arbitraire du
texte voisin, ils sont souvent défigurés par l'in-
sertion de certains termes qu'en qualité d'hommes
de science il nous était impossible d'employer
(par exemple, *force luminifère!*).

Les gens qui usent de ce procédé méritent qu'une fois pour toutes il leur soit appliqué la mercuriale administrée il y a longtemps à leurs pareils par un spirituel, bien que demi-profane, ecclésiastique qui, par application de leur principe, prit pour texte cette portion tronquée d'un verset connu : *Hang all the law and the prophets,* qu'il déclama devant un auditoire stupéfait[1] !

Nous avons indiqué au commencement de cette préface les seules expressions de notre cru qui semblent nous exposer à la controverse. Si nos lecteurs les étudient, ils seront, croyons-nous, aussi convaincus que nous, que vraiment nous sommes dispensés de la tâche sans espoir d'entrer en lice avec *cette* catégorie de critiques. C'est avec répugnance que nous avons cédé au besoin de signaler une pareille méthode de controverse. Elle est, à notre avis, aussi dépourvue de loyauté chrétienne que puissante pour nuire aux intérêts de la vérité.

Les attaques dirigées contre notre ouvrage depuis la publication de la sixième édition trouveront leur réponse (toutes celles du moins venues à notre connaissance) dans l'Introduction. Leur

---

1. C'est-à-dire « *pendez* la loi et les prophètes », là où saint Mathieu dit : « On these two commands hang all the law and the prophets » : de ces deux commandements dépendent toute la loi et les prophètes).   (*Note du traducteur.*)

base, quand elles en ont une, est d'ordinaire quelque court passage détaché du texte voisin et, par suite, accessible à tous les commentaires possibles.

Novembre 1877.

PRÉFACE

DE LA PREMIÈRE ÉDITION

———

Oublieux du splendide exemple donné par des
géants d'intelligence comme Newton et Faraday,
effrayés par les opinions matérialistes aujour-
d'hui librement exposées et souvent enseignées
au nom de la science, les orthodoxes, en matière
religieuse, se trouvent, ce nous semble, en un
mauvais cas.

Comme conséquence naturelle de leur précipi-
tation à conclure que la science moderne est incompatible avec la doctrine chrétienne, certains,
et le nombre n'en est pas trop petit, ont lancé
l'anathème à la science elle-même. Résultat dou-
blement déplorable, car on ne saurait douter qu'il
ait pour effet de nuire, non seulement à la science,
mais aussi à la religion.

Le but que nous essayons d'atteindre dans cet

ouvrage est de montrer que cette prétendue incompatibilité n'existe pas. Cela, en vérité, devrait être l'évidence même pour quiconque croit que le Créateur de l'univers est en même temps l'auteur de la Révélation. Mais il est étrangement remarquable de voir le peu qui suffit bien souvent pour ébranler la foi humaine la plus ferme.

Nous ne songeons pas assurément, dans les limites restreintes que nous nous imposons, à parcourir le champ entier d'un si vaste sujet, et c'est seulement sur un point très important, fondamental même, que portera notre discussion abrégée, et néanmoins, nous l'espérons, suffisamment développée.

Nous essayons de démontrer en fait que l'immortalité est strictement d'accord avec le principe de Continuité bien compris, ce grand principe qui a servi de guide au progrès de la science moderne. Comme résultat de nos recherches, par un raisonnement fondé sur le terrain strictement scientifique, nous arrivons à cette conclusion probable que « *la vie dans l'invisible* et *par l'invisible* doit être regardée comme la vie parfaite. » (Voir ch. VII.) Il n'y a pas lieu d'insister sur l'importance d'une pareille démonstration au point de vue religieux. Incidemment, le lecteur trouvera plusieurs remarques ou procédés de raisonnement applicables, moyennant le changement d'un ou deux mots, à d'autres sujets d'une importance presque égale.

Nous pouvons assurer que les idées développées ici (certainement d'une manière imparfaite, comme le seront toujours celles qui se rapportent à de pareils sujets) ne sont pas le résultat de conjectures hâtives, mais qu'elles se sont imprimées en notre esprit par la discussion et l'étude de plusieurs années.

Nous avons à remercier plusieurs de nos amis, soit dans la théologie, soit dans la science, pour leur concours cordial et utile. Le fond de notre ouvrage y a certainement gagné, bien que la forme ait pu souffrir de l'introduction çà et là de certaines particularités de style, malaisées à éviter sans endommager le sens.

PRÉFACE

——

La meilleure préface de notre seconde édition sera de mentionner l'expérience que nous avons retirée de la première. Il nous sera permis de ne par constater sans plaisir la surprenante discordance des critiques qui nous ont assaillis. C'est grâce à elle, sans doute, que nous avons pu conserver une sorte de stabilité cinétique, comme un homme maintenu en équilibre sous les chocs de myriades de particules d'air qui le frappent également de tous côtés.

Les uns nous appellent incroyants, tandis que d'autres nous représentent comme des orthodoxes trop crédules; ceux-ci nous appellent panthéistes, ceux-là matérialistes, d'autres spiritualistes. Comme nous ne pouvons pas appartenir à toutes les catégories à la fois, on doit présumer que nous n'appartenons à aucune, et telle est, soit dit en passant, notre propre opinion.

Si nous osions entreprendre la classification de nos critiques, nous les diviserions en trois groupes :

1° Ceux qui ont une foi sincère dans la Révélation, plus grande encore et parfois exclusive dans leur manière propre de l'interpréter, mais nulle dans la méthode par laquelle les vrais savants, avec une étonnante unanimité, ont été conduits à expliquer les œuvres de la nature. Ces critiques nous appellent panthéistes, ou incrédules, ou matérialistes dangereusement subtils.

2° Ceux qui donnent leur foi aux méthodes adoptées par les savants pour l'interprétation des lois de la nature, mais qui la refusent absolument à la révélation ou à la théologie. Ceux-là nous donnent pour des orthodoxes crédules et superstitieux, ou pour « les plus entêtés et impénitents rêveurs qui se soient jamais adjugé le titre de penseurs originaux. »

3° Ceux qui croient profondément que les vrais principes de la science seront un jour trouvés d'accord avec la Révélation, et qui font bon accueil à tout ouvrage écrit dans le but de rapprocher ces deux domaines de la pensée. Ceux-là croient que l'Auteur de la révélation est aussi l'Auteur de la nature, et que ces deux œuvres également siennes se montreront à la fin dans un éclatant accord. Ceux des membres de cette école qui, jusqu'à ce jour, ont exprimé leur opinion ont approuvé notre ouvrage.

Nos lecteurs peuvent juger par eux-mêmes laquelle de ces trois catégories se rapproche le plus de la vraie foi catholique.

Beaucoup de nos critiques semblent s'imaginer que nous avons l'absurde prétention de vouloir donner une démonstration de la vérité chrétienne en partant d'une base purement physique. Nous nous attachons simplement à réfuter ceux qui, outrageant la science qu'ils invoquent, ont affirmé qu'elle est incompatible avec la religion. Si le nom de dogmatiseur doit s'appliquer à quelqu'un, ce n'est certainement pas à nous, mais bien à ceux qui déclarent les principes et les données bien avérées de la science en antagonisme avec l'immortalité et le Christianisme. Si, dans le cours de la discussion, nous devenons en quelque mesure des constructeurs, si nous trouvons dans la nature des analogies qui nous semblent jeter de la lumière sur les doctrines du Christianisme, notre but principal n'en est pas moins de renverser des objections mal fondées, plutôt que d'élever un édifice apologétique. Nous laissons ce dernier soin aux théologiens.

L'évêque de Manchester a très bien défini notre

position en disant que (nous plaçant à un point de
vue purement physique, § 204) nous « luttons
pour établir la possibilité d'un Dieu personnel et
d'une vie future ».

Pour employer une autre métaphore, nous
avons simplement arraché le masque hideux dont
le matérialisme avait couvert la face de la nature,
pour retrouver sous ce masque ce que tout homme
susceptible d'une croyance quelconque doit s'attendre à trouver, c'est-à-dire un tableau d'une
incomparable beauté, bien que d'une profondeur
inscrutable. Car, en vérité, nous sommes de fer-
mes croyants dans l'infinie profondeur de la nature, et nous tenons que, tout autant qu'on peut
imaginer l'infini de l'espace et de la durée, nous
devons admettre aussi l'infini de l'univers dans
sa complexité structurale. Pour nous, il serait
tout aussi faux de déclarer éternelle cette *agré-*
gation appelée atome, que de déclarer éternelle
cette autre agrégation que nous appelons soleil.
Tout ceci découle du principe de Continuité. C'est
par lui que nous faisons des progrès scientifiques
dans la connaissance de la nature, et par lui aussi
que nous sommes conduits, quel que soit l'état
de choses considéré, à chercher son antécédent
dans quelque état de choses antérieur faisant
aussi partie de l'univers. Ce principe représente
le passage du connu à l'inconnu, ou, plus exacte-

ment, notre conviction que ce passage existe. Néanmoins, il ne nous permet pas de dogmatiser sur les propriétés de l'inconnu placé au-delà ou aux limites de notre petite « clairière ». Il faut souvent pousser vers cet inconnu et le scruter d'un long labeur opiniâtre, avant que nous puissions seulement dire de quelle sorte sont ses propriétés.

Parmi ceux qui nous reconnaissent comme orthodoxes et pour cette raison nous attaquent, il est une autorité à juste titre éminente. Notre confrère, le professeur W.-K. Clifford, a publié une vive attaque contre notre ouvrage dans un numéro récent de la *Fortnightly Rewiew*. Notre devoir est de prendre en grande considération les arguments d'un adversaire de cette importance.

Il semblerait hors d'état de concevoir la possibilité d'un corps spirituel qui ne mourra pas avec le corps naturel. Ou plutôt il se croit en position d'affirmer, en vertu de sa connaissance de l'univers, que pareille chose ne peut pas être. Nous sommes, dès ce moment, en désaccord avec lui, car, d'après nous, la profondeur de notre ignorance au sujet de l'univers invisible nous interdit une pareille conclusion sur la possibilité d'un corps spirituel.

Notre critique commence son article en évoquant où créant une image grotesque et risible de *notre* argument, et il en entreprend ensuite la démolition. Il finit par faire surgir un fantôme épouvantable, contre lequel il nous précautionne d'une manière touchante. Ce fantôme a déjà, paraît-il, détruit deux civilisations, et il est capable de faire pis encore, bien qu'il ne soit que le « sédiment tamisé d'un résidu. » M. Clifford ne nous dit pas s'il entend par là la religion en général ou seulement sa forme particulièrement inadmissible désignée sous le nom de Christianisme.

Notre critique laisse voir qu'il n'a pas lu notre livre; il s'est, de fait, contenté d'y jeter un coup d'œil. Ceci nous est prouvé par ce qu'il dit des idées de Struve, sur lesquelles nous n'insistons pas du tout; lui, au contraire, les présente comme le grand étai de notre argument. Il découvre aussi que nous sommes les promoteurs d'une certaine constitution moléculaire de l'univers invisible, bien qu'à ce sujet nous disions dans notre livre (§ 220) : *Dans le but de présenter au lecteur nos idées sous une forme concrète, et pour cela seulement, nous allons adopter une hypothèse définie.* Attendre aujourd'hui d'un critique la lecture complète du livre qu'il se plaît à démolir serait assurément beaucoup trop; *mais nous espérions qu'il aurait pu remarquer les italiques.*

Notre critique commet aussi de singulières erreurs dues à des imperfections de mémoire. Pourquoi parler de la forme négative qui paraît dans des mots tels que : *immortalité*, existence *sans fin*, etc., comme étant de notre usage constant, quand les plus ordinaires de nos expressions se rapportant à notre sujet sont des phrases telles que : *vie éternelle*, vie *qui durera toujours*, etc., dont aucune ne comprend la forme négative ?

Comment le soleil a-t-il pu descendre sur Gédéon ? Ceci n'est pas précisément clair. Un tel événement, s'il était arrivé, eût occasionné pour le moins quelque incommodité personnelle à ce héros. Mais qu'importe un nom ? Notre critique pensait évidemment à Josué et à Gabaon ; pourquoi donc un critique s'inquièterait-il aussi de la différence qu'il y a entre les Amorrhéens et les Amalécites ?

C'est une simple affaire d'écriture, une vétille. Dans une note jointe à son article sur « l'Univers Invisible » l'auteur s'excuse d'erreurs analogues commises par lui dans un article précédent ; peut-être avait-il l'intention d'étendre l'excuse au nouvel article, mais il a oublié de le dire ; encore une vétille. Eh bien ! c'est sur des riens encore plus futiles qu'est basé cet article magistral ; aussi, quand nous nous sommes présentés au combat, nous n'avons rien trouvé qui valût une réplique.

Pour en revenir à notre sujet, nous pouvons affirmer en toute confiance que la seule alternative, tant soit peu raisonnable ou soutenable contre notre hypothèse, est l'admission de deux choses stupéfiantes : d'abord, que la matière visible est *éternelle,* ensuite QU'ELLE EST VIVANTE. (Voir § 240.) S'il se trouve quelqu'un pour soutenir de pareilles idées d'après une base scientifique, nous serons heureux d'entrer en lice avec lui.

Nous avons fait dans le texte de nombreux changements peu étendus, mais quelquefois importants. Toutefois, aucun d'eux ne modifie la teneur générale de l'ouvrage, tel qu'il a paru pour la première fois, il y a deux mois.

PRÉFACE

DE LA TROISIÈME ÉDITION

———

Nous avons lieu de penser que, malgré tout ce que nous avons dit, la position que nous prenons n'est pas encore clairement comprise. Nous désirons donc employer la préface de notre troisième édition à nous mettre en règle avec le public sur ce point capital.

Pour commencer par le côté scientifique de notre sujet, nous devons protester une fois de plus que nous ne sommes pas des dogmatiseurs, mais que ce titre appartient plutôt à cette école de savants qui affirme l'incompatibilité de la science avec le Christianisme.

Malgré la persistance de leurs tentatives pour fermer la porte de communication entre le visible et l'invisible, nous maintenons résolûment que cette porte doit rester ouverte.

Cette classe de savants s'attribue l'honneur d'avoir ainsi barré le passage à une foule d'idées superstitieuses qui se seraient inévitablement précipitées dans une avenue ouverte ; ils oublient qu'ils ont en même temps barré le passage aux plus hautes aspirations de l'homme.

Mais, bien qu'aucun de nos arguments en faveur de l'immortalité ne soit fondé sur l'existence de ces aspirations élevées, nous ne pouvons pas permettre à nos adversaires de barrer le chemin, sous prétexte qu'il donnerait inévitablement passage à des voyageurs indignes.

Si c'est bien la grande route royale, elle doit être laissée ouverte ; si l'univers invisible est une réalité, nous n'allons assurément pas le chasser de notre esprit, de peur que quelques personnes entretiennent des opinions absurdes sur ses relations avec l'univers visible. De telles fantaisies ne sont pas chose nouvelle dans la marche de nos connaissances. Quand l'existence de deux choses a été prouvée, on peut établir sur leurs relations réciproques dix mille hypothèses erronées, bien qu'il n'y ait qu'une seule théorie vraie.

D'autre part, il nous reste un mot à dire à cette école religieuse que nos recherches concernent plus particulièrement ; nous voulons parler de l'école qui enseigne la résurrection de nos corps matériels et un état futur grossièrement matériel.

Nous nous sommes efforcés d'expliquer à cette classe de personnes comment leur croyance est en désaccord avec le principe de Continuité que l'on trouve à la base, non seulement de toute recherche scientifique, mais aussi de toute action quelconque dans ce monde.

Dans cet état de choses, elles ont trois partis honnêtes devant elles.

D'abord, elles peuvent reconnaître la vérité de notre doctrine et renoncer à leur opinion ; secondement, elles peuvent combattre notre allégation relative à l'incompatibilité de leurs opinions avec le principe de Continuité ; enfin, elles peuvent décliner l'admission de ce principe scientifique dans les matières concernant leur foi. Or, ce que nous reprochons aux membres de cette école, c'est de n'avoir adopté aucun de ces trois partis. Ils ont préféré nous flétrir du nom d'incroyants et de matérialistes, en quoi ils oubliaient, comme toujours, qu'une telle méthode de discussion n'est ni chrétienne ni convaincante.

Si certaine classe d'hommes religieux a essayé de nous flétrir par de pareilles épithètes, il est une autre école qui considère notre théologie comme étroite et triste. Nous répondons qu'en aucune façon nous ne prétendons être théologiens.

Notre position, à cet égard, a été fort mal comprise. Sans doute, nous cherchons à concilier la science avec la religion. Afin d'y parvenir, il nous faut d'abord savoir quel est le principe fondamental de la science, ensuite quelle est la croyance fondamentale de la majorité des chrétiens, et après cela faire en sorte de montrer que les deux choses ne sont pas incompatibles. En suivant ce procédé, nous avons été conduits à regarder le principe de Continuité comme la grande loi réglant l'examen scientifique, tandis que, d'autre part, l'Ancien et le Nouveau Testament étaient indubitablement considérés par la grande majorité de l'Église du Christ comme les expositions autorisées de la vérité religieuse.

Or, nous trouvons que les termes de l'Écriture concernant la destinée future de l'homme et la constitution du monde invisible pris dans leur sens probable, sinon absolument littéral, ne sont nullement inconciliables avec les déductions scientifiques du principe de Continuité.

Depuis quelques années surtout, nous ne l'ignorons pas, il s'est formé une multitude d'écoles religieuses qui prennent bien des passages de l'Écriture dans un sens qui n'est ni littéral ni encore moins probable, et qui ne reconnaissent peut-être pas aux écrivains sacrés la même autorité indiscutée autrefois. Nous n'entendons pas nous mêler à leurs querelles. Nous ne voyons pas d'ailleurs comment les *Shibboleth* de ces écoles pourraient être affectés par nos arguments, d'autant que, le plus souvent, leurs discussions n'ont rien à voir avec les principes physiques : elles portent plutôt sur des considérations historiques, morales ou métaphysiques, toutes étrangères à notre sujet.

N'ayant donc aucune prétention à un titre que nous n'ambitionnons pas, nous espérons que dorénavant nous ne serons plus considérés comme des théologiens, soit d'une école étroite et sombre, soit d'une école relâchée et hérétique, soit en vérité d'aucune école quelconque.

Septembre 1875.

PRÉFACE

DE LA QUATRIÈME ET DE LA CINQUIÈME ÉDITION

———

A cause des méprises dans lesquelles sont tombés plusieurs de nos critiques nous avons fait précéder cette édition d'une introduction dans laquelle sont expliqués et condensés le but que nous poursuivons et les moyens employés pour l'atteindre. Il n'est donc pas besoin d'en parler ici. Notre ouvrage s'est beaucoup étendu, et a revêtu sur bien des points une forme toute nouvelle; mais nulle part nous ne nous sommes vus dans la nécessité d'altérer ou de révoquer aucune de nos propositions précédentes.

Puisque aujourd'hui nous faisons connaître nos noms, nous pouvons enfin nous plaindre de la conduite d'un journal hebdomadaire de Londres, qui, peu de jours après l'apparition de notre livre, par un procédé très insolite, nous voulons l'espérer, jugea à propos d'en dénoncer l'origine, non sous forme conjecturale, mais comme un fait absolument acquis. Il n'y était autorisé, bien entendu, ni par nous, ni par notre éditeur. Il est regrettable que les exigences de la publicité puissent passer, aux yeux de quelques personnes, pour une justification de tels actes.

En qualité de professeurs de philosophie naturelle, il nous reste à faire une fâcheuse remarque. La grande majorité de nos critiques a montré une ignorance presque absolue de l'usage propre du mot *Force*, qui a pris un sens scientifique défini, et celui-là seul, depuis la publication des *Principia*. Comme ces critiques comptent presque tous parmi les hommes ayant reçu une éducation supérieure, nous devons conclure que l'ignorance sur ce point essentiel est à peu près universelle. Nous n'ajouterons qu'un mot à ce que nous avons déjà dit sur ce sujet dans notre texte (§ 97), c'est que le seul cas de vraie Persistance et d'Indestructibilité de la Force, aussi loin que nous remontions dans nos souvenirs, est celui qui a rapport à la remarquable descente de la lune du baron de Munchausen. C'est un cas sans nul doute extrêmement frappant; mais il est apparemment unique, et il n'a pas encore été soumis au critérium de la science.

B. STEWART.   P.-G. TAIT.

Avril 1876.

INTRODUCTION

Le siècle présent est une époque de progrès très rapide dans presque toutes les branches du savoir.

Ce progrès, comme le flot qui grossit en approchant du rivage, a violemment transformé des régions entières de la pensée, et a fait d'incessantes irruptions dans d'autres, qui, jusque-là, semblaient à l'abri de telles catastrophes.

Trop confiants dans la grande richesse de leur sol, les habitants de ces dernières régions se livraient, depuis une série d'années, à un genre d'exploitation dont les effets commençaient, à la longue, à devenir nuisibles.

Or, voici ce qui arriva : après avoir occasionné de la confusion, suite naturelle d'une soudaine alarme, chaque inondation laissa derrière elle un dépôt fertilisant, et, en même temps, l'indication certaine qu'aucune région de la pensée ne peut jouir d'une prospérité permanente, si elle est complètement séparée des influences intellectuelles qui l'environnent.

Tels ont été, à notre avis, les résultats des débordements récents d'énergie intellectuelle, souvent subversifs en apparence, qui ont envahi les régions occupées par les partisans du christianisme. Aujourd'hui, aucun livre n'est plus lu que la Bible, aucune vie n'est étudiée ni discutée plus à fond que celle du Christ. Ces sujets absorbent probablement une plus grande somme d'ardent intérêt que toute autre branche d'études humaines. Il y a pourtant un grand émoi et presque un soulèvement désespéré parmi les habitants de la région chrétienne : on a cru que les bornes et les barrières avaient disparu, et qu'enfin, après de longues menaces, la marée montante allait attaquer les vies et les assises mêmes de la communauté.

Rassurer ces esprits un peu trop timides sera notre tâche. Puisque nous étudions la philosophie naturelle, nous essaierons d'évaluer la puissance de la marée et, plus spécialement, les forces qui la mettent en mouvement ; ensuite, nous nous efforcerons de convaincre ceux qui sont assez calmes pour être convaincus que ni leurs vies ni leurs demeures ne sont réellement compromises par la violence des eaux, mais qu'au contraire le dépôt laissé par l'inondation deviendra pour eux un bienfait quand la confusion actuelle aura disparu.

Dans le livre de Job (i, 5), l'Esprit du mal dit : « L'homme donnera toujours peau pour peau, et il abandonnera volontiers tout ce qu'il possède pour sauver sa vie. » Cette sentence, en la modifiant, est aussi vraie à l'égard de la vie de l'âme qu'elle l'est pour celle du corps. Otez l'espoir d'une vie future, ayez l'air de démontrer, sinon avec rigueur, du moins en manière plausible, qu'une telle condition est incompatible avec les principes bien compris de la science, l'effet que vous aurez produit sur l'humanité sera, soyez-en certain, absolument désastreux.

Dans tous les cas, ceux qui avancent une proposition de cette nature doivent raisonnablement s'attendre à une opposition déterminée de la part des partisans de la religion.

Avant d'aller plus loin, qu'on nous permette de saisir l'occasion de bien établir que nous nous bornons à discuter le côté purement *physique* de la question d'une vie future. Nous ne sommes ni métaphysiciens ni moralistes; nous laissons donc à d'autres plus compétents l'argument que l'on peut tirer du désir ardent d'une vie future universellement manifesté chez toutes les races intelligentes de l'humanité.

Dans notre quatrième édition et les suivantes, sans avoir altéré le fond de notre discussion, nous avons cependant modifié, jusqu'à un certain point, la forme sous laquelle elle a été tout d'abord présentée au lecteur. Cette forme a pris un caractère mieux défini dans l'édition présente.

Quelques-unes de nos conclusions découlent inévitablement de nos arguments; d'autres, tout en puisant leur force à d'autres sources, ne sont pas en désaccord avec les premières, par lesquelles elles sont au contraire corroborées. Nous n'avions pas établi entre les unes et les autres une distinction suffisante; cette conviction nous est venue en lisant les nombreuses et bienveillantes critiques suscitées par notre livre. Il en est résulté que nous nous sommes vû attribuer des intentions bien éloignées de notre pensée : par exemple, celle de déduire la doctrine théologique chrétienne de simples considérations physiques.

Nous avons donc pensé qu'il était bon, dans ce préambule, de passer en revue devant le lecteur les points fondamentaux de notre thèse. Ceci est d'autant plus utile que, par la suite, nous ne pourrions pas toujours, sans de fâcheux remplissages, conserver la distinction voulue entre les fondements et la superstructure de l'édifice.

Dans son *Analogie,* si justement célèbre, l'évêque Butler commence par un chapitre sur la vie

future. Il dit, avec grande vérité, que si l'on considère la mort comme la destruction des pouvoirs
vitaux, cette idée ne peut provenir que de la *raison d'être de la chose en elle-même* ou *d'analogies
prises dans la nature.* « Or, poursuit-il, cette idée
ne peut provenir de la *raison d'être de la chose,*
car nous ne savons pas ce qu'est la mort. De plus,
nous ne savons pas sur quoi repose l'existence
de nos pouvoirs vitaux, que nous voyons suspen-
dus pendant le sommeil ou pendant une syncope
sans qu'ils soient cependant éteints. L'idée ne provient pas non plus *d'analogies trouvées dans la
nature,* car la mort écarte toute preuve sensible ;
elle nous empêche donc de suivre la trace de toute
analogie qui pourrait nous autoriser à conclure à
la destruction des pouvoirs vitaux. »

Mais, depuis les jours de l'évêque Butler, une
nouvelle école s'est levée. Ses membres annon-
cent qu'à la fin ils ont appris ce que c'est que la
mort, et qu'en vertu de cette connaissance ils
sont en mesure de déclarer que la vie est impossible après elle. Ce sera l'un des principaux objets
de ce volume de montrer sur quels arguments
illusoires repose cette confiante assertion. Nous
essaierons d'établir par principes scientifiques la
nécessité absolue d'un univers invisible, et, par
analogie scientifique, de conclure qu'il est plein
de vie et d'intelligence ; qu'en fait c'est un univers

habité par des esprits, et non un univers mort.

Mais, si les principes scientifiques justifient pleinement notre affirmation d'un pareil univers, ils ne nous permettent pas de supposer que nous ayons acquis ou que nous puissions jamais acquérir rien de plus qu'une notion très sommaire sur sa nature. Nous ne croyons donc pas être en mesure de vérifier ce qu'est réellement la mort.

En conséquence, si l'on nous affirme qu'il n'y a point de monde spirituel invisible et que l'existence de l'individu finit à sa mort, nous opposerons à la première assertion notre dénégation formelle, et, comme conséquence, nous insisterons sur ce que nul de nous ne sait absolument rien sur la mort. Il est évident, en effet, que, pour pouvoir nier scientifiquement la possibilité de la vie après la mort, il faut présenter au moins quelque chose comme une preuve scientifique de la non-existence d'un monde spirituel invisible; car, si l'analogie scientifique est contre un monde invisible, elle est nécessairement aussi contre la probabilité d'une vie après la mort.

D'autre part, si nous nous sentons obligés de croire à un univers spirituel, dès lors, quoiqu'il ne s'ensuive pas que la vie soit certaine après la mort, d'autant que nous ignorons quels aménagements ont pu être préparés pour nous dans ce monde invisible, il s'ensuit néanmoins que nous

ne pouvons nier que cette vie soit possible. Cette
négation exigerait, en effet, de notre part une
connaissance assez profonde de l'invisible pour
nous autoriser à croire qu'il n'y a été pris aucune
disposition nous permettant d'y être transportés.
Or, notre ignorance presque absolue en ce qui
touche l'invisible nous empêche d'arriver à une
telle conclusion.

Quelques-uns de nos critiques nous ont accusés
d'être des dogmatiseurs. Cette accusation est si
peu fondée que, dans la première partie de notre
thèse, celle qui se rapporte à l'invisible spirituel,
nous nous bornons à faire partir nos développements de l'état de choses actuellement reconnu.
Nous prenons le monde comme nous le trouvons,
et nous sommes amenés par des déductions purement scientifiques à reconnaître l'existence d'un
invisible univers.

Nous sommes conduits pareillement à regarder
l'univers invisible comme la source de l'univers
actuel, conclusion que semble admettre un de nos
principaux critiques.

Ici, cependant, nous sommes aux prises avec
l'école matérialiste. Elle continue à insister (con-
trairement à toute analogie, croyons-nous) sur ce
que cet univers invisible est une chose morte,
n'ayant rien qui mérite le nom de vie, et néanmoins elle admet qu'il ait dû exister pendant une

série incommensurable de siècles avant l'apparition de l'univers actuel.

Nos lecteurs voudront bien remarquer qu'en tout ceci nous n'introduisons aucun dogme; nous ne nous occupons pas de l'existence de Dieu. Nous nous bornons à développer nos arguments en partant d'une base qui est commune à nos adversaires et à nous.

On a reproché à notre thèse une certaine tendance à la doctrine de Swedenborg au sujet du corps spirituel. Il est vrai que les principes qui nous guident pour déduire le monde invisible de l'existence continue du monde extérieur, nous conduisent de même, en admettant notre existence après la mort, à reconnaître ce que nous pouvons appeler un corps spirituel. Autrement dit, nous exprimons par ce langage[1], ou tout autre analogue, notre conception d'une chose tenant au passé et en même temps susceptible d'une vie future. Mais pourquoi serions-nous *Swedenborgiens*? Pourquoi pas *Paulistes*? N'est-ce pas le grand Apôtre qui, le premier, a exprimé sa croyance dans ces mêmes termes? Si donc on nous dit que notre manière de concevoir le corps spirituel est décidément celle de Swedenborg, nous

---

1. On verra qu'à partir de notre dernier chapitre nous employons de préférence le mot *âme* pour représenter ce qui survit à la mort chez les bons comme chez les méchants.

répondrons en priant nos critiques de vouloir bien spécifier exactement les idées qu'ils nous attribuent.

Assurément, si nous devons admettre les principes scientifiques, nous tenons pour certain qu'une condition essentielle de l'immortalité est une constitution qui survivra après la mort; mais nous soutenons tout aussi résolument que, sur la nature de cette constitution, nous sommes et nous resterons probablement toujours profondément ignorants.

On nous a également reproché de n'avoir pas suffisamment tenu compte de la possibilité que l'univers actuel soit infini. Il pourrait, dans ce cas, durer toujours et continuer, bien que d'une façon spasmodique, à servir de résidence à des êtres vivants, même en dépit de la dégradation de son *énergie*. Nous sommes incapables de prouver que l'univers visible n'est pas infini; ceci est hors de question; nous l'avons reconnu dans notre ouvrage. Mais notre principal argument est tiré plutôt du passé que du futur. Nous maintenons que l'univers visible, c'est-à-dire l'univers des atomes, doit avoir eu son origine dans le temps, et que si l'univers, dans sa plus large acception, est à la fois éternel et infini, l'univers des atomes ne peut certainement pas avoir existé de toute éternité.

Nous avouons sans peine notre incapacité pour prouver que l'univers des atomes est de grandeur finie; car nous ne pouvons pas affirmer que les étoiles que nous voyons représentent plus qu'une fraction très petite de cet univers; mais, par contre, il nous est impossible de trouver un principe scientifique qui nous conduise à conclure que le nombre des atomes est nécessairement infini.

Mais que l'univers soit fini ou infini, nous avons très grande peine à le concevoir éternel. Regardant l'atome comme une chose qui s'est développée d'un univers invisible préexistant, nous ne pouvons pas facilement le croire capable de durer toujours. Or, s'il existe un élément de décadence dans la substance matérielle de l'univers visible, il deviendra impossible d'affirmer son éternité future, même en supposant qu'il soit actuellement infini.

Notre position ainsi définie, nous sommes disposés à admettre que dans notre première édition nous avons accordé une importance peut-être trop grande à l'argument particulier, en faveur de l'Invisible, tiré de la dégradation future de l'énergie de l'univers visible.

Nous arrivons maintenant à la seconde partie de notre sujet. Jusqu'ici notre seul but a été de montrer que la théorie d'une vie future n'est nul-

lement en contradiction avec aucun des faits avé-
rés ou des principes de la science. Mais nous
n'avons réussi à trouver aucune preuve de dispositions prises dans le monde invisible pour
nous y recevoir après la mort.

Nous avons montré que rien, dans toute l'étendue de la science, ne nous porte à supposer l'impossibilité de la vie après la mort ; mais il nous
reste encore à chercher quels sont les témoignages, s'il en existe, en faveur d'une vie future. Or,
on sait très bien que les partisans du christianisme croient avoir reçu ce témoignage par la résurrection du Christ, et l'on sait également bien
qu'une école de savants, formée depuis quelques
années, rejette cet événement comme inadmissible.

On ne le rejette cependant pas comme un événement exceptionnel ou non confirmé par l'expérience moderne, car on sait de reste que certains
événements exceptionnels ont leur place reconnue dans l'univers, Ainsi, par exemple, il y a
certaines conjonctions de planètes qui sont très
rares, qui n'ont pas eu lieu dans le temps de l'expérience moderne, et pourtant nous n'hésitons
pas un moment à admettre la possibilité de ces
conjonctions. Nous pouvons même aller plus loin
et affirmer qu'à telles époques, que nous pouvons
déterminer avec plus ou moins de précision, ces

conjonctions si rares ont eu lieu dans le passé et auront encore lieu dans l'avenir. Une comète absolument nouvelle, qui (de ce fait que son orbite est hyperbolique) n'était probablement jamais entrée dans le système solaire, et qui n'y reviendra probablement plus jamais, n'est, en aucune façon, une rareté.

Or, nous croyons qu'une extension de la logique purement scientifique nous entraîne à accepter comme tout à fait certaine la réalité de deux événements tout aussi incompréhensibles qu'aucun miracle. Ce sont l'introduction dans l'univers de la matière visible avec son énergie, et l'introduction des êtres vivants. De plus, nous sommes amenés par l'analogie scientifique à regarder l'agence par laquelle ces deux étonnants événements ont été produits comme une agence intelligente. Cette agence a dû choisir son temps pour opérer, et son choix a dû être déterminé par des considérations analogues à celles qui influencent un être humain quand il choisit le moment favorable à l'accomplissement de son dessein.

Si cela est vrai, toute discussion sur les miracles doit être écartée du domaine de la science, et cela par la très bonne raison que la logique scientifique admet la réalité d'événements au moins aussi étonnants. La question est donc maintenant du ressort de l'historien ou du moraliste.

Le devoir du premier est évidemment d'examiner les témoignages en faveur de la vie et de la
résurrection du Christ; l'autre doit chercher
alentour et se demander quelle nécessité morale
offrait l'intervention de cette agence intelligente
particulière, et si, en fait, cette intervention a été
salutaire.

Mais aucune de ces deux manières d'envisager
le sujet n'appartient à la nature de nos recherches.

Nous montrons simplement que l'admission des
miracles du Christ n'entraîne aucune confusion
intellectuelle. Quelques-uns cependant estiment
que cette croyance tend à une confusion, soit
historique, soit morale, soit aux deux ensemble;
mais nous n'avons que faire d'entrer dans ces sujets de dispute. Plusieurs de nos lecteurs pourraient penser que notre discussion devrait se terminer ici; mais il nous semble qu'il reste encore
un point vitalement lié à notre étude. A peine y
a-t-il un être humain qui mette sérieusement en
question la beauté morale du caractère du Christ;
beaucoup il est vrai révoquent en doute la vérité
de ses miracles; tandis que d'autres, peut-être
encore plus nombreux, discutent la vérité de
quelques-unes de ses paroles, surtout de celles
relatives à la constitution d'un monde invisible.

Parmi ces derniers, les uns, professant le plus
profond respect pour le Christ lui-même, plutôt

que de croire énoncée par lui la doctrine qui leur
déplaît, soutiennent que cette doctrine est une
fiction venue après coup et qui a grandi en se
mêlant abusivement aux vraies paroles du Christ ;
les autres admettent bien que les paroles incri-
minées sont authentiquement celles du Christ,
mais prétendent qu'elles ont communément subi
une fausse interprétation. Les choses étant ainsi,
nous estimons que l'accomplissement de notre
programme exige que nous poussions nos recherches au-delà des miracles du Christ et que nous
y comprenions celles de ses paroles qui sont relatives à Lui ou à la constitution du monde invisible. Nous sommes ainsi conduits à la considération d'un autre sujet que nous osons croire intimement lié à l'épigraphe de notre livre. Sous ce
rapport, l'évêque de Manchester a très clairement défini notre position en disant que *d'un
point de vue purement physique,* nous voulons
prouver la possibilité de l'immortalité et celle
d'un Dieu personnel.

Il nous faut cependant partir maintenant d'une
nouvelle base et admettre l'existence d'une Divinité Créatrice et Conservatrice de toutes choses.
Notre intention, toutefois, n'est pas d'entreprendre l'argumentation par laquelle l'existence de
Dieu peut être déduite de l'examen de ses œuvres. Ici donc nous devons nécessairement nous

séparer, de nos amis matérialistes, car s'il a pu leur convenir jusqu'ici de marcher avec nous plus ou moins loin dans la poursuite de notre premier argument, ils refuseront assurément de faire un seul pas dans la seconde étape de notre voyage. A cela nous ne pouvons rien.

Admettant donc l'existence d'une Divinité créatrice et conservatrice de toutes choses, nous considérons que les lois de l'univers sont les conditions relatives au temps, à l'espace et à la sensation, auxquelles le Gouverneur de cet univers a soumis les êtres qui en font partie.

Rien absolument n'est et ne peut être, dans notre compréhension, en dehors de cette toute-puissante et souveraine influence. Il n'est pas une impression exercée sur les sens corporels, pas une pensée ou autre opération mentale qui ne soient soumises à ces conditions imposées par la volonté de Dieu.

Si on nous demandait comment nous pouvons imaginer que le libre arbitre et la responsabilité morale puissent coexister avec cette doctrine, nous pourrions répondre que nous sommes incapables de dire en vertu de quelle constitution particulière des choses la souveraineté de Dieu est compatible avec notre responsabilité morale. Nous ne pouvons pas même concevoir la possibilité d'acquérir jamais le savoir nécessaire pour

répondre à cette question; mais on peut faire
voir, croyons-nous, que la doctrine ci-dessus définie du pouvoir souverain de Dieu n'est pas incompatible avec la responsabilité morale. Car notre énoncé renferme trois choses : d'abord, Dieu,
la source du pouvoir; secondement, les conditions
qu'Il impose; troisièmement, le Moi, l'être soumis
aux conditions ou *conditionné*. On pourrait peut-
être dire que notre être consiste en un faisceau
de sensations, liées ensemble, comme le serait un
paquet de fils, par quelque chose qui n'en est pas
moins une sensation, c'est-à-dire l'impression que
nous possédons une existence individuelle et une
responsabilité morale. Mais cela même étant accordé, nous aurions encore le droit de répondre
que nous ne demeurons pas moins soumis à des
impressions auxquelles rien ne peut nous soustraire.

Or, il nous paraît impossible d'avoir une impression plus profonde et plus difficile à déraci-
ner que celle-ci : nous existons et nous sommes
responsables. C'est quelque chose que nous por-
tons toujours avec nous, même dans les grotes-
ques régions de la pensée où toute individualité
est confisquée. C'est dans ces régions que les matérialistes nous invitent à les suivre, afin de nous
prêter, ou de nous abuser nous-mêmes par l'idée
que nous nous sommes prêtés, à cette spoliation

singuliérement fâcheuse. Mais de même qu'il
nous est impossible de concevoir qu'un homme
puisse s'avaler lui-même, nous ne concevons pas
davantage qu'il arrive à se débarrasser de sa
propre personnalité par n'importe quel procédé
légitime de raisonnement. Pouvons-nous concevoir la conscience sans un être conscient? ou la
sensation sans un être sensitif? Il nous sera permis d'espérer que notre exposé précédent, qui
reconnaît à la fois un Pouvoir Souverain et
notre responsabilité morale, s'imposera de lui-
même à un grand nombre de penseurs, et qu'ils
admettront ainsi virtuellement nos conclusions.
C'est à eux que nous adresserons l'invitation
de nous suivre dans la seconde étape de notre
voyage.

Ainsi donc, puisque nous nous considérons
comme des êtres moraux et intelligents, mettons-
nous dans l'esprit qu'il est diverses voies par lesquelles nous pouvons acquérir le savoir. Nous
n'entendons pas assurément que ces voies soient
absolument séparées l'une de l'autre, car elles
doivent toutes aboutir de quelque manière à
la grande avenue par laquelle nous pouvons
obtenir la perception du Souverain Pouvoir de
Dieu. Ces voies sont : l'étude de la nature et de
ses lois, la communion avec nos semblables et
l'exemple.

Or, pourquoi tous ces chemins divers ne se-
raient-ils pas remplis de la connaissance de Dieu?
Ils seraient ainsi déblayés d'une tourbe de basses et dégoûtantes influences, qui autrement y
jetteraient la confusion.

Assurément, c'est un singulier procédé de raisonnement que celui qui bannit entièrement le
Très-Haut de ces avenues sur cette allégation
qu'Il ne pourrait pas condescendre à y entrer.
Nous avons pleine confiance qu'il y a là quelque
malentendu; essayons donc d'en marquer la nature probable.

Nous avons admis que l'étude de la création
nous conduit à une certaine conception de Dieu;
que, par les facultés dont Il nous a doués, nous
arrivons à reconnaître l'existence d'une Souveraine Puissance; et que si la spéculation scientifique nous fait regarder l'univers comme infini
et éternel à la fois, nous sommes contraints aussi
de reconnaître ce Pouvoir qui est à la base de
tous les phénomènes comme également éternel et
infini.

Ceci, du moins, nous semble être la conclusion à laquelle nous sommes amenés si nous
cherchons à réduire la confusion de l'esprit à
son minimum. Cependant, il serait manifestement
absurde de s'imaginer que, par l'usage de ce raisonnement, nous puissions jamais comprendre la

nature essentielle de Dieu. Nous ne pouvons pas
plus comprendre sa nature par ce moyen que
celle de la matière et de la vie. Mais, assurément,
nous pouvons juger de son caractère par les divers modes d'influence qu'Il exerce sur nous. En
vérité, toute généralisation scientifique, jusqu'à
la simple conclusion que le soleil se lèvera de-
main, est, en un sens, l'expression de notre foi
en l'invariabilité du caractère de Dieu. Si nous
réfléchissons maintenant sur l'enchaînement par
lequel nous sommes arrivés à cette conception
de Dieu, nous verrons que notre point de départ
a été notre être intellectuel seul, s'appliquant iso-
lément à l'étude scientifique des œuvres de la nature. L'idée de notre voisin n'y est entrée pour
rien, et nous avons convenu de nous considérer
en cela comme des êtres intelligents plutôt que
moraux ou sociaux. Il en résulte qu'ayant ouvert
un seul canal à notre raisonnement, la connaissance du caractère de Dieu (c'est-à-dire de ses
relations envers nous) que nous obtenons est
nécessairement incomplète. Sommes-nous cependant autorisés, parce que cette méthode ne
nous a procuré qu'une imparfaite conception
de Dieu, à refuser de croire qu'aucune autre
n'est susceptible de rendre cette conception plus
complète?

La saine logique, à notre avis, exige formellement le contraire; car, si nous admettons que la connaissance de Dieu, tirée de telle source, est incomplète, ne devons-nous pas essayer de la compléter par des connaissances puisées à d'autres sources? Sans doute, si celles-ci fournissent ou semblent fournir des conceptions de la divinité foncièrement incompatibles avec celle que nous avons tirée du canal scientifique, nous aurons le droit de surseoir à notre jugement jusqu'à ce que, d'une manière ou d'une autre, la cause du désaccord soit éliminée.

Mais ce désaccord existe-t-il en fait? Nous ne le croyons pas. Les assertions du Nouveau Testament sur Dieu sont nécessairement enveloppées de mystère; mais le mystère ne peut pas être un indice soit de vérité, soit de fausseté, d'autant que, dans de telles régions, la vérité en est presque inséparable.

La question n'est pas de savoir si ces assertions sont mystérieuses, mais de savoir si elles sont conséquentes avec elles-mêmes et avec les connaissances puisées à d'autres sources. Nous consacrons donc des portions considérables de ce volume à prouver que la conception de Dieu tirée du Nouveau Testament par la majorité des chrétiens n'est, en aucune façon, incompatible avec celle que l'on déduit des principes scientifiques.

Toutefois, en terminant, qu'on nous permette d'exprimer notre conviction que beaucoup de mal a été fait par une certaine classe d'hommes sincères et bien intentionnés appartenant aux diverses églises du Christ. A force de contempler des vérités élevées d'un point de vue, et de celui-là seul, à force de développer à l'excès et dans une direction unique ces analogies par lesquelles le mystérieux a été rendu accessible à la pensée, ils ont produit un résultat qui doit être imputé à blâme, principalement à eux-mêmes. Par un renversement étrange du procédé suivant lequel Satan se transforme en ange de lumière, le noble, le beau et le vrai nous ont été présentés par ces hommes sous une forme qui ne peut qu'inspirer de l'aversion ou du dégoût.

C'est en ces termes que nous répondons, d'un côté, à ceux de nos critiques qui nous attaquent comme enseignant ce qu'ils appellent une étroite et sombre théologie, et, de l'autre, à ceux qui regardent comme dangereuse la méthode de discussion par nous suivie. Nous nous sommes honnêtement efforcés de voir les choses avec deux yeux, l'œil de la science et l'œil de la foi : d'abord avec le premier, ensuite avec le second, enfin avec l'un et l'autre. Jusqu'à quel point avons-nous réussi? Il importe peu, après tout, si seulement la légitimité de ce mode de vision est finalement recon-

nue. Nous obtenons une meilleure appréciation
de la forme et de la distance des objets naturels
quand nous les regardons avec nos deux yeux
physiques; nous osons croire qu'il en est de
même pour les vérités dont nous parlons maintenant.

La première partie de notre thèse est tout à fait
indépendante de la Révélation; nous l'avons déjà
expliqué. Elle s'appuie uniquement sur des données scientifiques et sur les conséquences que
celles-ci semblent entraîner inévitablement.

Dans la seconde partie, nous n'avons pas cru
devoir nous priver du supplément de preuves irré-
futables que nous fournissent les annales chrétiennes. Nous renonçons donc à satisfaire cette
classe de critiques dont le parti pris est d'ignorer
ce que nous regardons comme la croyance pleinement fondée de la majorité des chrétiens; d'autre
part, nous ne nous prêterons pas à l'excessive
timidité d'une autre catégorie qui, apparemment,
regarde un homme ayant deux yeux comme un
monstre, dans ces régions où sont en jeu des vérités d'une importance réellement vitale.

Les horreurs et les blasphèmes du matérialisme sont dûment combattus par tant de théologiens, chaque premier jour de la semaine au
moins, que nous jugeons inutile de nous joindre
à eux à ce sujet. Nous ne saurions, d'ailleurs,

rivaliser avec la plupart d'entre eux ni de force,
ni d'heureuse audace de langage. Nous nous con-
tenterons, pour notre part, de demander simplement quelle sorte de respect témoignent à l'image
humaine de Dieu ceux qui nous mettent au niveau
des « bêtes périssables ». L'esprit des anciens
païens eux-mêmes était moins disposé à de pareilles monstruosités :

Finxit in effigiem moderantum cuncta Deorum
Pronaque cum spectent animalia cætera terram,
Os homini sublime dedit, cœlum que tueri
Jussit, et erectos ad sidera tollere vultus.
Sic, modò quæ fuerat rudis et sine imagine, tellus
Induit ignotas hominum conversa figuras.

Heureusement pour la race humaine, des doctrines aussi sophistiques que celles du matérialisme ne sont encore admises que par une faible
minorité. « Si nous n'avons d'espoir qu'en cette
vie », au nom du sens commun et de l'égoïsme, il
ne nous reste qu'à tirer d'elle le meilleur parti,
quoi que dise ou souffre le voisin. Tout au moins,
n'en tiendrons-nous compte qu'à la façon de ce
juge « sans crainte de Dieu et sans souci des
hommes » quand il disait : « Cette veuve m'en-
nuie; je vais lui rendre justice pour qu'elle me
laisse tranquille. »

Nous terminerons en faisant observer que la
répugnance naturelle à recevoir comme vraie une

religion dont le premier effet est de « convaincre
le monde de péché » est admirablement mise en
relief par les paroles caractéristiques de Pierre[1] :
« Éloignez-vous de moi, Seigneur, parce que je
suis un pécheur. »

1. Voyez aussi le livre de Job, xxi, 14, 15.

CHAPITRE PREMIER

ESQUISSE PRÉLIMINAIRE

> « L'immortalité de l'âme est une chose qui nous importe si fort et qui nous touche si profondément, qu'il faut avoir perdu tout sentiment pour être dans l'indifférence de savoir ce qui en est. »
>
> PASCAL.

> « Car il devrait persévérer jusqu'à ce qu'il ait atteint l'une de ces deux choses : ou bien il découvrirait ou apprendrait la vérité sur elles, ou bien, si cela est impossible, je voudrais le voir adopter la meilleure et la plus certaine des notions humaines, et s'en faire un radeau sur lequel il traverserait la vie, non sans risque, je l'admets, s'il ne trouve pas quelque parole de Dieu qui le porte plus sûrement. »
>
> PLATON.

1. La grande majorité des hommes a toujours cru de quelque manière à une existence après la mort; beaucoup croient à l'immortalité essentielle de l'âme. Cependant, il est certain que l'on trouve bien des incrédules à ces doctrines qui impliquent les plus nobles attributs de l'humanité. Toutefois, on peut se demander s'il est possible ou même concevable que la grande masse

des hommes, après avoir perdu la croyance à une vie future, conserve cependant encore les vertus des sociétés civilisées et bien ordonnées.

Ceux qui ne croient pas à ces doctrines, avons-nous dit, forment la minorité de la race humaine ; mais il faut reconnaître que, dans ces dernières années, la force de cette minorité s'est considérablement accrue. Elle compte, en effet, dans ses rangs, à l'époque actuelle, assez bon nombre d'hommes des plus intelligents, des plus sincères et des plus vertueux.

Si cependant nous pouvions les interroger de près, nous les trouverions peut-être incrédules malgré eux et poussés par le travail de leur intelligence à abandonner le désir de leur cœur, mais seulement après bien des luttes et dans une grande amertume d'esprit.

D'autres encore, sans renoncer absolument à tout espoir d'une vie future, sont remplis de doutes et s'en tiennent à croire que nous ne pourrons jamais aboutir à quelque conclusion raisonnable sur ce sujet. Or, ces hommes n'avaient rien à gagner, mais plutôt beaucoup à perdre en arrivant à ce résultat. Ils ne l'ont atteint qu'avec répugnance et non sans souffrir des persécutions, sans perdre des amis ou sans susciter des querelles. Néanmoins, ils ont hardiment regardé les choses en face, et ont marché jusqu'aux

extrémités quelconques où ils ont cru être guidés
par les faits, même jusqu'au bord d'un abîme.

L'objet du présent volume est d'examiner la
voie intellectuelle qui a conduit à de tels résultats, et nous espérons être à même de montrer
non seulement que la conclusion à laquelle ces
hommes sont arrivés n'est pas justifiée par ce
que nous savons de l'univers physique; mais
qu'au contraire il existe des lignes de raisonnement qui tendent très fortement vers une conclusion inverse.

2. Une division aussi vieille qu'Aristote sépare les penseurs en deux grandes catégories :
ceux qui étudient le *comment* de l'univers et ceux
qui en étudient le *pourquoi*. Tous les hommes de
science sont compris dans la première, tous les
hommes de religion dans la seconde. Les premiers regardent l'univers comme une grosse machine; leur but est d'étudier les lois qui en règlent
les mouvements. Les autres s'inquiètent, en outre, du but de la machine et de l'espèce d'œuvre
qu'elle est destinée à accomplir. Les disciples du
comment sont accusés par leurs adversaires de
vouloir sacrifier l'individu au système; les disciples du *pourquoi* sont accusés par leurs adversaires de vouloir sacrifier le système à l'individu.

Nous pouvons comparer l'univers à un grand
paquebot à vapeur naviguant entre deux ports

bien connus, et ayant à bord deux lots de passagers. Les uns restent sur le pont et font de leur mieux pour deviner la pensée du capitaine sur les perspectives de leur voyage au-delà du port vers lequel ils savent se diriger avec hâte et rapidité; pendant ce temps, les autres restent en bas et examinent à loisir les machines. A l'occasion, il y a de grands débats au haut de l'échelle, où les deux troupes se rencontrent. Quelques-uns de ceux qui ont étudié les machines et le navire affirment que les passagers seront inévitablement naufragés au prochain port, parce qu'il est matériellement impossible que le bon vieux navire puisse les porter plus loin. Ceux du pont leur répondent qu'ils ont une parfaite confiance dans le capitaine; il a déclaré à ceux de son intimité que les passagers ne feraient pas naufrage, mais bien qu'après avoir passé le port ils entreraient dans une terre inédite et toute de félicité. Et ainsi continue l'altercation, ceux du pont ne voulant pas descendre pour étudier les machines, et ceux qui les ont étudiées aimant mieux demeurer en bas.

3. Nos lecteurs comprendront par ce que nous avons dit que les difficultés sur la possibilité d'une vie future s'élèveront plus probablement du côté des disciples du *comment*, c'est-à-dire de ceux qui étudient le mécanisme de l'univers, et comme

cette classe a beaucoup augmenté dernièrement, le nombre des incrédules et des incertains d'une vie future a conséquemment augmenté de même. D'un autre côté, les disciples du *pourquoi* ont existé de temps immémorial, et, dans la plénitude de leur pouvoir, ils se sont fréquemment comportés avec beaucoup de violence envers les disciples du *comment,* qui sont d'origine comparativement moderne. Il ne faut cependant pas croire que cette plus ancienne et vénérable famille ait toujours vécu en paix au dedans d'elle-même, car les disputes ont été nombreuses parmi ses diverses branches, et nullement moins acrimonieuses parce que les membres contendants soutenaient en somme la même cause, c'est-à-dire la réalité d'un monde à venir. Nous allons donc commencer par donner à nos lecteurs un aperçu nécessairement et intentionnellement très succinct des croyances diverses en ces matières professées par les différentes branches de cette grande famille.

4. Prenons d'abord les Égyptiens, le plus ancien peut-être des peuples dont nous possédions des monuments historiques. Les mœurs et les coutumes de cette nation ont été très minutieusement décrites par Sir Gardner Wilkinson, dont l'ouvrage a été notre principal secours pour le résumé qui suit. En premier lieu, il paraît que nous devons marquer une distinction entre les

croyances des prêtres et celles qui avaient cours dans la grande masse du peuple. Les prêtres laissaient la masse de la nation croire à une multitude de divinités et adorer certains animaux comme divins, tandis que les ordres les plus élevés du sacerdoce, initiés aux grands mystères de la religion, paraissent avoir reconnu l'unité de Dieu. Ils croyaient à un Dieu éternel, source des divinités subalternes, et ils ne se permettaient pas même de nommer ce Dieu suprême, encore bien moins de le représenter sous une forme visible quelconque. Les Égyptiens croyaient également à l'existence de démons ou génies invisiblement présents parmi les hommes.

5. Les premières annales égyptiennes attestent la croyance de cette nation à l'immortalité de l'âme. « La décomposition, suivant eux, est simplement la cause de la reproduction. Rien ne périt de ce qui existe, et les choses qui semblent être détruites, changent simplement de nature et passent à une forme nouvelle[1]. »

Anubis avait en Égypte le même office que Mercure en Grèce; il était l'introducteur des âmes quand elles passaient à l'état futur. Amenti était la région où les âmes humaines étaient supposées se rendre après la mort. Sir Gardner

---

1. Wilkinson.

Wilkinson fait remarquer la ressemblance entre ce mot et le mot *ément* (l'ouest). L'ouest, où l'on voyait le soleil se plonger, était regardé comme l'extrémité du monde. Le gardien des régions infernales était appelé *Ouom-n-Amenti,* ou celui qui dévore Amenti. Il avait fréquemment l'apparence d'un hippopotame, mais il était quelquefois aussi représenté avec la tête d'une créature imaginaire tenant de l'hippopotame et du crocodile.

Le jugement de l'âme était présidé par Osiris, aidé de quarante-deux assesseurs représentant les quarante-deux crimes dont un homme vertueux devait être trouvé exempt, ou plutôt les esprits accusateurs qui examinaient le défunt sur le crime particulier qu'ils avaient chacun, charge de punir.

6. Quant au sort de l'âme à l'issue du jugement, les Égyptiens considéraient les âmes humaines comme des émanations de l'âme divine. Ils supposaient que chacune d'elles retournait à son origine divine quand elle était assez pure pour s'unir à la divinité. D'autre part, celles qui avaient été criminelles étaient condamnées à une série de tourments terminés par une seconde mort.

7. Il est considéré comme probable par quelques-uns, que la coutume égyptienne d'embaumer les corps avait rapport à cette doctrine reli-

gieuse, et qu'avant d'obtenir la sépulture, la momie avait été jugée et acquittée par des autorités terrestres. Diodore de Sicile rend compte des cérémonies observées en pareil cas : quarante-deux juges étaient convoqués pour remplir le rôle d'assesseurs et décider sur le sort du corps. S'il pouvait être prouvé que le défunt avait mené une mauvaise vie, son corps était privé de la sépulture accoutumée; dans ce cas, le chagrin et la honte de la famille étaient extrêmes. Diodore voit là un puissant mobile pour prévenir le crime, et loue beaucoup les auteurs d'une si sage institution.

8. Examinons maintenant les anciennes croyandes des Hébreux.

En consultant leurs annales, nous trouvons qu'à une époque primitive ils étaient les esclaves ou les serfs des Égyptiens, ce dont ils furent affranchis par Moïse, qui devint ensuite leur législateur. Moïse avait acquis, par suite d'une sorte d'adoption, une position éminente parmi les Égyptiens et avait probablement été initié à leurs mystères sacrés, car nous lisons qu'il était « instruit dans toute la sagesse des Égyptiens ». Sans discuter la question d'inspiration, nous pouvons facilement nous imaginer que croyant lui-même à l'unité de Dieu, ce chef sagace dût être frappé de la défectuosité d'un système religieux, dans

lequel la vérité restait l'apanage de quelques-uns,
pendant que la grande masse était abandonnée
à l'idolâtrie la plus repoussante.

Il était ainsi très bien placé pour reconnaître
l'importance capitale d'inculquer à l'esprit de la
nation tout entière la croyance à un Dieu invisible, mais toujours présent et toujours vivant.
Nous n'entendons pourtant pas avancer que Moïse
tira ses notions religieuses de l'Égypte, mais nous
croyons que son esprit peut avoir été préparé par
la faiblesse du système égyptien à en recevoir un
meilleur.

9. Dans le système égyptien, il y avait deux
particularités, probablement liées ensemble. Nous
avons vu (§ 4) que dans les rangs élevés du
sacerdoce existait un respect profond, mais en
même temps superstitieux pour le nom de Dieu
qu'on ne pouvait ni nommer ni représenter autrement que par quelque attribut déifié. En même
temps et probablement en conséquence de ce qui
précède, la grande masse du peuple était tenue
dans l'ignorance de l'unité de Dieu et réduite au
culte des divers attributs déifiés d'un être suprême, considérés comme autant de divinités
séparées.

10. Or, la tâche dont Moïse se croyait divine-
ment chargé était de révéler à sa nation tout
entière ce Dieu unique vivant et dirigeant. Ainsi

nous trouvons, dans les écrits sacrés des Juifs,
Dieu disant à Moïse : « Je suis le Seigneur (Jéhovah), qui ai apparu à Abraham, à Isaac et à Jacob
sous le nom de Dieu Tout-Puissant (El Shaddaï),
mais je ne me suis point fait connaître à eux sous
mon nom : Jéhovah[1]. » Notre intention n'est pas
de discuter la signification précise des deux noms
de Dieu que nous trouvons dans les Écritures
hébraïques ; il nous suffit que Moïse se soit efforcé
d'imprimer chez son peuple l'unité et la présence
toujours vivante de l'Être divin.

11. Il paraîtrait encore, qu'en outre de leur
croyance nationale à l'unité de Dieu, les Juifs
croyaient aussi à la réalité d'un monde invisible
contenant des intelligences spirituelles. Les unes
servaient Dieu loyalement et étaient ses messa-
gères ; d'autres, au contraire, se plaisaient à traverser ses desseins et étaient en rébellion contre
Lui. Apparemment on attribuait aux unes et aux
autres un pouvoir considérable, non seulement
sur les esprits et les corps des hommes, mais
aussi sur les opérations de la nature. Ainsi deux
anges sont envoyés par Dieu pour détruire So-
dome ; ailleurs, dans le poème de Job, quand
Satan obtient le pouvoir de tourmenter ce patriarche, il l'accable à la fois en excitant des

1. Exode, vi, 12.

voleurs qui pillent ses biens, en tuant ses enfants par un vent du désert, et, enfin, en frappant le corps de Job lui-même d'une maladie dégoûtante.

Il est peut-être bon de remarquer que tandis qu'il est question dans les Ecritures de diverses apparitions de bons esprits sous la forme humaine, nous n'y lisons rien de certain sur quelque manifestation semblable de mauvais esprits. On peut même supposer qu'une bonne partie de la démonologie de l'Écriture sainte, est une représentation poétique et semi-parabolique de vérités spirituelles. C'est ainsi que Coleridge et d'autres ont pensé que le Satan de Job n'est autre que le dramatique accusateur ou adversaire imaginé par le poète.

12. L'Écriture des Juifs parle très peu de l'état futur de l'homme. Les Hébreux, comme les Assyriens et les Chaldéens, croyaient à Shéol (Hades), demeure sombre et lugubre, peuplée par les ombres des morts. Mais l'existence continue de ces ombres « sans énergie » (Rephaïm) dans ce lieu d'oubli, n'était pas considérée comme l'immortalité, mais plutôt comme l'essence même de la mort. L'espoir religieux de l'immortalité qui se montre dans certains passages de l'Ancien Testament, prend la forme d'une victoire sur la crainte de Shéol, ou d'une délivrance de cette crainte.

Mais cette espérance plus élevée ne vint pas à l'esprit des Hébreux de la même manière que la présence et l'unité de Dieu.

Il nous semble que la conjecture du doyen Stanley est juste, lorsqu'il dit en parlant de cette omission : « Ce n'est pas par défaut de religion, mais plutôt par excès de religion (si nous pouvons nous exprimer ainsi), que cette lacune était restée dans l'esprit des Juifs. La vie future n'était pas niée ni contestée, elle était simplement négligée, laissée de côté, éclipsée qu'elle était par le sentiment de la présence vivante et actuelle de Dieu lui-même. Cette vérité, au moins dans les conceptions limitées de la jeune nation, était trop vaste pour laisser place à une vérité rivale toute précieuse qu'elle fût. Quand David et Ezéchias reculèrent d'effroi devant le vide lugubre de la tombe, c'était par crainte que la mort leur ayant fermé les yeux dans ce monde, ils perdisse t ainsi prise sur ce divin Ami, avec l'existence et la communion duquel ce monde actuel était si intimement associé dans leur esprit [1]. »

13. A mesure que la nation vieillit, nous trouvons des allusions fréquentes et distinctes, indiquant une croyance à une résurrection de quelque sorte. Ainsi, nous trouvons que l'ange dit à

---

1 *Conférences sur la communauté juive.*

Daniel : « Et toute la multitude de ceux qui dorment dans la poussière de la terre s'éveillera, les uns pour la vie éternelle, et les autres pour la honte et l'éternel mépris. Et ceux qui auront été savants brilleront comme l'éclat du firmament; et ceux qui en auront instruit plusieurs dans la voie de la justice, resplendiront comme les étoiles pour toujours et toujours[1] ». Nous trouvons encore : « Mais pour vous, allez jusqu'au temps qui a été marqué, et vous serez en repos, et vous demeurerez dans l'état où vous êtes jusqu'à la fin des jours[2] ». Ailleurs, dans les Apocryphes, un des sept frères mis à mort par Antiochus dit à ce tyran : « Il est bon, quand on est mis à mort par les hommes, d'espérer en Dieu et d'attendre de lui la résurrection. Quant à toi, tu ne ressusciteras pas à la vie[3]. » Et les autres frères parlaient dans les mêmes termes. D'après tout le chapitre il est évident qu'ici l'espoir exprimé par eux était l'effet d'une confiance parfaite en Dieu, plutôt qu'une déduction de leur raison propre ou l'effet d'une révélation qu'ils auraient cru avoir été faite sur ce sujet.

Nous avons encore le témoignage de Josèphe et celui du Nouveau Testament, pour attester que

1. Daniel, xii, 13.
2. Daniel, xii, 2.
3. Machabées, vii, 14.

les pharisiens croyaient à la résurrection. Josèphe nous dit : « Ils (les pharisiens) disent que toutes les âmes sont incorruptibles, mais que toutes les âmes des justes passeront dans d'autres corps, tandis que celles des méchants seront soumises à nn châtiment éternel[1] ».

Les deux mêmes autorités nous apprennent encore que les Saducéens étaient sceptiques à ce sujet, et Josèphe dit : « Ils suppriment la croyance à la durée immortelle de l'âme, ainsi qu'aux peines et aux récompenses en Hadès ».

14. Si maintenant nous passons aux mythologies grecque et romaine, nous trouvons, au sujet de l'état futur, des idées très semblables à celles des Égyptiens, chez qui les idées grecques ont dû être puisées en grande partie.

Ils désignaient sous le nom d'Élysée la demeure destinée aux âmes des bons, tandis que celles des méchants subissaient leurs châtiments dans le Tartare. L'archevêque Whately a parfaitement fait observer qu'on attribuait à ces régions une nature des plus vagues et des plus insubstantielles. « Le poète, remarque Whately, dans lequel tant de gens se contentaient de puiser leurs croyances (Homère), représente Achille parmi les ombres, déclarant que la vie du plus

---

1. Guerre des Juifs, II, VIII, 14.

vil manant sur la terre est préférable aux gloires
immatérielles de l'Élysée. »

Βουλοίμην κ' ἐπάρουρος ἐὼν θητευέμεν ἄλλῳ,
Ἀνδρὶ παρ' ἀκλήρῳ, ᾧ μὴ βίοτος πολὺς εἴη,
Ἢ πᾶσιν νεκύεσσι καταφθιμένοισιν ἀνάσσειν·

Il est à remarquer aussi que dans la pensée
implicite du même poète, c'est le *corps* et non
l'*âme* qui constitue proprement l'« homme » après
que la mort les a séparés. Pour nous, nous serions portés à dire que le *corps* d'un tel est ici et
que *lui*, la personne elle-même, est parti pour
l'autre monde; mais Homère emploie un langage
précisément opposé quand il parle des héros tués
devant Troie. Il dit, par exemple, que leurs âmes
furent envoyées chez les ombres, et qu'ils (eux-
mêmes) furent laissés en proie aux chiens et aux
oiseaux :

Πολλὰς δ' ἰφθίμους ΨΥΧΑΣ Ἄϊδι προΐαψεν
Ἡρώων, ΑΥΤΟΥΣ δὲ ἑλώρια τεῦχε κύνεσσιν·

Nous sommes d'accord avec Whately pour reconnaître que la foi en une région insubstantielle
de ce genre ne peut avoir eu aucune influence
efficace, soit pour détourner les hommes du vice,
soit pour les encourager à la vertu. Elle tend,
en effet, inévitablement à entretenir un goût
exagéré pour les plaisirs de la vie présente, et

un découragement absolu pour le bien et la
vertu. Car, au lieu de considérer, comme aujour-
d'hui, dans la vie future, une sorte de récom-
pense d'une vie pieuse et honnête, les anciens
regardaient plutôt le Hadès comme une pénalité
infligée par l'inexorable destin à tous les hommes, et de laquelle, ni la piété, ni la vertu
n'étaient capables de les préserver.

Cum semel occideris, et de te splendida Minos
Fecerit arbitria;
Non, Torquate, genus, non te facundia, non te
Restituet pietas.
Infernis neque enim tenebris, Diana pudicum
Liberat Hippolytum;
Nec Lethæa valet Theseus abrumpere caro
Vincula Pirithoo.

15. On ne pouvait guère attendre un intérêt
ardent pour un état futur aussi insubstantiel de
la part des esprits émancipés, non plus que des
esprits vulgaires des peuples de ce temps, et cette
indifférence peut très bien avoir facilité l'adoption de la doctrine de certains philosophes grecs,
qui introduisirent la notion d'un état corporel
après la mort. Mais ceci, par cela même, favori-
sait plutôt la doctrine de la transmigration que
celle de la résurrection du corps que l'on voyait
mourir, et dont il était difficile de concevoir la
résurrection, après l'avoir vu dévoré par les
chiens ou détruit de toute autre façon. Nous sa-

vons bien que Pythagore enseigna la doctrine de
la transmigration, mais nous ne sommes pas
sûrs de la manière exacte dont il la comprenait,
car aucun de ses écrits n'est arrivé jusqu'à nous.
Platon touche aussi à une doctrine semblable
dans un passage qui se rapporte, sans doute, à
celle de la préexistence des âmes, et à l'idée que
c'est par châtiment qu'on retombe en quelque
état corporel. Il nous dit : « Si quelqu'un a été
vertueux pendant la vie, il obtiendra par la suite
un sort meilleur; s'il a été méchant. son sort
sera pire. Mais aucune âme ne retournera à son
état primitif avant l'expiration de dix mille années, puisqu'elle ne pourra, qu'après cette période,
recouvrer l'usage de ses ailes, à moins que ce
ne soit l'âme de celui qui aura consciencieuse-
ment philosophé, et qui, à l'amour de la philosophie, aura joint celui de la beauté physique.
Celles-ci, en effet, à la troisième période de mille
années, si elles ont trois fois de suite choisi ce
même mode de vie,.... au bout de la trois millième
année, s'envoleront vers leur première demeure;
mais les autres âmes, arrivées à la fin de leur
première vie, seront jugées. Parmi celles qui
seront jugées, les unes, partant pour un lieu
souterrain, y subiront les châtiments qu'elles
méritent; mais d'autres, par suite d'une sentence
favorable, après avoir été élevées à une certaine

région céleste, auront une existence conforme à
la vie qu'elles auront passée sous la forme humaine. Et dans la millième année, les âmes des
deux catégories qui ont été jugées, reprenant leur
droit d'élection d'une seconde vie, recevront
chacune une vie agréable selon leur désir. Là
aussi, l'âme humaine passera dans la vie d'une
bête, et de la bête reviendra dans un homme, si
elle a été d'abord l'âme d'un homme; car l'âme
qui n'a jamais connu la vérité ne peut pas passer dans une forme humaine. » On suppose ici
qu'il est accordé à l'âme une certaine liberté de
choix; ceux qui ne peuvent pas prétendre à
l'existence la plus éthérée et la plus subtile, ont
à se décider pour une existence corporelle, et
reviennent encore à la forme humaine après avoir
été suffisamment purifiés.

16. Il était tout naturel qu'une croyance de
cette espèce et aussi confuse fît naître une classe
de philosophes qui nièrent complètement la possibilité d'un état futur quelconque. La formation
de cette école fut probablement hâtée par des événements extérieurs. Pendant l'âge d'or de la
Grèce, une république vigoureuse concentrait en
elle-même les énergies des citoyens, et, dans ces
circonstances, il n'était pas vraisemblable que les
esprits fussent disposés à mettre en question la
vérité de la croyance nationale. Tant que les dieux

leur sourirent, ils reconnurent volontiers la réalité active de leur existence. Schmitz a remarqué
que les circonstances politiques, devenues défavo-
rables, pouvaient n'être pas étrangères à la formation de l'école épicurienne. « Les hommes susceptibles de penser étaient amenés à chercher au
dedans ce qu'ils ne pouvaient pas trouver au
dehors. » Les dieux d'Épicure, continue cet
écrivain, « consistaient en atomes et étaient en
jouissance d'un parfait bonheur qui n'avait pas
été troublé par la laborieuse besogne de la création, et comme le gouvernement du monde aurait
pu encore nuire à ce bonheur, Épicure les conce-
vait comme n'exerçant aucune influence quelconque sur le monde ou sur l'homme. » C'est de pareils dieux que parle le poète quand il dit :

Far they lie beside their nectar, and the bolts are hurl'd
Far below them in the valleys, and the clouds are lightly curl'd
Round their golden houses, girdled with the gleaming world
Where they smile in secret, looking over wasted lands,
Blight and famine, plague and earthquake, roaring deeps and
    fiery sands,
Clanging fights, and flaming towns, and sinking ships and
    prayings hands [1].

1. Car ils sont couchés près de leur nectar, et la foudre est
lancée bien au-dessous d'eux dans la vallée, et les nuages sont
doucement ondulés autour de leurs maisons d'or, dans l'au-
réole du monde brillant d'où ils sourient en secret en regardant les terres ravagées, la sécheresse et la famine, les fléaux
et les tremblements de terre, les abîmes mugissants, les sables
brûlants, les combats tumultueux, les villes enflammées, les
navires qui sombrent et les mains suppliantes élevées vers le
ciel.

Le vieux poëte romain Lucrèce, dans son célèbre poëme : *de Rerum natura,* a fidèlement interprété la philosophie épicurienne. Adoptant,
comme Épicure, la théorie atomique ou corpusculaire, il dit à ses lecteurs que l'âme de l'homme
périt avec son corps, et que le comble de la folie
est la crainte de ce qui peut arriver après la
mort.

17. Il n'est pas nécessaire de discuter en détail les opinions des différents philosophes grecs
et romains. Une quantité d'expressions vagues et
quelquefois contradictoires trahissent l'incertitude
de leurs opinions. Désireux peut-être de croire
eux-mêmes à un état futur; désireux, tout au
moins, que la masse de leur nation y crût, il n'est
pas étonnant qu'ils aient fortement senti la difficulté de cette croyance, ou qu'ils aient exposé
leurs doutes dans des écrits qui n'étaient pas destinés à la lecture de la grande masse du peuple.

18. Passons maintenant à l'extrême Orient.
On sait que, dans ces dernières années, une
grande lumière a été projetée sur les anciennes
religions des brahmanes, des mages et des bouddhistes. Dans l'admirable collection d'essais du
professeur Max Müller[1], nous avons un bon
abrégé des résultats obtenus par les laborieuses

1. *Chips from a German Workshop.*

recherches des orientalistes. Nous apprenons
d'eux que le plus ancien monument est le *Rig-
véda,* ou Hymnes sacrées des brahmanes, dans
lequel nous trouvons les croyances d'une grande
partie de la race indo-germanique, à une époque
que l'on suppose comprise entre 1500 et 2000 ans
avant l'ère chrétienne. Dans ces hymnes, les
dieux sont appelés *Devas,* mot que l'on pense être
le même que le latin *Deus.* « Il serait facile, dit
Max Müller, de trouver dans les nombreux
hymnes du *Véda* des passages où chaque divinité
importante est représentée comme suprême et
absolue. Ainsi, dans un hymne, *Agni* (le feu) est
appelé celui « qui régit l'univers... » Dans un
autre hymne, un autre dieu, *Indra,* est déclaré
« plus grand que tout » : « Les dieux, y est-il
« dit, ne t'atteignent pas, ô Indra! ni les hom-
« mes. Tu surpasses toutes les créatures en
« force... » Un autre dieu, *Soma,* est appelé « le
« roi du monde, le roi du ciel et de la terre, le
« conquérant de tout... » Un autre poète dit d'un
autre dieu, *Varuna* : « Tu es le seigneur de tout,
« du ciel et de la terre; tu es le roi de tous ceux
« qui sont dieux et de ceux qui sont hommes... »

« Assurément, ceci n'est pas ce qu'on entend
ordinairement par *polythéisme,* remarque Max
Müller; cependant, il serait également inexact de
lui donner le nom de *monothéisme.* Je le désigne-

rais plutôt par le terme de *kathénothéisme.* Le
sentiment que toutes les déités ne sont que des
noms différents d'un seul et même être divin perce
çà et là dans le *Véda;* mais cela est loin d'être
général. Par exemple, un poète dit : « On l'appelle *Indra, Mitra, Varuna, Agni;* il est cepen·
dant le céleste *Garutmat* aux belles ailes. Celui
qui est un, les sages le désignent de diverses ma·
nières : ils l'appellent *Agni, Yama, Matarisvan.* »

19. Le même auteur nous apprend « qu'il n'y
a dans le *Véda* aucune trace de métempsycose ou
de 'cette transmigration des âmes du corps humain dans celui des bêtes, qu'on suppose généralement être un trait caractéristique de la religion
indienne. Au lieu de cela, nous trouvons le véritable *sine quâ non* de toute religion réelle : la
croyance à une immortalité et à une immortalité
personnelle... Ainsi, nous lisons : « Celui qui
« fait des aumônes va occuper la plus haute place
« du ciel; il va où sont les dieux... » Nous trouvons encore une prière adressée à Soma :

« Là où la lumière est éternelle, dans le monde
« où se trouve le soleil, dans cet immortel et im·
« périssable monde place-moi, ô Soma !

« Où règne le roi Vaivasvata, où se trouve la
« place secrète du ciel, où sont ces eaux puis-
« santes, là rends-moi immortel !

« Là où sont le bonheur et les délices, où rési-

« dent la joie et le plaisir, où les désirs de notre
« désir sont atteints, là fais-moi immortel ! »

Max Müller remarque, en outre, que le *Rig-
Véda* contient des allusions, vagues toutefois, à
un lieu de supplice pour les méchants : « Les
chiens de Yama, le roi des défunts, présentent des
aspects terribles, et on supplie Yama d'en garantir les défunts. Il est encore fait mention d'une
fosse dans laquelle il est dit que les hommes sans
frein sont jetés, et dans laquelle Indra précipite
ceux qui n'offrent pas de sacrifices. »

20. Une religion comme celle-ci, quelle que fût
sa pureté au début, ne devait pas tarder, selon
toute apparence, à se corrompre ; elle versa bientôt dans l'idolâtrie et le polythéisme, du moins au
regard de la masse de ses sectateurs, tandis qu'en
même temps le gouvernement des brahmes, ou
prêtres officiants, dégénérait en une insupportable tyrannie sociale. On devait donc s'attendre à
une double réforme, correspondant d'un côté au
développement religieux, et de l'autre au développement rituel et social du système.

21. La première réforme fut celle que l'on
attribue à Zoroastre et à ses disciples, dont la
croyance est contenue dans le *Zend-Avesta*. Dans
son symbole de foi le disciple de la religion ira-
nienne ou zoroastrienne déclare : « Je cesse d'être
un adorateur des *daèvas* ».

On ne doit pas oublier cependant que, dans cette religion, *daêva* veut dire *devil* (le diable) ou *mauvais esprit*. Ainsi, les formes primitives de la religion de Zoroastre n'excluaient pas nécessairement, ni même en apparence, le culte des bons esprits.

Si les disciples de Zoroastre croyaient à un Dieu suprême qui gouverne le monde, ils donnaient cependant une place prééminente à un esprit du mal qui, plus tard, reçut le nom d'*Ahrimane*, et que l'on supposait exercer une influence très considérable sur l'ordre de la nature et l'esprit des hommes. De fait, Ahrimane paraît être un pouvoir indépendant assez fort pour rendre douteux le triomphe du bien, si ce n'est qu'il agit avant de penser, tandis qu'*Ormuzd* (le bon esprit) pense avant d'agir. Ceci, avec l'attribution à Ahrimane de toute chose nuisible ou mauvaise, constitue le pivot de tout le système.

D'après l'opinion de Max Müller, « la religion de Zoroastre a été fondée comme une protestation solennelle contre le culte des puissances naturelles contenu dans les Védas ». Le même auteur dit encore : « La transformation caractéristique du *Véda* en *Avesta* signifie que ce n'est plus un combat entre les dieux et les démons au sujet des vaches (allusion à un mythe védique), ni la lutte des ténèbres avec la lumière au sujet de la pluie :

c'est le combat d'un homme pieux contre la puissance du mal. »

22. Les disciples de la religion zoroastrienne croyaient à un état futur : « Le mauvais parleur (le diable), nous dit le *Zend-Avesta,* ne détruira pas la seconde vie. »

Les extraits suivants, cités par Max Müller, d'un catéchisme des modernes Parsis, ou disciples de Zoroastre, nous donnent très bien une idée de leur croyance actuelle :

« *D.* A qui croyons-nous, nous qui sommes de la communauté Zarthosti?

« *R.* Nous croyons à un seul Dieu et à nul autre que Lui.

« *D.* Ne croyons-nous pas à quelqu'autre Dieu?

« *R.* Quiconque croit à un autre Dieu que celui-ci est un infidèle, et il souffrira les peines de l'enfer. »

Dans un autre extrait, il est annoncé aux disciples que dans le monde à venir ils seront traités suivant leurs œuvres.

23. La seconde réforme du système brahmanique était relative à son caractère social, et fut provoquée par l'insupportable tyrannie des prêtres. Le réformateur, un jeune prince, naquit environ 500 ans avant Jésus-Christ, et, en raison de sa vie et de ses doctrines, reçut le nom de

Bouddha ou l'Illuminé. Après avoir étudié auprès
de plusieurs brahmes fameux, il arriva à conclure que leurs austérités et leurs doctrines
étaient impuissantes à délivrer les hommes des
misères de cette vie et de la crainte de la mort.
De là, Bouddha en vint à croire que toute chose
visible est vanité, illusion, songe, que la plus
haute sagesse consiste à s'en apercevoir, et à
désirer d'entrer dans *Nirvâna* ou, en d'autres
termes, « se consumer comme une flamme ».

Il semblerait, d'après ces mots, que Bouddha
plaçait le *summum bonum* plutôt dans l'annihilation que dans l'immortalité ; mais on n'aurait
aucune idée exacte du bouddhisme, si l'on ne te-
nait un compte tout particulier de cette notion
si largement répandue dans le paganisme, que la
matière est la source de tout mal. Être délivré
de la *matière,* c'est être délivré *du mal,* et c'est là,
ce semble, la pensée fondamentale du *Nirvâna,*
dans toutes ses expressions diverses. Quoi qu'il
en soit, nous savons qu'apparenté à ces opinions
métaphysiques et extrêmes, le code de morale
établi par Bouddha est un des plus purs que le
monde ait jamais connus. M. Laboulaye dit : « Il
est difficile de comprendre comment des hommes
privés du secours de la révélation aient pu s'élever si haut », et M. Barthélemy Saint-Hilaire
n'hésite pas à dire que, « à la seule exception du

Christ, il n'est pas, parmi les fondateurs de religion, de figure plus pure et plus touchante que
celle de Bouddha ».

24. Par la suite des temps, le mot *Nirvâna*
acquit, parmi les disciples de Bouddha, une signification très différente de celle qu'il avait d'abord.
Bouddha reçut lui-même le culte d'une divinité,
et son *Nirvâna* en vint à signifier un état totalement exempt de souffrance, en un mot un
Elysée.

A l'appui de ce fait, nous pouvons citer,
d'après Max Müller, les dernières paroles de
Hiouen-Tsang, fameux pèlerin venu de Chine au
sanctuaire de Bouddha, et mort dans l'année de
notre ère 644 :

« Je désire, dit-il, que tous les mérites que
j'ai pu acquérir par mes bonnes actions soient
répandus sur mes semblables. Puissé-je renaî-
tre avec eux dans le ciel des élus, être admis
dans la famille de Mi-le, et servir le Bouddha
futur qui est si plein de bonté et d'affection.
Quand je redescendrai sur la terre pour traverser
d'autres formes d'existence, je souhaite, à chaque
nouvelle naissance, remplir mes devoirs envers
Bouddha et obtenir enfin la plus haute perfection
de l'intelligence. »

25. Ayant ainsi décrit à grands traits les diverses formes de croyance à une vie future des

principales nations de l'Orient et de l'Occident, avant la venue du Christ, donnons place à quelques observations.

En premier lieu, il y a deux manières manifestes de comprendre cette croyance. Dans l'une, elle devient le résultat d'une foi implicite en la bonté de Dieu qui ne saurait frustrer le désir naturel de ses créatures intelligentes.

La croyance ainsi comprise appartiendrait probablement à une nation chez qui déjà se serait pratiquement manifestée la vivante présence de la bonté de Dieu. Or, tel était le cas de la nation juive, et l'assurance que même la mort ne pouvait interrompre le commerce intime du croyant avec Dieu, ressort assez clairement de plusieurs des Psaumes. En outre, ce qui est dit d'Enoch indique évidemment une notion de quelque sorte de vie future. Tout ceci dépasse la simple notion de Shéol, qui n'est pas considéré comme un lieu de bonheur. Mais au temps des Machabées, ces notions, jusque-là confuses, avaient pris corps en une croyance définitive. Sans insister ici sur l'authenticité du second livre des Machabées comme document historique, nous pouvons cependant tenir pour certain qu'il reproduit les sentiments de la nation juive à l'époque où il fut écrit. Qu'il soit réel ou non qu'une mère et sept frères aient été mis à mort pour n'avoir pas consenti à violer ce qu'ils croyaient être la loi de Dieu, ou qu'en mourant ils aient affirmé, au nom du Créateur, la continuation de leur existence corporelle, peu importe, car il est manifeste, par ce que nous connaissons des Juifs, que, dans les mêmes circonstances, bien des familles auraient agi comme le décrit l'historien, et seraient mortes avec le même courage, soutenues par le même espoir. Nous sommes ici dans une région où l'idée du *comment* n'a pas encore pénétré. Cette brûlante question n'a pas encore été soulevée et ne paraît guère devoir l'être. Le pouvoir divin n'a pas encore été mis en doute, et ce n'est pas ici que ce doute pourrait recevoir quelque encouragement.

26. Mais l'esprit humain ne peut s'empêcher de raisonner, et ceci nous conduit à la seconde manière d'envisager sa croyance à un état futur. Cette croyance peut résulter d'un mode déterminé de raisonnement à l'égard des conditions possibles de cette vie future. Le raisonnement en question peut évidemment revêtir bien des variétés de forme; cependant, elles se groupent naturellement en trois classes bien définies :

En premier lieu, nous avons la doctrine d'un état éthéré pouvant être éternel ou non;

En deuxième lieu, nous avons la doctrine d'une existence corporelle, capable également d'être éternelle ou de ne pas l'être.

En troisième lieu, la doctrine qu'un état futur est inconcevable ou impossible.

27. La première de ces croyances fut probablement adoptée par une partie des Egyptiens, des Grecs et des Romains, et aussi par la majorité des Juifs. Beaucoup de nations orientales l'adoptèrent aussi. C'était bien, sans doute, une des deux manières de concevoir l'état futur, mais cette conception était d'une très vague et rêveuse nature. C'est à une région semblable que s'applique le passage d'Homère déjà cité, et le désir impatient de ses habitants de l'échanger pour une autre plus substantielle.

Incontestablement, ce n'était pas là un lieu où pussent se plaire des hommes pratiques comme les Juifs, par exemple, et pourtant nul doute qu'il n'eût un grand attrait pour des esprits d'une nature visionnaire et extatique, pour qui la matière était la source du mal.

Le retour de l'âme à son origine divine des Egyptiens, l'entrée dans Nirvâna enseignée par Bouddha et l'absorption en Bouddha lui-même, annoncée par quelques-uns de ses sectateurs, sont autant de preuves qu'une doctrine de cette nature exerce une fascination particulière sur des esprits d'un ordre rêveur. Mais il ne faut pas analyser trop minutieusement la signification exacte et la tendance d'une pareille doctrine, car il nous se-

rait difficile d'entrer dans les sentiments réels de
ses promoteurs, dont notre langage usuel ne pourrait probablement pas exprimer les conceptions
dans toutes leurs nuances.

28. Arrivons maintenant à la croyance à une
existence future corporelle. Nous remarquerons
que la doctrine de la transmigration des âmes
prévalait largement chez les nations déjà citées,
excepté chez les Juifs. Elle était admise, comme
nous l'avons vu, par une classe nombreuse d'Égyptiens; Pythagore et ses disciples l'introduisirent
en Grèce. On la considère comme une propriété
commune appartenant depuis un temps immémorial aux diverses religions de l'extrême Orient;
il est même rapporté par César que les Druides
y croyaient aussi, avec la restriction que la transmigration se bornait aux corps humains.

Plusieurs de nos lecteurs seront peut-être surpris de l'immense extension de cette doctrine, et
s'étonneront de la certitude attribuée à une existence qui passe par le corps de différents hommes
ou animaux, quelque chose peut-être comme une
potion de Léthé étant administrée au moment du
passage. Mais les anciens, incapables d'atteindre
une conception plus élevée d'un avenir corporel,
étaient obligés d'admettre cette doctrine ou une
autre encore plus absurde, savoir : que dans le
même corps déposé dans la tombe reviendra en-

core l'esprit qui l'animait autrefois. Cette préférence générale des anciens (quelques habitants
de l'Égypte et quelques Juifs exceptés) pour la
transmigration ne nous surprend donc pas; mais
ce qui nous surprend au plus haut degré, c'est de
voir que la seconde doctrine, évidemment d'origine égyptienne, ait pu être adoptée par les nations modernes de l'Europe sous un déguisement
chrétien. Nous reviendrons sur ce sujet. Obser-
vons, en attendant, que lorsque les hommes po-
sèrent la première question du *comment* à propos
de la vie future, la réponse fut quelque chose
d'extrêmement vague et insuffisant. Il n'est donc
pas étonnant qu'alors une classe d'hommes qui
n'avaient pas une croyance illimitée en Dieu, et
qui répugnaient à croire à l'une comme à l'autre
doctrine sur l'état futur, ait versé dans l'incré-
dulité philosophique, et dénié formellement toute
possibilité d'une vie future.

29. Nous voici arrivés à un degré de développement qui nous permet d'imaginer que notre
étape prochaine aura pour effet de jeter quelque
lumière sur cette question du *comment*, c'est-à-
dire de nous donner, ou, du moins, de chercher à
nous donner quelque information touchant les
conditions d'une vie future. L'intelligence humaine a essayé d'apprendre par elle-même quelque chose à ce sujet; mais le résultat de ses ten-

tatives a été un échec manifeste : l'épée n'était
pas assez tranchante, ni le bras assez fort pour
abattre la barrière épaisse et impénétrable en
apparence qui ferme le chemin du monde des
esprits.

« Nous ne pouvons pas aller à eux ! » fut le cri
de lamentation unanime des philosophes anciens,
jusqu'à ce que l'un d'entre eux, plus confiant,
suggéra qu'eux pourraient bien venir à nous. Il
est clair que si A et B sont séparés par une barrière, et s'il existe entre eux quelque sympathie,
ils ont deux moyens, et deux seulement, pour
entrer en relation. L'un ou l'autre doit surmonter
la barrière. Si A est trop faible pour cela, mais
qu'en même temps il importe qu'il fasse plus
ample connaissance avec B, on doit s'attendre à
voir B surmonter la barrière, si elle est surmon-
table, et se présenter lui-même à A.

30. C'est une donnée historique, que, vers le
temps de la naissance du Christ, il régna comme
une vague attente qu'un événement de ce genre
allait avoir lieu. Quand le Christ eut fait son
apparition, et qu'il eut assemblé autour de lui
une petite troupe de disciples, on ne saurait
douter qu'il se donna pour intermédiaire avec le
monde des esprits. Tous ceux qui admettent les
récits de l'Évangile, quelles que soient d'ailleurs
leurs différences d'opinion sur la personne et la

doctrine du Christ, seront ici d'accord avec nous.

La prétention solennelle émise par ses disciples au nom de son Évangile fut qu'il « nous avait découvert la vie et l'immortalité[1] », et que « le Christ, par la résurrection, avait aboli la mort ». Ils se fondaient sur leur conviction que le Christ s'était montré lui-même, après sa résurrection, à un certain nombre d'hommes qui n'avaient pas cru jusque-là que le Messie lui-même devait mourir et ressusciter.

En un mot, les disciples du Christ se fondèrent sur sa résurrection comme sur une preuve que la vie est possible après la mort. Lui-même fut considéré comme le prototype d'un système ultérieurement destiné à englober dans la même immortalité glorieuse tous ceux de ses disciples qui étaient unis à leur Maître par une foi vive et sincère.

Évidemment, Paul attachait la plus extrême importance au fait de la résurrection du Christ, car il dit : « Si le Christ n'est pas ressuscité, notre prédication est vaine, et votre foi est vaine aussi. Oui, et nous sommes convaincus d'être de faux témoins à l'égard de Dieu comme ayant rendu ce témoignage de Dieu, qu'il a ressuscité Jésus-Christ, tandis qu'il ne l'a pas ressuscité,

1. II Tim., I, 10.

s'il est vrai que les morts ne ressuscitent pas ; car, si les morts ne ressuscitent pas, Jésus-Christ n'est pas non plus ressuscité, et, si le Christ n'est pas ressuscité, votre foi est vaine, et vous êtes encore dans vos péchés[1]. »

31. Essayons maintenant de reconnaître quelle espèce d'état futur fut enseignée par le Christ. D'abord, c'était un état corporel, un état qui pouvait même s'adapter, avec quelque modification, aux vues des pharisiens, qui croyaient à la résurrection du corps. Mais il y eut une modification gravement importante. Elle se produisit à l'occasion d'une controverse avec les Saducéens, qui essayaient d'embarrasser le Christ en lui présentant le cas d'une femme qui, pendant sa vie, avait épousé les sept frères l'un après l'autre, et lui demandaient duquel elle serait la femme après la résurrection. La réponse à cette question nous est ainsi donnée : « Jésus répondit et leur dit : « Vous êtes dans l'erreur, ne comprenant pas les « Écritures, ni la puissance de Dieu ; car, après « la résurrection, on ne sera ni marié ni donné « en mariage, mais tous seront comme les anges « de Dieu dans le ciel[2]. » Nous pouvons supposer, d'après ce récit, que la réponse dut singulièrement troubler les Pharisiens, qui n'étaient cer-

1. II Cor., xv, 14.
2. Évangile selon saint Matthieu, xxii, 29.

tainement pas arrivés à cette idée de l'état de
résurrection. Ils pensaient évidemment que le
corps ressuscité était semblable au corps actuel,
et, bien qu'ils admissent l'existence des anges et
leur apparition éventuelle aux êtres humains, ils
ne pouvaient pas s'être élevés à l'idée qu'il fût
possible à l'homme d'atteindre un pareil état après
la mort.

32. On dira peut-être que nombre de paroles
du Christ semblent conduire à la doctrine de la
résurrection des mêmes particules matérielles qui
sont déposées dans la tombe. On peut répondre
cependant qu'indubitablement le Christ voulait
imprimer chez ses auditeurs, hommes illettrés et
ignorants pour la plupart, la réalité substantielle
et corporelle d'un état futur, et qu'il parlait, en
conséquence, un langage simple, sans entrer dans
des minuties scientifiques qui n'auraient servi
qu'à embarrasser ces hommes, et à diminuer
l'effet que ces paroles étaient destinées à produire.
Peu de ses auditeurs s'inquiétaient des conditions
de la vie future, et ce ne fut qu'à l'occasion de
l'objection élevée par les lettrés saducéens qu'il
développa sa doctrine. A l'appui de cette opinion,
nous voyons que plus d'une difficulté semblable
s'éleva dans la vie de Paul lorsqu'il se trouva en
contact avec les philosophes de la Grèce et de
Rome.

Dans une de ses épîtres, il pose, en effet, la question : Comment les morts sont-ils ressuscités ? Avec quel corps reviennent-ils ? Il répond alors à l'interlocuteur supposé par les belles et nobles paroles suivantes : « Le soleil a son éclat qui diffère de l'éclat de la lune, comme l'éclat de la lune diffère de l'éclat des étoiles, et, entre les étoiles, l'une est plus éclatante que l'autre. Il en sera de même de la résurrection des morts. Le corps, comme une semence, est maintenant mis en terre plein de corruption, et il ressuscitera incorruptible. Il est mis en terre tout difforme, et il ressuscitera tout glorieux. Il est mis en terre privé de mouvement, et il ressuscitera plein de vigueur. Il est mis en terre comme un corps animal, et il ressuscitera comme un corps spirituel. Comme il y a un corps animal, il y a aussi un corps spirituel[1]. »

33. Nous remarquons ensuite que cette conception d'un corps spirituel semblable à celui des anges est accompagnée, dans le système religieux du Christ, de la conviction que l'univers visible finira sûrement. Ceci est exprimé dans les deux divisions des Écritures considérées comme sacrées par les disciples du Christ. Il est dit dans l'Ancien Testament : « Dès le commencement, vous avez

---

1. I Cor., xv, 35.

posé les fondements de la terre, et les cieux sont
l'ouvrage de vos mains[1]. Ils périront, mais vous
persisterez; ils s'useront tous comme une robe,
vous les changerez comme un vêtement, et ils
seront changés. » Et Paul nous dit : « Les choses
visibles sont temporelles, mais les choses invisibles sont éternelles[2]. » Et Pierre : « Comme un
larron vient durant la nuit, ainsi viendra le jour
du Seigneur. Et alors, dans le bruit d'une effroyable tempête, les cieux passeront, les éléments em-
brasés se disjoindront, et la terre sera brûlée
avec tout ce qu'elle contient... Néanmoins, nous
attendrons, selon la promesse, de nouveaux cieux
et une nouvelle terre, dans laquelle la justice ha-
bitera[3]. Jean nous dit de même qu'il vit, dans
une vision, « un grand trône blanc et celui qui
y était assis, devant la face duquel la terre et le
ciel s'enfuirent, et on n'en trouva pas même la
place[4]. »

De tout ceci nous pouvons conclure que les plus
avancés des disciples du Christ supposaient ce
corps ressuscité de nature angélique et semblable
à celui que, d'après leur croyance, le Christ avait
lui-même revêtu, et, en outre, qu'ils supposaient

1. Ps. cii, 25.
2. II Cor., iv, 18.
3. IIᵉ Épître de saint Pierre, iii, 10.
4. Apocalypse, xx, 11.

que ce corps survivrait après la disparition de
l'univers visible.

34. Nous avons déjà fait remarquer que l'intention du Christ était de présenter à l'esprit de
ses disciples l'état futur éclairé d'une vive lumière, afin qu'ils pussent comprendre la réalité
substantielle de cet état; en conséquence, il leur
fit, d'un côté, une description exaltée des joies
célestes, et, de l'autre côté, un exposé terrible du
sort des âmes perdues. Le ciel fut dépeint par lui
sous des formes variées, comme une salle de fes-
tin, une belle cité, le sein d'Abraham, et, quand
il parlait à ses disciples immédiats, comme un lieu
qu'ils pourraient habiter avec leur Maître. D'autre
part, on croit que la description de l'enfer donnée
par le Christ est empruntée à la vallée de Hinnon. Cet endroit, près de Jérusalem, servait de
réceptacle à toutes sortes d'immondices, dont les
parties combustibles étaient consumées par le feu.
La putréfaction et le ver étaient là toujours à
l'ouvrage, le feu y brûlait toujours, ce qui peut
avoir donné lieu à l'expression : « Où le ver ne
meurt pas, où le feu n'est jamais apaisé. » On ne
peut douter, pensons-nous, de l'intention allégorique de ces expressions. Le but était d'exprimer
par des images crues et terrestres une idée impossible à rendre autrement.

35. On sait toutes les variétés d'opinions entre-

tenues sur la personne du Christ par ceux qui font profession d'être ses disciples. Notre objet n'est pas d'entrer ici dans des controverses théologiques ; nous allons, pour le moment, traiter ce sujet au point de vue historique, et nous nous bornerons à présenter au lecteur les opinions relatives à la personne du Christ et à la constitution du monde invisible entretenues par la grande majorité de ceux qui se donnent le nom de Chrétiens.

Toutes les Églises chrétiennes croient en un seul Dieu ; mais la plupart d'entre elles font consister la divinité en trois personnes : le Père, le Fils et le Saint-Esprit. Le premier paraît être regardé comme l'Être, ou essence, en vertu duquel l'univers existe. Ainsi, en récitant le Symbole des Apôtres, le chrétien dit : « Je crois en Dieu le Père tout-puissant, créateur du ciel et de la terre » ; et les lois de l'univers sont regardées par les théologiens comme les expressions de la volonté de cet Être agissant conformément à son caractère. Ainsi, la Nature (suivant Whately) est l'ordre dans lequel le Créateur et Gouverneur de toutes choses procède dans ses œuvres.

Mais la majorité des Églises chrétiennes affirme virtuellement l'existence de deux autres personnes divines qui agissent dans et par l'univers[1]. On

---

1. Voyez la note du paragraphe 224.

pense que le grand objet de la deuxième Personne
de la Trinité est la manifestation de Dieu à
l'homme, peut-être aussi à d'autres êtres, d'une
manière et dans une mesure qui ne pourraient
être accomplies par des intelligences finies. L'objet principal de la troisième Personne est d'entrer
comme seigneur et dispensateur de la vie dans les
âmes des hommes, peut-être aussi d'autres êtres,
et d'y demeurer de manière à les rendre propres
à la destinée qui leur est assignée dans l'univers
de Dieu.

36. On admet que dans le Christ nous avons
une incarnation de la deuxième personne de la
Trinité, et l'œuvre qu'il a accomplie est considérée comme faite non en violation de l'ordre
des choses, tel qu'il a été établi, mais plutôt en
stricte obéissance à cet ordre de choses. Mais,
tandis que ceci est généralement accepté dans
l'Église du Christ, il s'y trouve cependant certains
esprits qui tiennent que cette doctrine de la soumission du Christ à la loi n'est pas incompatible
avec l'idée que les œuvres miraculeuses du Christ
sont des manifestations de sa divine nature déro-
geant à l'ordre général de façon à dénoter quelque
chose opéré *sur* l'univers plutôt que *dans lui* et
par ses moyens. Nous ne croyons pas que cette
doctrine soit justifiée par les paroles du Christ
lui-même. Il dit : « Je ne cherche pas ma vo-

lonté, mais celle de mon Père, qui m'a envoyé[1]. »
Paul dit aussi : « Quand les temps ont été accomplis, Dieu a envoyé son Fils, formé d'une femme,
formé sous la loi, pour racheter ceux qui étaient
sous la loi, et nous rendre ses enfants adoptifs[2]. »

Le Christ donne souvent ses œuvres comme
opérées par le Père ; par exemple, quand il dit :
« Je ne fais rien de moi-même, mais je ne dis que
ce que mon Père m'a enseigné[3]. » En somme, le
génie tout entier du christianisme semblerait indiquer la soumission complète et absolue du Christ
à toutes les lois de l'univers ; car, en vérité, celles-
ci, comme nous aurons bientôt l'occasion de le
montrer, ne sont qu'une autre expression de la
volonté de Dieu, agissant en conformité avec son
caractère. Pour rendre notre pensée plus claire,
nous pourrions dire que la volonté de l'homme
s'accomplit en conformité des lois de l'univers,
tandis que la volonté de Dieu, définie ci-dessus,
constitue elle-même les lois de l'univers. Maintenant, il nous semble, d'après la teneur des livres
chrétiens, que, dans ce sens, le Christ doit être
regardé comme semblable à l'homme ; mais,
comme ces livres affirment aussi que la relation
du Christ avec l'univers est différente de celle de

1. Jean, v, 30.
2. Gal., iv, 4.
3. Jean, viii, 28.

toute autre créature humaine, les œuvres du
Christ doivent être considérées comme différentes
de celles qu'un simple être humain est en état
d'accomplir.

37. Le système chrétien, dont nous avons ainsi
brièvement énoncé les particularités, fut bientôt
appelé à combattre, d'un côté, les anciens philosophes de la Grèce et de Rome, et, de l'autre côté,
les croyances à demi sauvages de ces races moins
civilisées destinées, plus tard, à s'emparer de
l'empire romain. Ce fut surtout quand les pion-
niers apostoliques arrivèrent en contact avec les
esprits subtils des philosophes anciens que la lumière jaillit sur ce que l'on pourrait appeler le
système philosophique chrétien. Ainsi, nous avons
déjà remarqué (§ 32) que la nature du corps glorieux nous est très clairement indiquée par l'apôtre
Paul. Quant aux nations plus barbares qui, par
la suite, embrassèrent le christianisme, ce n'était
pas à elles à s'embarrasser beaucoup de la possibilité physique d'un état futur, ni même de con-
tester la réalité d'un lieu d'éternels tourments
physiques. Et il arriva ainsi que, lorsqu'ils avaient
affaire à une classe inférieure de prosélytes, quelques chrétiens marquants, à des époques posté-
rieures aux apôtres, en appelèrent plutôt à leur
crainte qu'à leur espérance, et leur présentèrent
sous de vives couleurs des idées terribles sur la

nature de l'enfer. D'autre part, les convertis
d'une classe plus élevée, sans avoir une idée très
nette du ciel, étaient attirés par une aspiration
intense vers un avenir où ils devaient revivre en
compagnie du Christ.

38. Dans le cours de quelques centaines d'années, nous trouvons l'empire romain tout entier
converti au christianisme, bien que toutefois, en
Arabie et dans l'Orient, il semble ou n'avoir fait
que très peu de progrès ou s'être altéré et transformé en quelque chose différant beaucoup de ce
qu'il nous apparaît dans le Nouveau Testament.
Le christianisme n'était pas devenu la religion
nationale des Arabes, et nous concevons très bien
que cette nation, prétendant être regardée comme
le rejeton le plus ancien de la race sémitique, ne
vit pas d'un bon œil une religion qui tirait son
origine d'une branche rivale de la famille. Nous
pouvons encore comprendre qu'avec ce sentiment
les Arabes fussent tout disposés à accepter quelque système religieux habilement combiné et né
chez eux-mêmes.

L'occasion leur en fut offerte par Mahomet.
Acceptant, dans une certaine mesure, les dogmes
de Moïse et du Christ, Mahomet revendiquait cependant la supériorité pour lui-même et pour sa
religion. Il flattait ainsi la vanité de ses compatriotes, qui se considéraient toujours comme la

branche aînée de la race sémitique. Le ciel promis par Mahomet avait un caractère sensuel bien calculé pour enflammer l'imagination de ses compatriotes. Il réussit également bien en décrivant l'enfer comme un lieu de torture physique réservé à ceux qui ne croyaient pas à sa religion. Il chargea, en outre, ses sectateurs de propager ses préceptes par l'épée. Et ainsi les hommes convertis à sa doctrine par la crainte d'un châtiment terrestre étaient ensuite maintenus dans ses rangs par le succès de ses armes et par la promesse d'un paradis plein de terrestres délices, comme aussi par la menace de l'horrible enfer matériel réservé aux infidèles. Nous ne pouvons pas trouver une meilleure et plus graphique description d'un tel système que celle qui nous est donnée par Byron :

> But him the maids of paradise
> Impatient to their halls invite,
> And the dark heaven of houris' eyes
> On him shall shine for ever bright;
> They come — Their kerchiefs green they wave,
> And welcome with a kiss the brave!
> Who falls in battle' gainst the Giaour
> Is worthiest an immortal bower.
> But thou, false infidel! shalt writhe
> Beneath avenging Moukir's scythe;
> And from its torment' scape alone
> To wander round lost Eblis' throne,
> And fire unquench'd, unquenchable,
> Around, within, thy heart shall dwell;

Nor ear can hear nor tongue can tell
The tortures of that inward hell[1]!

Les disciples de Mahomet croyaient à l'unité de
Dieu ; mais il est évident qu'ils n'avaient pas une
très haute conception de son caractère. Leur
genre de foi pouvait pénétrer leur cœur de zèle
et leur bras de vigueur quand ils allaient faire
des prosélytes par l'épée ; mais il était incapable
de produire ce type élevé de caractère qui a si
fréquemment apparu chez les disciples du Christ.

39. Nous sommes maintenant arrivés, dans
l'histoire de notre problème, à la période qu'on a
appelée les *siècles d'obscurité,* pendant laquelle
l'esprit des recherches scientifiques était presque
éteint. Cependant, arriva enfin le temps où, par
suite de causes diverses, l'esprit humain se ré-

1. Mais, lui, les houris du paradis impatientes
    L'invitent à leur palais,
    Et le noir firmament de l'œil des houris
    Sera pour lui toujours brillant.
    Elles arrivent en agitant leur voile vert,
    Et accueillent le brave par un baiser.
    Celui qui tombe en combattant le Giaour
    Est le plus digne du séjour immortel ;
    Mais, toi, menteur d'infidèle! tu te tordras
    Sous la faux vengeresse du Moukir,
    Et tu ne pourras fuir ce tourment
    Que pour errer autour du trône d'Éblis,
    Et un feu toujours brûlant et inextinguible
    Enveloppera ton cœur au dedans et au dehors.
    L'oreille ne peut entendre ni la langue exprimer
    Les tortures de cet enfer intérieur!

veilla de la léthargie dans laquelle il était tombé.

Quand la pensée scientifique se dirigea de nouveau vers le sujet de l'immortalité, il fut aisément reconnu que la doctrine de la résurrection, dans son acception vulgaire, n'était vraiment pas possible, puisqu'on pouvait aisément imaginer le cas de compétitions rivales pour le même corps. Qu'on imagine, par exemple, un missionnaire chrétien tué et mangé par un sauvage qui ensuite est tué lui-même. Il est à la fois curieux et instructif d'observer la répugnance avec laquelle diverses branches de l'Église chrétienne ont été tirées de leurs vieilles conceptions erronées à ce sujet, et par quels expédients, toujours ridicules, parfois positivement repoussants, elles ont essayé d'étayer leur édifice croulant. Quelques-uns estiment seulement nécessaire qu'un simple germe matériel, ou particule organisée du corps, survive jusqu'à la résurrection. Ils ne prennent pas garde que dans cette hypothèse il serait facile de priver un homme du bénéfice, quelque peu douteux, d'une telle résurrection en l'enfermant vivant dans un solide coffre de fer, et, par des moyens appropriés, réduisant la totalité de son être physique en substance inorganique. Boston, dans son *Quadruple Etat* (*Fourfold State*), va plus loin encore : il admet l'idée qu'une simple particule insensible de sueur émanée du corps d'un homme pendant sa vie suffira pour servir de noyau au corps ressuscitant. Ainsi, suivant les partisans de cette école, la résurrection sortirait d'une immense usine à exhalaisons humaines, où les loques usées et dégoûtantes de ce qui fut le corps humain, travaillées avec une grande quantité de matière nouvelle, se transformeraient en un vêtement glorieux et immortel destiné à revêtir un être qui vivra à jamais ! Incontestablement, la continuité existe dans cette hypothèse ; mais c'est la continuité de l'habit de l'Irlandais, que celui-ci conservait avec scrupule et à outrance, ne remplaçant par du neuf que les morceaux qui tombaient absolument. Nous n'avons qu'à comparer cette conception hideusement grotesque au noble et beau langage de Paul pour reconnaître à quelle profondeur d'abaissement les conceptions matérialistes des siècles d'obscurité avaient fait descendre l'Église.

40. Mais il est inutile de dire que l'offre de cette classe de théologiens d'abandonner tout, à l'exception de ce minuscule débris du corps décomposé, toute libérale qu'elle parût être, fut néanmoins rejetée tout d'un trait par l'école des hommes de science. La mort, répliquèrent ceux-ci, doit être considérée comme la destruction totale et absolue du corps visible, du moins en ce qui concerne la vie individuelle. Mais comme, en

même temps, ils professaient leur incapacité à
concevoir l'existence d'un esprit sans corps, ils
furent forcés d'arriver à la conclusion de Priestley[1] : que l'âme n'est pas immortelle de sa nature.
A ce point cependant, l'école scientifique se divise
en deux ou même en trois sections : l'une croit,
avec Priestley et autres, que l'immortalité est un
don nouveau et miraculeux fait à l'homme à sa
résurrection; une autre, incapable de concevoir
que le miracle se répète pour chaque individu, nie
complètement l'état futur, tandis que la troisième
section soutient que toute discussion est inutile,
parce que l'homme, après la mort, est en dehors
de la sphère d'action des recherches humaines.

41. Quant à l'existence et à la nature de la Divinité, diverses opinions ont été élevées par les disciples de ce que nous pouvons appeler l'*école scientifique extrême*. Les uns ont soutenu que nous
n'avons aucune preuve de l'existence de Dieu;
les autres, que rien ne prouve sa personnalité,
tandis que d'autres, tout en reconnaissant que les
œuvres de la création peuvent fournir la notion
du grand pouvoir et de la sagesse de cet Être,
prétendent qu'il y a d'autres attributs de son caractère qui n'y apparaissent pas : « Par exemple,
disent-ils, nous ne pouvons pas reconnaître la

---

1 Voyez *Professor Huxley's Birmingham Lecture.*

bienveillance de la Divinité dans le sens où nous comprenons le mot *bienveillance;* de même que rien ne nous prouve qu'Il est juste dans le sens où nous comprenons le mot *justice.* » On sait que feu John Stuart-Mill se serait montré plus favorable aux dogmes du christianisme, s'il eût pu leur trouver un caractère plus manichéen, c'est-à-dire s'ils avaient accordé à l'esprit du mal une part presque aussi grande que celle de l'esprit du bien dans le gouvernement de l'univers.

42. Arrêtons-nous ici pour indiquer deux points de ressemblance entre cette école scientifique et le système chrétien. Tous deux, ce nous semble, maintiennent, en un sens, la suprématie de la loi ou l'invariabilité de la procédure employée par la Divinité pour gouverner l'univers (§ 36). Tous deux maintiennent de même que les ouvrages extérieurs de l'univers visible sont insuffisants pour manifester certains attributs de la Divinité. Là, cependant, s'arrête la ressemblance; cette école scientifique ne croit avoir aucune information sur ce qui est par-delà l'univers visible; le christianisme, au contraire, affirme l'existence d'un ordre de choses invisible, et le fait que des communications ont eu lieu entre l'un et l'autre dans le double but de révéler Dieu à l'homme et d'élever l'homme à Dieu.

43. Laissons maintenant de côté l'opinion de

ceux que l'on peut désigner comme formant l'extrême gauche, et examinons brièvement les diverses opinions sur un état futur, acceptées par
ceux qui se rangent eux-mêmes dans le giron de
la chrétienté, malgré les différences larges et fréquentes qui les divisent.

Un bon nombre de ceux qui révèrent les Écritures sacrées croient cependant que les descriptions de l'univers invisible qui s'y trouvent sont
purement allégoriques. Ceux-là ne croient pas à
l'existence de mauvais esprits exerçant de l'influence sur l'esprit de l'homme. Satan est regardé
par eux comme une personnification du mal
(διάβολος, l'accusateur, l'avocat du diable) plutôt
que comme possédant une existence réelle et objective. La plus mauvaise moitié du monde invisible ainsi écartée, l'autre moitié ne tarde pas à
suivre le même chemin. Ils ne croient pas à la
présence invisible des anges (ἄγγελος, messager);
enfin, ils ne conçoivent pas au-dessus de l'homme
d'autre puissance que la Divinité, celle-ci agissant
toujours d'après une loi rigide. La conséquence
immédiate de cela est l'inutilité de la prière; ils
la regardent comme nécessairement dépourvue de
toute influence objective, bien que la pratique
puisse en être considérée comme subjectivement
salutaire. Une vie future est, pour eux, admissible, mais seulement sous des conditions et dans

un univers dont nous n'avons et ne pouvons avoir aucune connaissance réelle. A ce point cependant, les vues de ce qu'on peut appeler le *centre gauche* arrivent à s'accorder avec celles de l'extrême gauche.

44. Mais il est d'autres hommes tout disposés à admettre l'existence du monde invisible, qui, cependant, regardent comme allégorique une grande partie des descriptions qu'en donne la Bible. Les uns, tels que les fidèles de l'Église de Rome, considèrent la séparation des âmes après la mort en deux seules catégories comme insuffisante et en désaccord avec l'esprit de l'Écriture; tandis que les autres, ne pouvant pas admettre l'éternité des supplices, croient que les réprouvés seront ultérieurement rappelés et élevés aux régions de la béatitude.

D'autres encore, commentant certaines expressions de la Bible, regardent l'immortalité comme un bienfait réservé uniquement aux bons, et croient que les méchants seront annihilés, corps et âme, en enfer. Nul doute que, pour une nature énergique, un pareil sort fût estimé pire qu'une misère sans fin.

> Sad cure! for who would lose,
> Though full of pain, this intellectual being?
> Those thougts that wander through eternity
> To perish rather, swallowed up and lost

In the wide womb of uncreated night,
Devoid of sense and motion[1].

Ainsi parle Milton par la bouche de Bélial, l'esprit déchu, s'adressant à ses pareils.

45. Nous avons indiqué quelques-unes seulement des interprétations données par ceux qui s'intitulent chrétiens aux enseignements du Christ et de ses apôtres sur l'immortalité. Mais au fond de ces opinions diverses se trouve une idée qui leur est commune à toutes : cette idée est que, lors de l'avènement du Christ, il se serait produit quelque chose de particulier dans l'histoire du monde, qui ne s'est pas répété depuis. Des communications considérées comme uniques auraient été faites à l'humanité, énonçant des assertions qui ne se vérifieraient qu'après le passage de chaque individu dans cette région, d'où ne nous est jamais parvenu aucun souvenir de voyage.

En supplément de cette croyance générale, d'autres hommes sont venus, et le nombre n'en est pas petit, qui ont prétendu avoir reçu une révélation nouvelle et supplémentaire. Dans la plupart de ces cas, l'historien scientifique peut,

---

1. Fatal remède ! car qui voudrait perdre,
   Quoique rempli de souffrance, son être intellectuel ?
   Cette pensée qui erre à travers l'éternité,
   Qu'elle périsse plutôt absorbée et perdue
   Dans le vaste sein de la nuit incréée,
   Privée de sens et de mouvement.

sans hésitation et sans scrupule, conclure à l'illusion ou à une imposture manifeste. Il est, cependant, un système qui mérite une mention plus étendue, car il a conduit à un mode de conception du monde spirituel qui compte encore aujourd'hui de nombreux partisans.

46. Emmanuel Swedenborg, l'apôtre de ce système, était, sous bien des rapports, un homme remarquable. Vivant il y a plus d'un siècle, en un temps où la science prenait haleine pour le saut qu'elle a fait depuis, il semble avoir deviné, sinon positivement annoncé, beaucoup des doctrines aujourd'hui courantes. Nous n'avons pourtant pas maintenant affaire à ses conceptions purement physiques.

Swedenborg a longuement écrit touchant la nature et la destinée de l'homme, et la constitution de l'univers invisible dans lequel il affirmait avoir le pouvoir d'entrer. Il admet l'existence d'une race humaine ou semi-humaine antérieure à Adam, race qui, d'après lui, aurait vécu comme les bêtes. « L'homme, dit-il, considéré en lui-même, n'est rien de plus qu'une bête... Le signe particulier qui place l'homme au-dessus des animaux, signe que les animaux n'ont pas et ne pourront jamais avoir, consiste en la présence du Seigneur dans sa volonté et dans son entendement. C'est en conséquence de cette union avec le Sei-

gneur que l'homme vit après la mort. De lui-
même, il aurait ici-bas l'existence d'un animal ne
se souciant que de soi et de sa famille. Le Seigneur
est cependant si miséricordieux, étant divin et
infini, qu'il ne le quitte point et qu'il lui insuffle
continuellement sa propre vie, par quoi il le rend
capable de discerner le bien du mal, la vérité du
mensonge. »

A l'égard de la nature mortelle de l'homme,
Swedenborg nous dit que « l'homme, à sa naissance, revêt les substances les plus grossières de
la nature qui composent son corps; il s'en dé-
pouille à la mort, mais il en retient 'es plus pures,
les plus voisines de celles qui sont spirituelles.
Ces substances plus pures lui servent ensuite de
corps, d'enveloppe et d'organe de son esprit[1]. »

« Un homme à la mort, dit-il encore, s'échappe
de son corps comme d'un vêtement déchiré et
usé, emportant avec lui tous ses membres, ses
facultés et fonctions complètes, sans que rien y
manque, et néanmoins son cadavre demeure aussi
lourd que lorsqu'il y était renfermé. »

A l'égard du monde spirituel, il nous dit « que
le monde naturel tout entier correspond au monde
spirituel collectivement et aussi dans chaque
partie; car le monde naturel existe et subsiste

---

1. *Vie et écrits de Swedenborg,* par William White.

en vertu du monde spirituel, exactement comme
un effet existe en vertu de sa cause. » Il nous dit
aussi « que si, dans le monde spirituel, deux
êtres ont un désir intense de se voir, ce désir
amène aussitôt une rencontre. Quand un ange se
déplace d'un lieu à un autre, soit dans l'intérieur
de sa propre cité, soit dans les cours ou les jar-
dins, soit à l'extérieur, il arrive plus ou moins
tôt, suivant son ardeur ou son indifférence, la
longueur de la course étant abrégée ou augmentée
selon cette proportion... Le changement de place
n'étant qu'un changement d'état, il est évident
que les rapprochements, dans le monde spirituel,
seront déterminés par la concordance des esprits
et la suppression des discordances, et ainsi les
distances sont simplement les indices d'antipathie
intime... C'est par cette cause seule que le ciel
est entièrement séparé de l'enfer. »

Au sujet de Dieu, il s'exprime ainsi : « Le divin est incompréhensible même aux anges, car il
n'y a pas de proportion entre le fini et l'infini. Ni
homme ni ange ne peut approcher le Père, et
l'adorer de près, car il est invisible, et, étant invisible, on ne peut élever jusqu'à lui ni la pensée
ni l'amour. »

De la providence de Dieu il dit : « Comme c'est
dans le Seigneur que nous existons et que nous
agissons, sa providence veille sur nous de la nais-

sance à la mort et même à l'éternité... Dire que
la providence du Seigneur est générale et la séparer des détails reviendrait à dire qu'un *tout* n'a
pas de parties, ou que dans quelque chose il n'y
a rien. C'est donc une grande fausseté, une pure
fantaisie de l'imagination et une stupidité complète de dire que la Providence divine est universelle et en même temps absente des plus minutieux
détails ; car régir universellement et ne pas régir
dans les plus minutieux détails serait ne pas régir
du tout. »

Swedenborg croyait également à un état intermédiaire analogue au Purgatoire, bien qu'il trou-
vât à redire à ce nom. Il l'appelait « le monde des
esprits dans lequel les âmes des défunts font un
séjour plus ou moins long, et d'où elles sont ensuite tirées pour aller les unes au ciel, les autres
en enfer. »

47. Nous en avons dit assez pour donner à
nos lecteurs quelque idée du système spirituel de
Swedenborg. Incontestablement, c'est le système
d'un profond penseur, et bien des hommes éminents n'ont pas hésité à exprimer leur admiration
pour Swedenborg et ses œuvres. Cependant, admettre la beauté, l'enchaînement philosophique
et même la vérité possible d'un bon nombre de ses
assertions est tout autre chose que de croire qu'il
conversait réellement avec les habitants de l'autre

monde à la manière dont un homme converse avec un autre.

Mais, après tout, supposons que l'expérience journalière ait appris aux hommes que celui-là seul vit véritablement qui vit dans le monde comme s'il n'était pas du monde, — et c'est là l'enseignement de la Bible, — à qui appartiendra donc la vraie doctrine? Swedenborg se trompe, s'il réclame cette expérience comme *exclusivement sienne*. Paul la revendiquait comme étant la propriété de tous les hommes, et assurément, entre tous, les hommes de science auraient aussi le droit d'élever cette prétention.

Maintenant, quand un homme incontestablement honnête produit une assertion comme celle de Swedenborg, il n'y a que deux conclusions possibles, à moins qu'on ne préfère s'abstenir de tout jugement : il faut croire qu'il a réellement vu ce qu'il dit, ou bien qu'il a été le jouet de quelque étrange hallucination, par laquelle les impressions subjectives se sont trouvées transportées dans le domaine des réalités objectives. Nous savons très bien que l'esprit humain est extrêmement enclin à ces sortes d'illusions, et le cas se présente très souvent comme conséquence de quelque prémisse aventureuse que des témoignages extérieurs montrent ensuite dépourvue de fondement. Si Swedenborg s'en était tenu au monde in-

visible, il eût été fort difficile de prouver qu'il fut
le jouet d'une illusion ; mais quand il converse
avec des anges venus des planètes et qu'il arrive
à en décrire les habitants, il se place aussitôt sur
un terrain singulièrement risqué.

A propos de sa description des diverses planètes, on a remarqué que ses renseignements ne se
rapportent qu'aux planètes connues de son temps ;
Uranus et Neptune sont passés sous silence. Ce
fait, en lui-même, constitue une circonstance sus-
pecte. Il peuple aussi d'habitants Jupiter et Saturne aussi bien que notre propre lune ; or, l'analogie scientifique s'oppose fortement à ce que ces
planètes soient habitées, et il est à peu près certain que notre satellite est entièrement dépourvu
d'habitants.

En somme, il n'y a point de raison de supposer que les spéculations de Swedenborg aient été
autre chose que le fruit de son imagination, dans
le même sens qu'on peut regarder celles de ce
volume comme le produit des esprits de ses auteurs.

48. Avant de terminer cette esquisse historique, disons quelques mots sur les adeptes du spiritisme, en tant que leurs prétentions peuvent
avoir rapport avec notre sujet. Ils affirment la
présence parmi eux des esprits des défunts, qui
prennent quelquefois une forme visible, et ils com-

parent ces apparitions à celles dont parlent les
Écritures sacrées. Mais il y a entre les deux cas
cette distinction importante : les communications
spirituelles rapportées dans les Écritures, sont re-
présentées comme faites à des personnes non pré-
parées à les recevoir, et elles ont eu lieu en plein
jour pour la plupart, ou, pour mieux dire, elles
n'avaient aucune sorte de rapport avec la lumière
ou les ténèbres. Quelle que puisse être l'explication qu'on en donne, elles ont l'aspect d'un événement de plein air. Au contraire, les manifestations rapportées par les spirites se produisent
généralement à la demi-lumière, si ce n'est dans
les ténèbres complètes, et en présence de personnes préalablement surexcitées.

Pour notre part, nous ne serions pas disposés
à admettre une communication venant du monde
des esprits qui n'aurait pas été faite ouvertement,
et en présence de gens non prévenus, et par suite
non prédisposés.

L'homme de science doit être parfaitement prêt
à tout admettre, mais dans l'intérêt de la vérité,
il doit se garder contre la possibilité d'une illusion. Nous savons le pouvoir presque infini que
possède l'esprit, non seulement pour se faire illusion à lui-même, mais aussi pour propager ses
illusions chez les autres, et, comme nous l'avons
déjà remarqué, les manifestations ci-dessus s'y

prêtent d'une manière spécialement favorable.
Nous n'hésitons donc pas dans notre choix entre
les deux alternatives, et nous regardons ces prétendues manifestations comme n'ayant aucune
réalité objective.

49. Cependant, tout en niant complètement la
réalité de ces apparitions, nous pensons que le
spiritisme a probablement servi à nous faire mieux
connaître le pouvoir qu'un esprit peut avoir d'en
influencer un autre, et ce fait en lui-même n'est
pas un objet de recherche sans valeur. Nous sommes aussi d'accord avec Swedenborg et les spirites sur leur manière d'envisager le monde invisible, qu'ils ne considèrent pas comme quelque
chose d'absolument distinct et indépendant du
monde visible, ainsi qu'on le pense souvent, mais
plutôt comme un univers ayant quelque trait
d'union avec l'univers actuel.

Cet ordre d'idées sera développé dans les chapitres suivants de notre livre.

CHAPITRE II

POSITION PRISE PAR LES AUTEURS — AXIOMES PHYSIQUES

> « C'est par la foi que nous savons que les mondes
> ont été faits par la parole de Dieu; ainsi les choses
> que nous voyons n'ont pas été formées de choses
> accessibles à la vue. »
>
> (Livre des Hébreux, XI, 3.)

50. Dans le chapitre précédent, nous avons donné un abrégé très succinct des diverses croyances sur l'immortalité et le monde invisible, adoptées par les nations civilisées de la terre, depuis l'aurore de l'histoire jusqu'à nos jours. Notre but n'a pas été d'entrer dans les détails même généraux, mais plutôt de donner un corps à ces traits caractéristiques de chaque système de croyances, plus particulièrement liés à notre sujet. Ainsi, notre description de chaque système est intentionnellement incomplète, même si on la considère comme simple esquisse. Il est temps,

maintenant, de dire quelque chose du but de ce livre, et de préciser le point d'où nous partons pour le poursuivre. Nous allons commencer par diviser en trois grandes classes les hommes qui peuvent se préoccuper de notre sujet.

Nous avons d'abord ceux qui sont si absolument certains de la vérité de leurs vues sur la religion et sur l'immortalité qu'ils croient qu'elle enseigne, qu'ils sont incapables d'admettre, ou mieux de concevoir, une objection scientifique sur ce terrain. Ils reconnaissent que certaines déductions, tirées par des hommes de science, semblent être en désaccord ou incompatibles avec certaines vérités de leur religion ; mais, à leurs yeux, ces conclusions sont prématurées, et, après une étude plus approfondie des lois de la nature, on trouvera certainement un accord parfait entre la science et la révélation. Ils ne repoussent nullement certaines vérités scientifiques ; mais ils récusent seulement l'échafaudage humain de raisonnements élevé sur elles. « Vous avez bâti, disent-ils, sur le roc de la vérité un édifice de bois, et vous voulez nous persuader que c'est le temple de Dieu. Nous n'y entrerons pas, et nous attendrons patiemment le moment où nous le verrons prestement consumé par les flammes. »

Or, quel que soit le mérite ou le démérite de cette catégorie d'hommes, ce n'est pas pour eux

que nous écrivons. Leur mérite pourrait être
d'avoir porté une accusation parfaitement juste
contre certaine classe de savants ; leur démérite
serait probablement d'avoir usé envers la religion du même procédé qu'ils reprochent à leurs
adversaires touchant la vérité scientifique. Nous
devons les laisser tranquilles.

Rien de ce que nous pourrions dire ne saurait
les influencer. Peut-être nous loueront-ils dans
une certaine mesure, s'ils pensent que nous avons
contribué à renverser l'édifice de leurs adversaires, comme nous serons certainement condamnés
par eux, s'ils jugent que nous avons le moins du
monde aidé à l'affaiblissement du leur.

51. Nous avons, en second lieu, une catégorie
qui occupe une position intermédiaire. Ses membres trouvent de fortes raisons pour croire à la
vie future de l'homme et à l'existence d'un monde
invisible, mais, en même temps, ils se sentent
obligés de reconnaître la force des objections élevées par certains savants contre ces doctrines.
Quelques-uns considèrent comme d'un grand
poids les témoignages favorables tirés des récits
chrétiens ; d'autres, incapables de croire à ces récits, sont cependant impressionnés puissamment
par les aspirations ardentes et universelles de
l'homme civilisé vers l'immortalité ; d'autres, enfin, attachent une égale importance à ces deux

sortes de témoignages. Néanmoins, tous les membres de la classe dont nous parlons ont profondément étudié les objections scientifiques, et ils ne
voient pas bien comment elles pourraient être
surmontées. C'est à cette classe que nous nous
adressons spécialement dans les chapitres suivants.

52. La troisième catégorie se compose des
hommes de l'école matérialiste. Toute l'histoire
de l'humanité, y compris la vie du Christ et ce
qui s'y rapporte ; toute aspiration de l'homme vers
l'immortalité, toute vie, depuis celle de l'être humain le plus noble jusqu'à celle du germe animé
primordial, sont expliquées par eux comme le résultat de l'action réciproque d'atomes matériels
dirigés par certaines forces physiques mesurables.
Ils considèrent qu'ils n'ont aucune raison de croire
à quelque chose qui serait au-delà ou à côté de
l'univers visible, et en conséquence ils refusent
d'entrer en aucune discussion à ce sujet. Leur
prémisse peut être fausse, mais la conséquence
en découle naturellement. Nous avons examiné,
disent-ils, tous les témoignages en faveur d'un
autre univers, et nous les avons trouvés totalement sans valeur. Pourquoi donc discuter ? Ceci
est une des illusions fréquentes chez l'homme.
Quand un voyageur prétend posséder des renseignements sur quelque étrange et lointaine con-

trée, notre premier soin est d'abord de vérifier s'il est digne de foi et doué de bon sens ; et s'il ne l'est pas, nous n'avons pas besoin de discuter, soit les renseignements qu'il donne, soit les objections qu'on y fait. Vous prétendez démontrer la possibilité scientifique de l'exactitude de ces renseignements ; mais pourquoi nous donnerions-nous la peine de discuter vos allégations sur cette contrée, puisque rien ne nous prouve d'abord qu'elle existe ?

53. A ces hommes nous répondrons que, même en nous plaçant à leur point de vue, on trouvera dans notre système, nous osons le dire, une explication plus complète et plus continue de l'ordre des choses visibles, que dans celui qui se base sur l'hypothèse qu'au-delà de cet ordre de choses il n'y a plus rien. Sous ce rapport nous pouvons assimiler notre système à l'hypothèse des atomes ou à celle d'un milieu éthéré, que n'appuie, ni l'une ni l'autre, aucun témoignage direct de nos sens, mais que nous admettons cependant toutes deux, parce qu'elles fournissent les meilleures explications des phénomènes de l'univers visible.

54. Nos lecteurs ainsi classés voudront maintenant savoir quelle est notre position à nous. Établissons d'abord que nous admettons comme évidente l'existence d'une « Divinité créatrice et conservatrice de toutes choses. » (Épître aux Romains, I, 19-21.) En outre, nous considérons les

lois de l'univers comme les conditions relatives à
la durée, au lieu et à la sensation, auxquelles le
Gouverneur de cet univers a soumis les êtres qui
en font partie.

Par exemple, c'est en vertu de ces lois que
nous ne pouvons pas être présents en divers lieux
à la fois, ou parcourir plus d'un certain espace
dans un certain temps, ou penser au-delà d'un
certain nombre de pensées, ou éprouver plus
qu'un certain nombre de sensations dans un temps
donné. Il suit de là que si nous pouvons très facilement imaginer qu'une intelligence supérieure
à la nôtre, et cependant finie, soit soumise à des
conditions très différentes, nous ne pouvons cependant pas concevoir une intelligence finie absolument libre de toute condition. En tout cas, si des
intelligences finies et libres de toute condition
sous le rapport du temps et de l'espace étaient des
entités concevables, elles devraient être absolument étrangères à l'univers actuel, qui dépend
lui-même du temps et de l'espace ; nous n'avons
donc pas besoin de nous préoccuper de leur existence, du moins en ce qui concerne notre sujet.

55. On verra ainsi que nous ne pouvons comprendre que des intelligences finies existent dans
l'univers, sans être astreintes à quelque condition
corporelle ; mais nous arrivons à un point qui
mérite une discussion plus étendue. Nous pou-

vons imaginer que les matérialistes nous disent :

« Vous avez raison d'affirmer l'incompréhensibilité d'une intelligence telle que celle de l'homme existant sans être soumise à des conditions, ce qui pour nous implique quelque sorte d'association avec la matière ; telle est précisément notre manière de voir à nous-mêmes. Mais, d'un autre côté, *nous* pouvons très bien concevoir la matière existant sans l'intelligence, comme, par exemple, un bloc de bois ou une barre de fer[1]. Ainsi, la liaison qui existe entre ces deux choses, la matière et l'esprit, est de telle nature, que l'esprit ne peut pas exister sans la matière, mais que la matière peut parfaitement exister sans l'esprit. N'y a-t-il donc pas là, quant à la matière, une réalité qui n'a pas lieu quant à l'esprit[2]. Pouvons-nous concevoir qu'une seule particule de matière

---

1. Nous savons que par une certaine classe de penseurs, toute matière ou combinaison de matière est considérée comme vivante en un sens encore inexpliqué. Nous discuterons ailleurs cette doctrine. Pour le moment, il doit être entendu que nous ne faisons pas allusion à ce genre de vie particulier qui, d'après la manière dont il est conçu, doit exister dans le corps mort aussi bien que dans le corps vivant. Ce que nous discutons maintenant, est la connaissance individuelle du type ordinairement reconnu.

2. Comme on le verra dans le chapitre III, la plus importante moitié des réalités du monde physique consiste en diverses formes de l'*énergie qui ne peuvent exister* qu'étant associées avec la matière. Nous nous contentons ici de cette simple note, afin de ne pas trop nous écarter de notre ligne actuelle d'argumentation.

puisse sortir de l'univers pendant cinq ou six
heures et y rentrer ensuite? Et au contraire, ne
voyons-nous pas tous les jours notre *conscience*
ou sentiment de personnalité disparaître dans un
sommeil profond ou dans une syncope, et revenir
ensuite. Nous sommes loin de nier que nous avons
en nous quelque chose que nous appellerons
conscience (sentiment de notre être), complètement distinct de la matière ou des propriétés de
la matière, comme on les considère en physique.
Mais entre les deux, n'y aurait-il pas une liaison
à la manière suivante? Quand un certain nombre
de particules matérielles de phosphore, de carbone, d'oxygène, d'hydrogène, d'azote et d'autres
éléments peut-être, par suite de l'opération de
leurs forces mutuelles, acquièrent certaines positions relatives et un certain état de mouvement,
la *conscience* en résulte; mais quand cet état relatif cesse, la conscience et le sentiment de l'existence individuelle cessent aussi, et cependant les
particules matérielles demeurent aussi réellement
existantes que jamais. »

56. Or, tout ceci revient à dire que la matière
doit être regardée comme la maîtresse de la maison, et la *conscience* individuelle comme une visi-
teuse d'occasion, à qui l'autre accorde une hospi-
talité temporaire, pour la mettre plus tard à la
porte, quand le garde-manger sera vide. Il vaut

la peine d'examiner la marche intellectuelle qui a conduit à cette curieuse conception de l'économie de l'univers.

Il est clair, tout d'abord, qu'il a été ménagé dans l'univers certains arrangements en vertu desquels des sensations correspondantes sont produites simultanément chez différents individus, tandis que dans d'autres arrangements, les sensations produites sont la propriété particulière de quelque individu isolé. La première catégorie est associée aux réalités objectives ; l'autre se rapporte aux impressions subjectives. Je suis affecté par une douleur de tête et je suis aussi affecté par le soleil ; mais la première impression est le produit de mon cerveau, et je l'emporte avec moi ; tandis que l'expérience me montre que je ne peux pas m'approprier la seconde, qui néanmoins devient mienne dès qu'elle a atteint mon cerveau.

On admettra, en outre, que certaines particules matérielles peuvent devenir les véhicules de l'une ou l'autre de ces sensations, ou de toutes les deux à la fois, tandis que d'autres particules ne peuvent en produire qu'une seule. L'or, l'argent et le platine sont des substances qui peuvent devenir le véhicule d'impressions communes, mais non d'impressions particulières, puisqu'elles ne peuvent pas entrer dans la composition de nôtre cerveau. D'autre part, le phosphore peut servir de

véhicule dans les deux cas. Quand nous brûlons
un morceau de phosphore dans une salle de conférences, il devient le véhicule d'une impression
commune, tandis que le phosphore qui est dans
notre cerveau est le véhicule d'une impression
particulière. Or, il y a une différence très remarquable entre les portions de phosphore qui jouent
ces deux rôles. Quand le phosphore est à l'état
ordinaire nous pouvons faire des expériences sur
lui et étudier ses propriétés, mais cela nous est
impossible quand il est à l'état particulier sous
lequel il existe dans notre cerveau. Ainsi l'assertion que le phosphore et les particules combinées
avec lui dont la collocation et les mouvements
sont liés à la *conscience* (terme défini ci-dessus),
sont néanmoins dans cet état essentiellement les
mêmes que dans l'état ordinaire, cette assertion,
disons-nous, nous semble absolument sans fondement. Nous n'avons pas le droit de juger de l'un
de ces états par l'autre, car ce qu'il nous est impossible d'examiner est justement cet état particulier
et si intéressant du phosphore et autres matières
quand elles sont intimement liées à la production
de la *conscience* individuelle, état dans lequel nous
devons nous attendre à trouver des propriétés
et manières d'être particulières à cette liaison.
Ainsi donc, dire que le cerveau vivant est composé de parties de phosphore, de carbone, etc...,

tels que nous les connaissons à l'état ordinaire, et
que lorsque les particules cérébrales, par l'opération des forces physiques, se trouvent à telle place
et en telle motion, alors la *conscience* individuelle
en résulte, c'est assigner aux particules cérébrales une relation particulière avec cette *conscience*
dont nous ne possédons aucune garantie scientifique.

57. A cette assertion la thèse matérialiste en
joint une autre, comme nous l'avons dit. Si dans
le corps il n'est pas d'autres matériaux que les
particules visibles, et dans le cerveau rien autre
qu'une certaine quantité de phosphore et autres
matières à l'état ordinaire que nous connaissons,
si la *conscience* dépend de la présence structurale
de ces substances dans le corps et dans le cerveau,
dès lors quand cette structure s'effondrera, nous
serons bien fondés à supposer qu'une telle conscience aura entièrement cessé d'exister. Mais c'est
l'objet de ce volume de produire diverses raisons
scientifiques pour croire qu'il y a quelque chose
au-delà de ce que nous appelons l'univers visible,
et pour croire que notre conscience individuelle
est en quelque mystérieuse façon liée ou subor-
donnée à l'action combinée du visible et de l'invisible.

58. Reste encore cette partie de la thèse qui
donne à entendre que la conscience individuelle est

moins permanente que la matière, vu que cette conscience s'échappe souvent de l'univers pour six ou huit heures et y revient ensuite. En un sens ceci est indubitablement exact, mais il reste cependant toujours une *conscience* potentielle ou latente, ou la possibilité d'une telle conscience[1]. On verra par la suite que ce fait de *conscience* latente nous sera utile pour fortifier notre argumentation en faveur d'une vie future.

59. Comme résultat de notre discussion nous pouvons conclure que la connexion entre l'esprit et la matière est très intime, bien que nous soyons dans une profonde ignorance sur sa nature exacte.

L'intimité de cette connexion est une doctrine presque universellement soutenue par les physiologistes modernes. De même qu'aucune action du corps ne se produit sans le jeu de quelque tissu musculaire, on croit également qu'aucune pensée n'a lieu sans quelque dépense de la matière cérébrale. Les physiologistes vont même plus loin : ils avancent que chaque espèce de pensée est l'indice d'une dépense spécifique de matière cérébrale, de sorte qu'il y aurait un rapport mysté-

---

1. On trouvera une analogie très frappante avec ceci (chapitre III) dans le fait que l'énergie du mouvement visible disparaît souvent par sa transformation en énergie latente ou potentielle.

rieux entre la nature de la pensée et la nature de
la dépense cérébrale qu'elle occasionne. On regarde pareillement la mémoire comme provenant
de traces, laissées dans le cerveau, de l'état où il
se trouvait au moment où la sensation remémo-
rée eut lieu. Ainsi, le professeur Huxley nous dit,
dans son discours de Belfast (1874) : « Il est hors
de doute que ces mouvements qui donnent lieu à
la sensation laissent dans le cerveau des modifications de sa substance répondant à ce que Haller
appelait *vestigia rerum*, et que le grand penseur
David Hartley nommait *vibratiuncules*. La sensation passée laisse derrière elle des molécules cérébrales propres à la reproduire, des molécules
sensigènes, pour ainsi dire, qui constituent le
fondement physique de la mémoire. »

60. On pourra induire de ce que nous avons
dit qu'une des choses essentiellement nécessaires
à la continuité de l'existence de l'individu est l'ap-
titude à conserver une sorte de prise sur le passé,
et, comme nous sommes incapables d'imaginer
quelque chose comme un esprit fini sans un corps,
ou, pour plus de précision, un esprit fini non
soumis à des conditions, il est évident que cette
prise sur le passé implique un organe de quelque
sorte. Ceci est pour nous une proposition parfaitement générale; nous ne la limitons pas à tel
arrangement particulier de formes corporelles,

ou à telle catégorie particulière d'intelligences organisées finies ; nous entendons que chaque individu, depuis l'archange jusqu'à la brute, doit posséder quelque chose d'analogue à un organe de mémoire. Ceci, du reste, n'est qu'un simple corollaire de ce qui a été dit (§ 54), et ne nécessite aucun autre développement.

61. Mais, si la connexion avec le passé est une condition nécessaire de la vie indépendante et responsable, la possibilité d'action dans le présent en est une seconde. Un être vivant doit avoir en lui-même la faculté de divers mouvements. Il doit posséder une organisation capable de mettre en jeu des forces intérieures à intervalles irréguliers dépendant de sa volonté. Nous ne pouvons pas concevoir la vie associée à une masse immobile ou animée d'un mouvement invariable. Il n'est pas nécessaire que l'être vivant soit toujours en mouvement, mais il doit conserver la faculté de se mouvoir. Il n'a pas besoin de penser toujours, mais il doit conserver la faculté de penser. Il peut n'être pas toujours conscient, pourvu qu'il conserve la faculté de *conscience*.

En somme, deux conditions générales paraissent nécessaires à la vie organisée. En premier lieu, il faut un organe mettant l'individu en connexion avec le passé, et, en second lieu, il faut à cet individu une structure et un monde tels qu'il

soit capable d'action variée dans le présent. Nous
recommandons particulièrement à nos lecteurs de
bien garder en mémoire ces deux propositions,
car c'est sur elles, en grande partie, que reposera
finalement notre argumentation.

62. Nous arrivons maintenant à une partie
très importante de notre étude. Nous avons à discuter la chose que nous appelons le *principe de
continuité*, et d'abord à définir exactement ce que
nous entendons par ce terme[1]. Nous présenterons
notre définition sous la forme d'un ou deux
exemples.

Servons-nous d'un problème particulier d'astronomie. Prenons-le dès le début, et supposons
qu'un astronome primitif d'Égypte ou de Chaldée
observe le soleil au milieu de l'été. Jour après
jour, pendant une semaine peut-être, il a remarqué que le grand luminaire se lève au-dessus d'un
certain lieu, et se couche au-dessous d'un certain
autre, et il comprend qu'il a acquis une certaine
notion définie sur le soleil. Dans son idée, le soleil continuera toujours à faire la même chose;
il prédit donc à ses compagnons, moins observateurs que lui, la place exacte du lever et du coucher. Ils observent avec lui pendant une semaine
ou un peu plus, et la sagacité de notre astronome

---

1. Voyez un *Essai* sur ce sujet par sir W.-R. Grove dans son
livre sur *la Corrélation des forces physiques*.

est triomphalement établie; on trouve, en effet,
que le soleil exécute avec toute l'approximation
possible ce qui en avait été prédit.

63. Ces hommes se sont donc assimilé l'idée
que le soleil se lèvera et se couchera toujours à
la même place, qu'en fait sa course journalière
sera toujours la même, et qu'elle s'accomplira
dans le même temps. Mais, au bout de six mois,
ils soupçonnent qu'on les a trompés. Quelque
discrédit est jeté sur la sagacité de notre astronome, qui couve sa disgrâce pendant six mois
subséquents. Au bout de ce temps, il tourne ses
regards vers le soleil : quelle n'est pas sa joyeuse
surprise de voir le luminaire accomplir encore
l'ancienne prédiction, et revenir à ses anciens
points de lever et de coucher, lesquels points nous
supposons avoir pu être aisément indiqués par
quelque particularité de paysage! L'astronome
n'est cependant pas encore prêt à faire une généralisation plus élevée. Néanmoins, il appelle encore ses compagnons, et, tout en soupçonnant une
certaine irrégularité dans les mouvements du soleil, il leur dit qu'après tout sa conjecture n'était
pas si loin de la vérité. De nouveau donc, il est
réintégré dans leur bonne opinion.

64. Cependant, six mois après, les choses se
passent précisément de même. Les points de lever
et de coucher sont maintenant fort éloignés de

ceux qui avaient été prédits. Notre astronome
perd encore son crédit, et ne le regagne que partiellement six mois après, quand l'astre revient
aux mêmes points. Mais la leçon lui a profité. Il
conçoit qu'en ceci il y a une méthode, et plus tard,
par l'effet de la difficulté, il s'élève à une généralisation plus haute. Il voit que les points où le
soleil se lève et se couche passent par toute la
série de leurs positions dans l'espace d'environ
trois cent soixante-cinq jours ; il a ainsi appris
grossièrement que le soleil a deux mouvements :
l'un, qu'il accomplit dans vingt-quatre heures,
qui est le jour ; l'autre, qui dure pendant la période de trois cent soixante-cinq jours, qui est
l'année.

65. Pendant que ces choses se passent, arrive
un événement sinistre et tout à fait inattendu : le
soleil, pendant quatre minutes, est complètement
éteint. Notre astronome médite beaucoup sur cet
étrange phénomène. Il est tout disposé à l'attribuer au triomphe des puissances des ténèbres,
en lutte personnelle avec les puissances de la lumière ; néanmoins, il ne laisse pas d'en noter le
jour précis.

66. Des années sont passées ; notre astronome
a passé aussi, lui et toute sa génération. Mais,
désormais, les circonstances célestes sont régu-
lièrement enregistrées, et spécialement les éclip-

ses. A la longue, on arrive à découvrir une périodicité même pour ces louches phénomènes, et, plus tard, au moyen de cette connaissance, on essaie de prédire l'époque de la prochaine éclipse. Cela réussit très bien, et, dès lors, l'événement perd beaucoup de sa signification menaçante.

67. Des siècles se sont écoulés, et le mouvement apparent des corps célestes se trouve graduellement réduit à l'état de système. On trouve que les étoiles, en particulier, se meuvent comme si elles étaient attachées au plafond d'une grande voûte creuse qui tournerait autour de la terre en vingt-quatre heures. Parmi elles, cependant, il y a cinq exceptions : Mercure, Vénus, Mars, Jupiter et Saturne, qui accomplissent un mouvement erratique ou en zigzag au milieu de leurs sœurs immobiles, et qui reçoivent, en conséquence, le nom de *planètes*. Toutes, néanmoins, sont supposées se mouvoir autour de la Terre, qui constitue le centre de l'univers.

68. Dans la suite des temps, cette supériorité de la terre sur les corps célestes commence à être mise en doute. Il y a une tendance naissante à regarder notre terre comme un membre assez insignifiant du grand système, plutôt que comme quelque chose à part. Ces tendances, cependant, sont fortement combattues par les autorités d'une grande partie de l'Église chrétienne, qui se fon-

dent sur ce que le langage des Écritures juives est
contraire à cette manière de considérer l'univers.
Néanmoins, le système de Copernic finit par pré-
valoir; les planètes et la terre sont considérées
ensemble comme des étoiles voyageant autour du
soleil, et le mouvement diurne des corps célestes
est attribué à la rotation de la terre autour de son
axe. Nous ne pouvons pas nous empêcher de
penser que les philosophes d'aujourd'hui ne sont
pas assez disposés à apprécier le pas, absolument
énorme, que fit faire l'établissement complet du
système de Copernic.

69. Mais on suppose encore que les planètes
décrivent des cercles parfaits autour du soleil;
car, outre que cette hypothèse s'accorde très bien
avec l'observation, il y a dans le cercle une telle
simplicité que les philosophes sont conduits à le
croire adopté par la nature de préférence à toute
autre courbe plus compliquée. N'a-t-on pas trouvé,
en effet, que tout écart apparent de la simplicité
n'était dû en réalité qu'à la mobilité de notre
point de vue? et cela ne nous permet-il pas de
croire que la vérité doit se trouver dans l'orbite
circulaire?

70. Pendant qu'on se livre à de telles spéculations, Tycho-Brahé est à l'œuvre avec ses instruments. C'est un savant parfaitement exact, et il
fait les plus excellentes observations sur les di-

verses planètes. Plus tard, ces observations sont discutées par Kepler, qui trouve que les planètes ne décrivent pas autour du soleil des cercles, mais des ellipses, dont le soleil occupe l'un des foyers. Il découvre aussi que chaque planète décrit des aires proportionnelles au temps employé à les décrire, et aussi que les carrés des temps de la révolution sont proportionnels au cube de leur distance moyenne au soleil. Telles sont les lois de Kepler; toutefois, elles ne sont encore qu'empiriques. Nous savons qu'elles sont vraies, mais nous ne pouvons pas dire pourquoi elles sont ainsi et non autrement.

71. Il était réservé au génie de Newton de nous montrer pourquoi les planètes obéissent à ces lois, et à faire rentrer le système planétaire dans le domaine des lois ordinaires de la mécanique. Il réussit à montrer que toute masse de matière attire une autre masse avec une force directement proportionnelle au produit des masses, et inversement proportionnelle au carré de la distance, et que cette force universelle rend compte non seulement des lois de Kepler relatives au système planétaire, mais encore de l'orbite de la lune, comme aussi de la courbe que décrit un projectile lancé à la surface de la terre.

72. Arrêtons-nous un moment et passons en revue la marche de notre investigation. Nous

verrons d'abord qu'elle commence par une tendance à regarder la simplicité de mouvement comme l'indice de la vérité, et qu'ensuite, lorsque le système de Copernic eut montré que notre point de vue était mobile, on pensa que cela suffirait à expliquer tous les écarts de la simplicité absolue. Mais Tycho-Brahé et Kepler trouvèrent bientôt que les planètes ne décrivent pas des cercles, et maintenant nous savons que leur mouvement, ainsi que celui de la lune, ne peut être représenté que par des courbes d'une extrême complication. La simplicité de mouvement a disparu, mais elle a été remplacée par la simplicité de relation entre les différentes parties du système que l'on suppose s'attirer mutuellement, suivant une loi simple et définie. Il est permis d'attribuer à cette loi tous les mouvements variés et compliqués du système solaire. Si on l'applique au passé, elle nous met en mesure de déterminer la date exacte des anciennes éclipses historiques; si on l'applique à l'avenir, elle nous permet de prédire toutes les circonstances astronomiques, excepté celles qui ont le caractère d'une catastrophe.

73. Tournons-nous maintenant vers une autre branche du même sujet. Quand Galilée dirigea d'abord son télescope sur le soleil, il y découvrit des taches. Leur origine solaire fut contestée quelque temps, parce que l'école d'alors, s'en te-

nant résolûment aux principes d'Aristote, n'était
pas disposée à admettre qu'il fût possible de trouver une imperfection quelconque dans le soleil.
Le télescope, lui seul, avait tort. Il y eut même
un sermon prêché sur Galilée, dont le texte était :
Viri Galilæi, quid statis in cœlum spectantes?

Cependant, avec le temps, l'observation montra
que ces taches étaient indubitablement des phénomènes solaires, et ce sont ces mêmes imperfections qui servent à la science moderne pour obtenir quelques notions sur la structure chimique et
physique de notre luminaire. Il paraît aussi que
la position et la dimension de ces taches dépendent des positions des planètes Mercure et Vénus;
ceci et d'autres phénomènes indiquent, entre le
soleil et les différents membres de son système,
quelque lien mystérieux autre peut-être que la loi
de gravitation, telle que nous la comprenons aujourd'hui. Enfin, la simplicité de relation menace
de disparaître maintenant, tout juste comme l'a
fait jadis la simplicité de mouvement.

74. Néanmoins, le progrès, dans sa marche
triomphante, a toujours passé, du moins au plus
parfait, de la lueur de l'aube à la claire lumière
du matin, sinon aux brillants rayons du soleil de
midi. Les obstacles momentanés n'ont paru que
pour être surmontés et, comme l'échelle d'Augus-
tin, pour atteindre une plate-forme d'où l'on a pu

obtenir une vue plus haute et plus compréhensive.
Des difficultés aussi, autres que physiques, les
luttes, la lassitude, la persécution, ont été ren-
contrées et vaincues, et rien ne s'est produit qui
ressemblât à une défaite grave, ou qui donnât lieu
à une confusion autre que passagère. Les derniers
mots du *Te Deum* ont été largement accomplis
dans l'expérience de l'astronome : « Il a mis sa
confiance en Dieu, et il n'a jamais été confondu. »

75. Nous avons donc là un exemple de ce que
nous entendons par *continuité*. Ce principe n'implique pas une marche facile, ni une route toute
unie ; il n'exclut pas une halte temporaire, peut-
être pas même une déroute passagère, ou un moment de désespoir. Nous rencontrons des difficultés de toutes sortes : les roches, les broussailles
inextricables, les marécages, les épaisses ténèbres, mais l'abîme jamais. Aucun événement n'est
venu nous convaincre que nous faisions absolument fausse route, et qu'il fallait revenir sur nos
pas, et la même chose est certaine pour des problèmes autres que ceux de l'astronomie. Nous
avons accumulé une fois d'assez solides témoignages pour nous garantir que nous étions dans
la voie vraie; nous avons la certitude de n'en
être jamais irrévocablement rejetés.

Avant d'aller plus loin, remarquons ici une
particularité qui, si elle a été clairement mise en

relief dans la marche de l'astronomie, n'est pourtant, en aucune façon, confinée dans cette science, mais est, au contraire, caractéristique de toutes les connaissances physiques.

Les choses sont disposées et l'intelligence humaine constituée de façon que le progrès de la science nous conduit à reconnaître certaines lois qui, à première vue, paraissent rigides ou, en d'autres termes, ont l'apparence de vérités absolues. Mais le temps passe; nos instruments deviennent plus délicats, nos observations se multiplient, et nous commençons à apercevoir quelque indice de légères déviations à l'exactitude de ces lois.

Cependant, ces expressions approximatives de la vérité, pendant de longs siècles peut-être où elles ont été crues, ont si bien pris racine dans l'esprit humain que tout signe de leur imperfection est d'abord complètement discrédité; et néanmoins, plus tard, à l'aide de ces légers désaccords, nous arriverons à des investigations d'un ordre plus élevé. Ceci a été parfaitement indiqué par sir J. Herschell dans son *Discours sur l'étude de la philosophie naturelle*. En somme, quelque chose d'analogue au principe de continuité ne nous empêche-t-il pas de supposer que nous puissions jamais arriver à l'expression finale de la vérité sur un sujet quelconque, si limité qu'il soit? Toutes les fois donc qu'une vérité scientifique nous est

présentée dans un langage qui a trop la saveur de
l'absolu, n'est-ce pas une tâche opportune et en-
courageante que d'essayer d'en détruire cette expression? C'est à ce titre que nous ferons bon
accueil à tout essai de modifier l'expression de la
loi de gravitation, expression qui, dans l'état actuel de la science, présente trop l'aspect d'une
vérité absolue et définitive[1].

76. Nos lecteurs désireront peut-être avoir
maintenant un exemple de ce que nous appelle-
rions *une solution de continuité;* il est facile de
les satisfaire. Supposons, par exemple, que le soleil, la lune et les étoiles se meuvent dans d'étranges et fantastiques orbites pendant la durée d'un
seul jour, après lequel ils reprendront leur course
régulière. Nous avons là un juste exemple de solution de la continuité; car, les choses seraient-
elles même arrangées de façon à prévenir un
désastre physique, il est évident que l'univers
intelligent tout entier serait plongé dans une confusion mentale irréparable. Jamais, à l'avenir,
on ne pourrait affirmer que l'astronomie est capable d'expliquer les mouvements variés des corps
célestes; les observateurs laisseraient là leurs

---

1. Dans le chapitre IV, le lecteur verra que le seul essai
d'explication du mécanisme de la gravitation auquel on puisse
attribuer quelque avenir ne donne pas rigoureusement la loi
de l'inverse du carré de la distance.

instruments, les mathématiciens leurs calculs, et la science serait à sa fin.

Il est facile d'imaginer d'autres exemples. Supposons que l'or disparaisse de la terre pendant six heures et revienne ensuite : les relations sociales, comme les conceptions sur la matière, ne seraient-elles pas jetées dans une inextricable confusion? Ceci, cependant, ne serait pas dû au seul fait que quelque chose a disparu de l'univers visible, puisque nous avons vu que la *conscience* individuelle a l'habitude apparente de semblables absences suivies de retour, et que nous ne nous en troublons guère. En somme, la continuité n'est pas exclusive de l'occurrence de phénomènes étranges, soudains, inouïs dans l'histoire de l'univers; elle l'est seulement de ceux qui seraient de nature à jeter finalement, et pour toujours, la confusion chez les êtres intelligents qui en seraient témoins.

77. Si l'on admet l'existence d'un Gouverneur Suprême de l'univers, on voit que le principe de continuité peut être appelé l'expression verbale de notre confiance, qu'il ne voudra pas réduire notre intelligence à une confusion permanente, et nous pouvons exprimer la même confiance à l'égard des autres facultés de l'homme. Nous pouvons donc aborder notre sujet par d'autres voies et employer d'autres arguments fondés sur

le principe que, entre deux ou plusieurs alternatives, celle-là doit être choisie qui confond le
moins nos facultés. Mais il serait dangereux de
pousser beaucoup plus loin nos spéculations sur
de tels sujets; la voie est si engageante, comme
« l'agréable sentier vert » dont parle l'Ignorance
dans le *Pilgrim's Progress,* qu'elle ne pourrait
manquer de nous amener bientôt dans certaines
régions sans espoir[1].

78. Tâchons maintenant d'appliquer ce principe à une discussion préliminaire des événements que l'on affirme être arrivés en rapport
avec la vie du Christ. Pour commencer, nous
avons certainement le droit d'admettre que si ces
événements avaient été de nature ordinaire, leur
réalité n'eût été nullement mise en doute; mais il
n'entre pas dans notre cadre de discuter les témoignages historiques en faveur du christianisme.

Or, jusqu'à ces dernières années, les théologiens qui ont affirmé la réalité de ces événements ont pour la plupart attaché à cette asser-

---

1. « J'espère que tout ira bien. Quant à la barrière dont vous
parlez, tout le monde sait qu'elle est très loin de notre pays.
Je ne pense pas que quelqu'un, dans les environs, en sache
même le chemin; peu importe, d'ailleurs, qu'il le sache ou
non, car enfin nous avons, comme vous le voyez, un agréable
et joli sentier vert qui part de notre pays, la plus proche traverse pour le bon chemin. »

tion une hypothèse de leur crû ; ils ont représenté les événements en question comme dus à l'intervention absolue du Divin Gouverneur dans et contre ses lois physiques ordinaires. Aussi, dans cette hypothèse, chacun de ces événements représente au point de vue physique quelque chose d'impossible à déduire de ce qui était avant comme de ce qui a suivi.

On n'affirmait pas tout à fait que ces événements fussent arbitraires, ou autre chose que le résultat d'un dessein prémédité, on affirmait seulement que le dessein dont ils étaient la réalisation ne pouvait pas être accompli sans quelque violation des lois physiques. Enfin, dans le but d'éviter la confusion spirituelle, on a introduit la confusion intellectuelle comme le moindre des deux maux. Ainsi, tout être intelligent qui acceptera comme guide de tels interprètes, sera toujours déçu dans ses efforts pour expliquer ces phénomènes, car ils sont dits n'avoir aucune relation physique avec les événements antérieurs, ou avec les événements subséquents. En somme, on les donne comme formant un univers dans l'univers, un domaine séparé du domaine des recherches scientifiques par une barrière infranchissable.

79. Ce ne serait pas assez de dire que nous ne pouvons voir aucun fondement à une telle hypo-

thèse, avancée par certains théologiens. Il est
certainement nécessaire d'ajouter encore, comme
nous l'avons fait (§ 36), qu'une pareille manière
de voir est essentiellement opposée à l'esprit du
Christianisme. Quelles que soient les opinions sur
la personne du Christ, on ne peut soutenir un
instant qu'Il fut en dehors de la loi. Il parle de
lui-même comme s'il était soumis sous tous les
rapports aux lois de l'univers, et les Apôtres le
disent aussi. Il ne suffit pas, non plus, de dire
qu'il obéissait aux lois morales ou spirituelles,
mais qu'il violait à l'occasion les lois physiques
ou qu'il les faisait violer pour lui. Notre conception est enfin que le Nouveau Testament affirme
clairement que les œuvres du Christ furent accomplies, non pas en dépit, mais bien en accomplissement de la loi; et que le pouvoir qu'Il avait
de les accomplir provenait seulement du fait que
sa position, par rapport à l'univers, était différente de celle de tout autre homme.

80. Depuis ces dernières années, cependant,
on a introduit une méthode explicative grandement préférable. Charles Babbage, l'auteur bien
connu de la machine à calculer, a fait voir (dans
un livre très remarquable qu'il a appelé un neuvième traité de Bridge Water) la possibilité de
construire une machine telle, qu'après avoir fonctionné longtemps, d'une certaine manière régu-

lière, elle puisse tout à coup présenter un écart,
et reprendre ensuite sa régularité première sans
plus en dévier jamais. Il concluait de là qu'une
dérogation apparente aux procédés physiques de
l'univers est tout à fait compatible avec l'idée fondamentale de loi. Jevons aussi, commentant ces
spéculations de Babbage, remarque dans ses
Principles of Science (vol. II, p. 438) : « Si de pareilles occurrences peuvent entrer dans le dessein
et la prévision d'un artiste humain, il est certainement au pouvoir de l'artiste Divin de ménager
de semblables déviations de loi dans le mécanisme des atomes ou dans l'édifice céleste. »

81. Cette manière de voir est, d'après nous,
très distincte des vieilles idées ; c'est sur elles
une avance importante. Cependant nous osons la
déclarer tout à fait incomplète, sans quelque
explication et quelque modification. Assurément
le pouvoir de l'être Divin est illimité ; néanmoins,
nous avons une confiance parfaite, que Dieu, après
nous avoir donné l'intelligence, n'agira pas de
façon à la jeter dans une confusion permanente.
Cependant, même dans cette hypothèse et cette
confiance, il est permis de supposer qu'une apparente exception isolée puisse se présenter si on
admet que cette exception soit utile pour la déduction de la grande loi générale d'action qui
embrasse à la fois le cours ordinaire des choses

et cette exception apparente. Mais il nous semble
évident que si l'exception est de nature à confon-
dre à jamais toutes les intelligences de l'univers
qui la considèrent, nous ne gagnons rien à supposer qu'elle émane des secrets de Dieu.

82. Sans doute, nous ne pouvons permettre
qu'une simple autorité humaine mette à part certains événements et décide qu'il serait irréligieux,
stérile, ou inutile, de les soumettre à l'examen
de notre raison. Nous sommes même tentés d'aller plus loin et de déclarer que, par devoir comme
par privilège, nous sommes tenus de faire tous
nos efforts pour saisir la signification de tous les
événements présentés devant nous. Le domaine
sur lequel l'intelligence humaine est appelée à
s'exercer, n'embrasse-t-il pas toutes les circonstances possibles sur la terre, sur cette terre que
l'homme a reçu l'ordre de subjuguer, ordre équivalent à la victoire même ?

83. Nous venons d'indiquer avec une clarté
suffisante le défaut de la position occupée récemment encore par les théologiens, indiquons maintenant la position de l'école matérialiste. Ne tenant compte de rien que de l'univers visible, et
appliquant le principe de Continuité à ses phénomènes, les membres de cette école furent indubitablement conduits à de très importantes généralisations sur la mise en œuvre de ce grand système.

Ils repoussèrent même avec grand succès, et très
justement, certains détachements de théologiens
qui avaient pris sur le champ de bataille des positions intenables. Jusque-là, le Génie qu'ils
avaient évoqué sembla être le principe de la
justice elle-même. Mais les choses changèrent de
face avec le temps. On se figura que le Christianisme historique devait disparaître, et que la
croyance à la réalité d'une vie future le suivrait
de près. A cela, nos adeptes se résignèrent. Mais
ce fut une bien autre surprise lorsque le Génie
évoqué, non content de ce qu'il avait déjà dévoré,
laissa clairement entendre que l'univers visible
tout entier serait pour lui un agréable sacrifice !
Alors les partisans même les plus extrêmes de
l'école commencèrent enfin à s'alarmer. C'était
en vérité trop fort qu'un esprit évoqué au seul
nom de la justice finit par devenir un démon
aussi insatiable ! Quoi ! l'univers visible tout entier devait-il donc en arriver à être complètement
inhabitable pour les êtres vivants ? Que l'individu
fut sacrifié, la race même, passe encore ! Mais, au
moins, auraient-ils voulu sauver l'univers. Assurément, ils étaient tombés dans un dilemme à les
faire prendre en pitié autant qu'en pouvaient mériter des gens si vite débarrassés du Christianisme et de l'immortalité. Car le principe évoqué
par eux était absolument implacable, et, de la

plus cruelle manière, insistait sur la nécessité de
sacrifier l'univers visible. « Votre univers, leur
disait-on, n'est qu'un énorme fagot, il se consu-
mera un jour lui-même, et il n'en demeurera que
des cendres, un reliquat mort et sans valeur de
tout le système présent. »

84. Quoi d'étonnant alors que ces hommes,
effrayés d'une telle conclusion, aient cherché
quelque manière de s'y soustraire? La tentative
en fut faite, et un rayon de pâle lumière parut un
moment éclairer les ténèbres épaisses conjurées
par leur hypothèse. On conjectura que l'univers
visible pourrait bien être en réalité infini, quand
bien même le nombre des étoiles ne le serait pas,
et capable ainsi de durer d'une éternité à l'autre.
Que s'il ne pouvait pas d'une manière continue
et indéfinie servir d'habitation à des êtres vivants, il pourrait du moins être habitable d'une
manière discontinue par accès et par sauts, et
cela au moyen d'apports d'énergie utile produits
par des collisions répétées, s'étendant en séries
d'une éternité à l'autre. Ainsi, la vie disparaîtrait
dans des mondes entiers, peut-être dans des voies
lactées entières, pour être remplacée, après des
myriades de siècles, par des rudiments vacillants
d'un ordre de choses entièrement nouveau.

Une pareille hypothèse implique, sans doute, un
renouvellement incessant, et satisfait en cela aux

exigences de l'énergie. Mais si les édifices construits sont périssables, les matériaux dont ils
sont bâtis, les atomes, sont supposés éternels. Or,
c'est cette éternité de l'atome qui vicie l'hypothèse, car nous démontrerons plus tard que, pour
soutenir cette doctrine, il faudrait faire table
rase des principes fondamentaux de la science.

Il est, en effet, très difficile d'éviter la conclusion que l'univers visible, tant comme matière
que comme énergie transformable, doit avoir une
fin. Or, le principe de continuité sur lequel sont
basés tous arguments pareils, demandant encore
la continuation de l'univers, nous sommes forcés de croire qu'il existe quelque chose au-delà
du visible, ou que, pour nous servir des paroles
d'un vieil auteur inscrites par nous en tête de ce
livre, « les choses que l'on voit sont temporelles,
mais celles que l'on ne voit pas sont éternelles ».

85. Si, au lieu d'envisager le futur, nous tour-
nons nos regards en arrière, vers l'origine de
cet univers visible, nous sommes portés plus
expressément encore à une conclusion pareille.
Il est parfaitement certain, comme nous le verrons plus tard, que l'univers doit avoir eu son
commencement dans le temps. Or, s'il est tout ce
qui existe, sa première et soudaine apparition a
été tout aussi bien une solution de continuité que
peut l'être son renversement final.

Peut-être sera-t-il mal sonnant aux oreilles de quelques-uns de nos lecteurs d'entendre dire qu'il est du devoir de l'homme de science de repousser la Grande Cause Première aussi loin que possible dans le temps! Tel est pourtant bien le rôle qu'il est appelé à remplir dans l'univers.

Nous creusons la croûte terrestre, et nous y trouvons des dépôts stratifiés contenant des formes fossiles. Il nous faut supposer que Dieu les a créées telles que nous les trouvons, ou bien qu'elles sont arrivées à occuper cette place en vertu de l'opération de forces naturelles, et qu'elles représentent les reliques d'un ancien monde vivant; cette dernière hypothèse est assurément l'hypothèse scientifique. La seule autre possible serait celle de certains écrivains appartenant à l'Église de Rome qui soutiennent que ces fossiles ont été mis là par le diable.

Nous pouvons aussi supposer que Dieu a créé le soleil, qu'il a placé la terre et les autres planètes dans leurs orbites actuels, et les a animés tous à la fois de la vitesse voulue, ou bien que le système solaire s'est graduellement condensé jusqu'à l'état actuel après avoir été d'abord à l'état chaotique de matière nébuleuse; certainement encore cette dernière hypothèse est celle de la science.

D'une manière semblable, si nous pouvons sup-

poser quelque phénomène, quelque ordre de choses soumis à des lois, antérieur à l'apparition de
l'univers visible, nous aurons avancé d'un pas.
En fait, le devoir de l'homme de science, comme
nous le comprenons, doit être de traiter la production de l'univers visible comme celle de tout
autre phénomène.

C'est assurément une tâche bien grande, mais
sa grandeur seule ne doit pas nous effrayer, et
nous devons appliquer la même mesure scientifique à toute chose, petite ou grande. Nous faisons donc bon accueil à une hypothèse comme
celle de sir W. Thomson[1], qui considère les atomes primordiaux de l'univers visible comme des
tourbillons produits, de quelque manière, dans
un fluide parfait préexistant, pourvu toutefois que
cette hypothèse soit soutenable par ailleurs.

86. Il faut que nos lecteurs se gardent bien
de voir en ceci une tendance à écarter le Créateur de notre chemin; ce n'est assurément pas le
cas. Est-il moins respectueux de regarder l'univers comme une avenue sans limites qui mène à
Dieu, que de voir en lui un espace limité, barré
d'un mur impénétrable qui, si nous pouvions
seulement le percer, nous mettrait instantanément en présence de l'Éternel?

---

1 Ceci est discuté au chapitre IV.

Enfin, nous n'hésitons pas à affirmer que l'univers visible est incapable de contenir à lui seul toutes les œuvres de Dieu, car il a eu son commencement dans le temps et il aura une fin. Peut-être, en fait, constitue-t-il à peine une partie infinitésimale de ce tout merveilleux qui seul a droit au nom de l'UNIVERS!

87. Nous voyons donc que l'école matérialiste et la vieille école théologique à la fois ont erré dans leurs conclusions, parce que ni l'une ni l'autre n'ont suivi loyalement le principe de Continuité. Les théologiens, à l'instar des anciens philosophes, regardant avec mépris la matière et ses lois, ont admis sans scrupule que de fréquentes infractions à ces lois pourraient s'allier avec une hypothèse soutenable. D'autre part, quand l'école matérialiste a été conduite par le principe de Continuité à une position telle qu'un pas de plus l'amènerait à la réalisation de l'invisible, elle n'a pas voulu faire ce pas, et en a, par suite, gravement souffert.

88. Avant de terminer ce chapitre, il nous reste encore à esquisser brièvement l'application du principe de Continuité au problème que nous avons en main.

Il y a trois suppositions concevables sur l'existence individuelle après la mort. En premier lieu, on peut la regarder comme le résultat d'un trans-

fert d'un degré de l'être à un autre, ce transfert
ayant lieu dans l'uivers actuel ; secondement, le
transfert peut avoir lieu de l'univers physique à
quelque ordre de chose différent, mais qui lui
soit intimement lié ; enfin, nous pouvons concevoir que le transfert serait de l'univers visible
actuel à un autre ordre de choses complètement
indépendant de lui.

89. Cette dernière hypothèse sera bien vite
éliminée, si nous maintenons le principe de Continuité. Nous avons vu qu'une des conditions nécessaires à l'existence individuelle consciente est
un organe reliant l'individu au passé. Or, si nous
supposons un tranfert d'êtres vivants de l'univers visible actuel à un ordre de choses tout à fait
étranger, nous aurons là une violation manifeste
de la loi de Continuité. Qu'on imagine en quelle
confusion serait plongé notre univers à l'invasion
d'une troupe d'immigrants, doués d'organes en
rapport avec une existence passée dans un univers entièrement différent. Il en serait précisément de même dans le cas de l'hypothèse en question. Nous pouvons donc réduire nos suppositions
à deux : la première impliquant le passage d'un
degré d'être à un autre dans l'univers visible, et
la seconde un passage de l'univers visible à un ordre de choses intimement lié à cet univers.

90. Dans ce qui précède, nous nous sommes

appuyés, par anticipation, sur ce que l'univers actuel finirait par s'user. Dans les chapitres suivants, il nous faudra soutenir cette assertion par l'examen minutieux des lois qui régissent le cours des choses observé dans l'univers actuel. En d'autres termes, nous devons établir la bonne ou la mauvaise condition de l'univers visible avant de discuter notre seconde hypothèse.

91. Mais, soit que le transfert supposé ait lieu dans l'univers visible, soit dans un autre intimement lié avec lui, le sujet, dans les deux cas, est certainement tel, que nous pouvons légitimement lui consacrer tous les efforts de notre raisonnement. Bien loin, en effet, que la discussion de ce sujet soit entièrement et à jamais inutile, notre devoir est maintenant de l'entreprendre, comme c'est aussi notre privilège ; et nous avons toute confiance qu'avec le temps la vérité sur lui se fera jour. Nous croyons que les penseurs de l'école scientifique, que nous appellerons modérée, ne lui ont pas accordé l'importance qu'il méritait. Sans nier la possibilité d'une vie future, ils ont reculé devant toute tentative d'en rechercher les conditions. Nous espérons qu'après avoir parcouru ce volume ils reconnaîtront que la discussion de ce sujet peut n'être pas sans profit.

CHAPITRE III

L'UNIVERS PHYSIQUE ACTUEL

..... οἱ οὐρανοὶ ῥοιζηδὸν παρελεύσονται, στοιχεῖα
δὲ καυσούμενα λυθήσονται, καὶ γῆ καὶ τὰ ἐν αὐτῇ ἔργα
κατακαήσεται.

Πέτρου (Β'.γ.) [1]

« The cloud capp'd towers, the gorgeus palaces,
The solemn temples, the great globe itself,
Yea, all which it inherit, shalldissolve;
And, like this insubstantial pageant, faded,
Leave not a rack behind.»

SHAKESPEARE, (Tempest.) [2].

All worldly shapes shall melt in gloom
The sun itself must die
Before this mortal shall assume
His immortality.

CAMPBELL [3].

92. Après avoir indiqué brièvement, dans le chapitre précédent, la nature de la proposition que nous voulons élucider, nous devons étudier,

1. ..... Les cieux crouleront avec fracas, et les éléments seront dévorés et dispersés, et la terre et tout ce qu'elle renferme seront consumés entièrement.

PIERRE, 2ᵉ épitre, ch. III.

2. Les tours couronnées de nuages, les palais somptueux,
Les temples solennels, l'immense globe lui-même,
Et aussi tout ce qu'il contient, seront dissous;
Et, comme cette pompe immatérielle évanouie,
Ne laisseront pas un atome après eux.

SHAKESPEARE, la Tempête.

3. Toutes les formes mondaines s'évanouiront dans les ténèbres,
Le soleil lui-même mourra.
Avant que ce mortel puisse revêtir
Son immortalité.
CAMPBELL.

comme préliminaire de notre discussion ulté-
rieure, ce que la science nous dit de l'univers
physique actuel, à quelles lois il est soumis,
quand et comment a eu lieu son commencement,
quand et quelle en sera la fin.

Nous nous sommes laissé aller à l'habitude de
parler de « l'univers matériel », expression généralement employée dans un sens identique à celui
de l'intitulé de ce chapitre. Nous verrons bientôt que cette expression est très défectueuse, car
la matière ne constitue que la moitié la moins
importante de l'univers physique, bien que cette
assertion semble être un paradoxe.

Dans ce chapitre, nous éviterons encore, autant que possible, de parler de la vie, même dans
ses types inférieurs ; nous reporterons également
à un autre chapitre notre exposé des spéculations
les plus raisonnables sur la constitution intime
de la matière et de l'éther.

93. C'est seulement depuis trente ou quarante
ans qu'une nouvelle conviction a commencé à
poindre dans l'esprit des savants, savoir : qu'à
côté de la matière ou des matériaux qui composent l'univers physique, il est une autre chose
possédant autant de droits à être reconnue comme
réalité objective ; cette chose, beaucoup moins
évidente pour nos sens, a dû, par suite, être découverte plus tard. Tant qu'on a désigné la lu-

mière, la chaleur, l'électricité, etc.... sous le nom d'impondérables, on a seulement évité ou laissé de côté la difficulté.

Quand on essaya de les classer dans la matière, par exemple la chaleur comme calorique, on tomba de ce pas dans des erreurs qu'un examen plus minutieux des résultats de l'expérience aurait certainement fait éviter. L'idée de *substance* ou *étoffe* comme condition essentielle de l'existence objective, naît très naturellement des observations ordinaires sur la matière; comme on ne pouvait pas douter de la réalité de la chaleur, de la lumière, etc., elles furent d'abord déclarées matières. Ainsi, le feu (dans ce mot était probablement compris tout ce qui impliquait chaleur ou flamme, apparent ou réel) était anciennement considéré comme un des quatre « *éléments* » consacrés.

A cette époque on supposait que le soleil n'était qu'un grand feu, un éclair, une aurore boréale, une comète; ce n'était qu'une flamme. En d'autres termes, l'essence de toutes choses était l'élément feu ou le calorique, comme on l'appela plus tard. Le soleil, excepté quand on lui attribuait la production de la peste, était un feu bienfaisant, de même que certaines planètes, l'éclair, les comètes et même la lune et Saturne, étaient des feux sinistres.

Cet effort pour assigner une existence substantielle à tout phénomène est, sans doute, parfaitement naturel, mais, par cette raison même, il
est extrêmement probable qu'il conduit à l'erreur.
L'adage : *Humanum est errare*, est une vérité
aussi bien sentie du païen que du chrétien, bien
que peut-être il ait un sens plus étendu pour
celui-ci.

94. Avant de discuter la nature de ce quelque
chose qui est différent de la matière et doué d'une
existence objective bien que non substantielle[1],
cherchons d'abord si nous sommes fondés à
croire que la matière possède une existence
réelle en dehors de nous, et qu'en fait le témoignage de nos sens n'est pas une simple illusion.

Ici la tentation est grande de faire de la métaphysique ; mais nous tâcherons de la vaincre.

Or, entre beaucoup d'autres arguments, la
science physique nous fournit le suivant, à l'appui de l'existence réelle de l'univers extérieur.

*L'expérience la plus variée nous montre ration-
nellement que nous ne pouvons ni produire ni détruire la plus petite quantité de matière.*

Mettons en jeu toutes les puissances de notre
imagination, employons-les de toutes manières,

---

1. Il est à peine nécessaire d'informer nos lecteurs que
dans ce chapitre le mot *substance* est pris dans son acception
ordinaire.

nous, ne ferons pas que nos sens nous indiquent un accroissement ou une diminution quelconque dans une quantité donnée de ce que nous appelons matière. Nous trouvons, cette matière assez soumise à notre volonté pour se laisser modifier dans son arrangement, sa forme, sa densité, son état d'agrégation, sa température, etc. Nous pouvons même, par le rapprochement d'une autre matière, produire quelque combinaison chimique et transformer ainsi son apparence et toutes ses propriétés, *toutes hors une seule*. Sa masse ou quantité demeure complètement hors de notre atteinte. Mesurons cette masse par tous les procédés qu'il nous plaira, par la sensation musculaire, par le poids ou autrement : elle est indépendante de nous et se rit de nos efforts ! N'y aurait-il donc là qu'une simple idée mentale, que l'esprit qui l'a conçue ou en a reçu la conception de quelque part ne peut plus effacer?

Mais il est un autre argument qu'il faut mentionner. Non seulement nos propres sens nous montrent invariablement l'impossibilité d'altérer la quantité de la matière, mais encore les sens de tous les hommes indiquent la même quantité, qualité et collocation de la matière, sur la terre, et hors de la terre. D'où viendrait cet accord extraordinaire entre le témoignage des sens chez tant d'hommes divers et d'esprit si différent?

9

Ainsi notre conviction de la réalité objective
de la matière (au moins au point de vue de la
Philosophie Naturelle) est basée sur la vérité
expérimentale que nous ne pouvons ni diminuer
ni augmenter sa quantité ; autrement dit, notre
conviction est fondée sur ce que nous pouvons
convenir d'appeler *Conservation de la Matière.*

95. Arrêtons-nous un moment et comparons
entre elles cette manière de considérer la matière
et la définition déjà donnée des lois de l'univers.
Nous les avons définies (§ 54) : les lois auxquelles le Gouverneur de l'univers a soumis les êtres
de cet univers sous les rapports du temps, de l'espace et de la sensation. On peut se demander si
cette définition est compatible avec la croyance
à la réalité objective de la matière. Nous répondons qu'à notre avis ces deux choses sont parfaitement d'accord.

Nous n'entendons entrer ici dans aucune discussion métaphysique. Il nous suffit de dire que
notre certitude pratique et active de la réalité de
la matière repose sur les faits suivants : *premiè-*
rement, elle offre de la résistance à notre imagination et à notre volonté; *secondement,* et surtout, elle offre une résistance absolue à toute
tentative d'altérer sa quantité. Nous verrons bientôt que ces deux propriétés, tirées de l'expérience,
appartiennent également à une autre chose.

96. Pour revenir de cette digression, admettons comme prouvée la réalité objective de l'univers extérieur, et que cette réalité soit fortement imprimée en nous par le principe appelé conservation de la matière. Mais, dès que nous avons admis ceci, notre raison nous oblige à accorder une réalité objective à toute chose que l'on trouvera conservée *dans le même sens*. (On verra pourquoi ces mots sont en italique.) Quelque faibles que soient pour cela les dispositions de nos sens, ou plutôt quelque opposés qu'ils soient à cette concession, cette question mérite et obtiendra de nous une sérieuse attention.

97. Dans la dynamique abstraite, certaines choses sont dites conservées, et la preuve mathématique de cette conservation est déduite de faits expérimentaux ; mais une seule de ces choses est conservée dans le sens strict que nous avons donné à la conservation de la matière. Nous allons les examiner brièvement. Ceux de nos lecteurs qui ne sont pas mathématiciens voudront bien nous pardonner l'emploi de certaines expressions appartenant à la physique mathématique.

Il est absolument essentiel que le lecteur possède des notions précises sur ces points, car l'interprétation du simple mot *force,* si élémentaire, est bien souvent confuse et fausse. Il trouvera ce mot employé indifféremment sous deux acceptions

tout à fait différentes, qui n'ont pas le moindre
rapport l'une avec l'autre. Si le lecteur ne se
défait pas complètement de cet abus de langage,
il ne doit pas espérer pouvoir nous suivre dans
cette partie de notre argumentation préliminaire.
La force proprement dite est une traction, une
poussée, un poids, une pression, etc. ; elle peut
être évaluée, à la manière des ingénieurs, par
tant de livres poids ; mais ce qui est injustifiable,
c'est l'application de ce mot au *travail accompli
par une force,* tant de livres élevées à tant de
pieds, c'est-à-dire *la force surmontée dans un
certain espace.* Ces deux choses sont d'espèce différentes et ne peuvent être comparées entre elles.
Elles diffèrent précisément autant que la longueur ou la largeur diffèrent de la surface, ou
qu'un pied linéaire diffère d'un pied carré ! Essayer de mesurer la hauteur d'une montagne en
hectares, serait, pour la science et pour le bon
sens, un outrage moindre que l'abus que l'on fait
du mot *force.* Car l'absurdité ne s'arrête même
pas là. Nous n'avons encore absolument aucune
preuve de l'existence objective de la force proprement dite. Selon toute probabilité, une *chose* telle
que la force (comme nous la concevons par l'impression de notre sens *musculaire*) n'existe pas,
non plus qu'une *chose* comme le Son, la Lumière,
qui sont simplement des noms donnés à des im-

pressions produites sur des nerfs spéciaux par
l'énergie des mouvements ondulatoires d'un certain milieu. Ce terme *force* convient cependant
très bien pour exprimer la mesure du transfert
ou de la transformation de l'énergie par unité de
longueur dans une direction donnée.

Conservation de la quantité du mouvement. —
Ce que l'on entend par là est simplement une
conséquence directe de la *première* interprétation
donnée par Newton de sa Troisième Loi du Mouvement, c'est-à-dire l'*Action et la Réaction sont
égales et opposées.* Dans cette *première* interprétation, Newton nous dit de considérer les actions
et les réactions comme des forces proprement
dites, ou (ce qui est équivalent) des quantités de
mouvement. C'est le terme employé par Newton[1].
La quantité de mouvement a pour mesure le
produit de la masse d'un corps multiplié par sa
vitesse. Sous sa forme la plus simple, cette loi
exprime que la quantité de mouvement d'un
système de corps, mesurée dans une direction
quelconque, n'est pas altérée par l'action mutuelle de ces corps, soit que cette action consiste
en traction, attraction, répulsion ou choc. Nous

---

1. Les Anglais ont désigné la quantité de mouvement par le
mot *momentum*. Nous n'emploierons pas ce mot pour ne pas
faire de confusion avec le *moment d'une force*.

(*Note du Traducteur.*)

voyons immédiatement, par cette troisième loi du
mouvement, qu'il doit en être ainsi, car le changement de quantité de mouvement, dans une
direction quelconque, d'une partie quelconque du
système par unité de temps, est la mesure de la
force agissant sur cette partie dans cette direction. Un gain quelconque de quantité de mouvement, dans cette direction particulière, obtenu
par un membre du système, doit être une perte
égale pour les autres membres, non pas, il est
vrai, dans leur quantité totale de mouvement,
mais seulement dans la portion qui correspond à
la direction donnée. On voit ainsi que la somme
algébrique des quantités de mouvement engen-
drée par les actions mutuelles du système est
zéro.

Ces quantités de mouvement sont en fait des
grandeurs ayant une direction (comme les forces
dont elles sont la mesure), et sont, par conséquent, susceptibles de s'*annuler l'une l'autre,*
quand leur valeur numérique est égale à leur
direction opposée. En ce sens, la conservation est
de même nature que celle des soi-disant fluides
électrique ou magnétique, dans lesquels nulle
portion quelconque d'une espèce ne peut se produire sans l'apparition simultanée d'une quantité
égale de l'autre espèce, quantité exactement capable de neutraliser la première. Ceci n'est évi-

demment en aucun sens analogue à la conservation de la matière dont nous avons parlé plus
haut.

Comme exemple : soit un canon chargé. Avant
de faire feu, ni le boulet, ni le canon n'ont de
quantité de mouvement. Le coup parti, le boulet
possède une certaine quantité de mouvement; le
canon, par son recul, en possède une *égale* et
opposée. Si nous pouvions renverser exactement
les mouvements du canon et du boulet, au moment où ils se séparent, leur choc mutuel rédui-
rait chacun d'eux au repos, et il ne resterait plus
de quantité de mouvement. Considérés séparément après la décharge, le boulet et le canon
ont chacun leur quantité de mouvement, mais le
système complet du canon et du boulet n'en a
pas, car sur la même ligne il y a deux quantités
égales de mouvement et de signe contraire.

En fait, la quantité de mouvement ne peut pas
être créée ou détruite dans un *système quelconque
considéré comme un tout*. C'est comme si un homme
en recevant une somme d'argent contractait ré-
gulièrement une dette égale à cette somme; l'état
de ses affaires indiqué sur les livres de comptes
ne changerait naturellement pas.

*Conservation du moment de la quantité de
mouvement*. — Ici, nous avons affaire à des
quantités de l'ordre des moments des forces au-

tour d'un axe, c'est-à-dire à des *couples* d'après
Poinsot. Ce sont aussi des grandeurs pourvues
de direction, dont la conservation résulte de la
première interprétation de la Troisième Loi de
Newton ; les remarques précédentes peuvent donc
s'y appliquer.

Conservation de la Force Vive. — *Force vive*
est le vieux nom de l'énergie de mouvement,
c'est-à-dire le pouvoir d'accomplir du travail.
Nous avons ici à nous occuper des quantités qui
ne peuvent pas avoir de direction, parce qu'elles
sont essentiellement des *produits de paires de
quantités semblablement dirigées;* elles doivent
donc être considérées comme affectées du même
signe algébrique, ou plutôt, pour employer le
langage de sir W.-R. Hamilton, comme des
quantités sans signe. Évidemment, il ne peut pas
y avoir d'annulation entre de telles quantités.

Pour plus de clarté, examinons de quoi dépend
la force vive. Elle dépend du produit de la masse
par le *carré* de la vitesse, et elle est proportionnelle à ce produit. Comparons, ou plutôt mettons
en contraste cette définition avec celle de la quantité de mouvement donnée ci-dessus, et on verra
que la *force vive* est le produit de la quantité de
mouvement par la vitesse. Or, la masse est nécessairement une quantité sans signe, car nous ne
pouvons évidemment pas avoir de masse néga-

tive. Maintenant, quant au carré de la vitesse, il sera toujours positif, que la vitesse soit positive ou négative, qu'elle soit dans une direction ou dans une autre.

Donc, la *force vive* ou énergie de mouvement est une chose qui n'est pas affectée du signe de direction; c'est une quantité sans signe, comme nous l'avons déjà dit. On a jugé expédient de lui donner pour mesure la *moitié* du produit de la masse en mouvement par le carré de sa vitesse. Ainsi exprimée, on l'appelle *énergie cinétique*. (Voyez § 99.)

Revenons maintenant à notre canon. Avant le feu, il n'y a pas de *force vive*, ni dans le canon, ni dans le boulet. Après le feu, chacun possède de la *force vive;* mais celle du projectile excède celle du canon dans la même proportion que la masse du canon excède celle du projectile. Et le système, dans son ensemble, possède de la force vive, bien qu'il n'ait pas de quantité de mouvement. Si, comme auparavant, nous pouvions renverser les mouvements du canon et du boulet, cette *force vive* ne serait pas perdue, même au moment du choc, comme nous allons le voir; elle serait employée à échauffer les deux corps choquants.

98. Nous avons dit que l'énergie contenue dans un corps — sa force vive, son pouvoir d'ac-

complir du travail — est indépendante de la direction de son mouvement ; nous avons vu aussi que la masse restant la même, cette énergie est proportionnelle au carré de la vitesse. Par exemple, nous pouvons mesurer l'énergie d'un boulet de canon ou d'une flèche lancés verticalement par la hauteur qu'ils atteindront à l'encontre de la force de gravité représentée par leur propre poids, et nous trouverons qu'avec une vitesse double, le projectile atteindra une hauteur quadruple. Nous pouvons encore pointer le canon horizontalement et mesurer l'énergie du même boulet par le nombre de planches de chêne qu'il peut traverser, et nous trouverons qu'avec une vitesse double, ce boulet traversera à peu près quatre fois autant de planches qu'avec une vitesse simple. Toutes les expériences de ce genre s'accordent entre elles pour nous convaincre que l'énergie du boulet est indépendante du pointage, et qu'elle est proportionnelle au carré de la vitesse ; ainsi une vitesse double donnera une énergie quadruple.

99. Nous venons de parler d'un boulet tiré en l'air, à l'encontre de la force de la gravité. Ce boulet, à mesure qu'il s'élève, perdra à chaque instant une partie de sa vitesse, jusqu'à ce qu'enfin il devienne immobile, après quoi il commencera à descendre. Au moment précis où il change

de direction, il est parfaitement inoffensif. Si nous étions placés au sommet d'une falaise qu'il aurait tout juste atteint, nous pourrions, sans danger, le saisir avec la main, et le poser sur la falaise ; à ce moment, son énergie semble avoir disparu. Voyons, cependant, si cela est vrai ou non. Ce boulet a été tiré sur nous, supposons par un ennemi placé au fond de la falaise ; l'idée nous vient de le laisser retomber sur lui, ce qui nous réussit à merveille, car notre ennemi est écrasé par le boulet.

En réalité, la dynamique nous apprend que le boulet redescendra sur le sol avec une vitesse et, par conséquent, avec une énergie précisément égale à celle qu'il possédait quand il était lancé en haut. Or, au sommet de la falaise, s'il n'avait plus d'énergie due à un mouvement actuel, il possédait, néanmoins, une sorte d'énergie due à sa position élevée, car il avait évidemment le pouvoir d'accomplir du travail. Un étang d'eau tranquille, à moins que son eau ne puisse tomber, c'est-à-dire à moins qu'il n'ait une *hauteur de chute,* est incapable de mouvoir une roue hydraulique. Mais la *hauteur de chute,* ou le pouvoir de tomber, lui donne une provision d'énergie dormante, qui devient active à mesure que l'eau descend. Et la même quantité de travail peut être obtenue (à l'aide d'une turbine, par exemple) avec une petite quantité d'eau, pourvu qu'elle ait une grande hauteur de chute, comme on peut l'obtenir avec une hauteur de chute moindre, pourvu que la quantité d'eau soit plus grande, au moyen d'une *roue en dessus* ordinaire. *Nous constatons ainsi deux formes d'énergie, qui se transforment l'une en l'autre : l'une, due au mouvement actuel, l'autre à la position. La première est appelée énergie cinétique ou actuelle, la seconde énergie potentielle.*

Tout ceci paraît avoir été clairement remarqué par Newton, qui en a fait la matière de la seconde interprétation de sa troisième loi du mouvement. En langage moderne, sa proposition revient à ceci[1] : *Le travail effectué sur un système du corps a son équivalent sous forme de travail accompli contre le frottement, les forces moléculaires ou la gravité, s'il n'y a pas d'accélération ; s'il y a accélération, une partie du travail est employée à vaincre la résistance à l'accélération, et l'augmentation de l'énergie cinétique ainsi développée est équivalente au travail ainsi dépensé.*

100. Ainsi, Newton nous dit expressément, quoique en d'autres termes, que nous devons comprendre dans la même catégorie le travail fait par une force ou contre elle, que cette force soit due

1. Voyez *Natural Philosophy* de Thomson and Tait (§ 26), ou *Thermodynamics* de Tait (§ 91).

à la gravité, au frottement, à l'action moléculaire, comme l'élasticité par exemple, ou même à l'accélération.

(*a*) Quand le travail est effectué contre la pesanteur, comme en levant une masse du sol, nous venons de voir qu'il s'emmagasine, pour ainsi dire, dans la masse élevée; nous pouvons le retrouver à un instant quelconque, quand nous laissons la masse redescendre. C'est ainsi que nous fournissons à une horloge le pouvoir de marcher pendant une semaine, malgré le frottement et d'autres résistances, simplement en remontant ses poids.

(*b*) Quand un travail est effectué contre des forces moléculaires, nous avons un emmagasinage semblable, par exemple en bandant un arc, en montant une montre.

(*c*) Quand le travail est accompli contre l'inertie des corps, c'est-à-dire lorsqu'il est employé à accélérer la vitesse, la définition de Newton montre que l'augmentation d'énergie cinétique produite est égale au travail ainsi dépensé.

(*d*) Dans la dynamique abstraite, nous considérons simplement comme perdu le travail dépensé contre le frottement. Au temps de Newton, on ne savait pas ce que devenait ce travail.

101. Abandonnant donc, pour le moment, cette quatrième alternative (*d*), nous voyons que, quel

que soit le travail dépensé, nous devons, suivant
Newton, reconnaître que, même en dynamique
abstraite, *cette quantité de travail n'est pas perdue, mais seulement transformée* en une quantité
équivalente emmagasinée pour un usage futur,
soit sous une forme dormante, comme, par exemple, l'énergie potentielle d'un poids élevé ou d'un
ressort tendu, soit sous une forme active, comme
l'énergie cinétique d'une masse en mouvement.
Ici donc, à la fin, nous reconnaissons un genre
de conservation semblable à celui que nous avons
trouvé pour la matière. Mais, cependant, notre
assertion est encore en défaut dans un cas particulier, comme nous l'avons vu. Que devient le
travail employé à vaincre le frottement, ou que
devient l'énergie du marteau du forgeron après
qu'il a frappé l'enclume? L'expérience seule peut
nous répondre. Voyons ce qu'elle nous dit.

L'homme a été appelé animal raisonneur, animal rieur, etc., selon le caprice ou l'humeur
momentanée du classificateur; mais il peut être
distingué d'une manière encore plus précise des
autres animaux par l'appellation d'« animal cui-
sinier », car il nous a toujours paru tenir du merveilleux que, même pour le but essentiel de faire
cuire sa nourriture, ou pour savourer la torture
d'un ennemi vaincu, l'homme sauvage ait jamais
pu arriver au moyen de se procurer du feu par

frottement. Considérant sa condition, et comparant ses moyens et son succès à ceux même de nos plus grands physiciens modernes, il nous est impossible de ne pas regarder cette découverte comme une des plus grandes et des plus remarquables qui aient jamais été faites en physique ; d'autant plus remarquable encore, si l'on considère qu'un homme comme Newton, qui naturellement la connaissait, eut les yeux absolument fermés à sa signification, au moment même où elle seule lui manquait pour combler une lacune sérieuse, dans une des plus importantes et des plus grandioses de ses généralisations pratiques.

Il n'a pas moins fallu que Rumford et Davy, jusqu'à la fin du siècle dernier, pour nous fournir le chaînon manquant. Rumford, en faisant bouillir de l'eau au moyen de la chaleur produite par le forage d'un canon, et Davy, en faisant fondre de la glace par le frottement dans le vide, démontrèrent plausiblement, l'un et l'autre, deux choses à la fois : l'immatérialité de la chaleur et la fin dernière du travail dépensé en frottement, qui est d'être converti en chaleur. Pour rendre ces expériences absolument démonstratives, il n'eût fallu — ce qui était facile — que de très légères additions ou modifications au raisonnement de leurs auteurs. L'énonciation exacte et formelle de l'équivalence de la chaleur et du travail — énonciation nécessaire à combler la lacune de la proposition de Newton — fut donnée pour la première fois par Davy en 1812.

102. Arrêtons-nous un moment, et voyons où en était, même alors, la solution de notre problème. L'énergie cinétique visible, telle que celle d'un boulet tiré verticalement, est transformée, à mesure qu'il s'élève en énergie potentielle visible. Quand il redescend, son énergie est transformée de nouveau de potentielle en cinétique; au moment de toucher la terre, il a — ou plutôt il aurait, sans la présence de l'atmosphère — autant d'énergie cinétique que lorsqu'il a été d'abord lancé.

Quand le boulet a frappé la terre, son énergie cinétique de mouvement visible est changée, par le choc, en cette énergie cinétique de mouvement invisible de ses particules, qui est appelé chaleur. Et, généralement parlant, dans tous les cas de frottement, de percussion ou de résistance atmosphérique, nous avons un changement d'énergie visible en chaleur : par exemple, quand un train de chemin de fer est arrêté par l'action du frein, quand le forgeron frappe l'enclume avec le marteau, quand un boulet se meut dans l'air et l'échauffe, ou quand un bolide ou une étoile filante sont rendus incandescents par la résistance qu'ils rencontrent à leur passage à travers les

couches même les plus hautes et les plus raréfiées
de l'atmosphère.

On était ainsi arrivé à considérer la chaleur
comme une sorte d'énergie moléculaire, en laquelle l'énergie visible se transforme souvent.
Peu après on s'aperçut qu'en outre de la chaleur
il y avait d'autres formes de l'énergie moléculaire, les unes potentielles, d'autres cinétiques.
Ainsi, deux substances peuvent avoir mutuellement de l'affinité chimique, quand elles sont séparées, exactement comme une pierre élevée a
une tendance à retomber sur la terre; dans l'un
comme dans l'autre cas, nous avons une forme
de l'énergie potentielle. Quand, par exemple,
nous avons du charbon ou de la houille dans
nos caves ou dans nos mines et de l'oxygène
dans l'air, nous sommes possesseurs d'une provision d'énergie potentielle chimique dont nous
pouvons faire usage à tout moment, et que pendant la combustion nous pouvons faire passer
de la forme potentielle à la forme cinétique.
Autre exemple : un courant d'électricité est
sans nul doute une sorte d'énergie cinétique,
quoique ce soit encore l'embarras des savants
de dire quelle forme de mouvement invisible
implique ce courant. Sans s'embarrasser de
détails scientifiques, le lecteur pourra voir par
tout ceci que l'énergie est susceptible de se mon-

trer sous bien des formes, soit potentielles, soit cinétiques.

Tout en saisissant le fait que l'énergie peut paraître sous différentes formes, nous commencions aussi à nous apercevoir qu'elle possédait une grande puissance de transformation pour passer d'une forme à une autre. En cet état de la question, sir W.-R. Grove fit un travail utile en rassemblant différents cas de transformation dans son ouvrage sur la Corrélation des Forces Physiques.

Malgré tout, il était réservé à Joule et à Colding, qui presque simultanément et par de judicieuses méthodes expérimentales, travaillaient la question dès 1840, de découvrir séparément et d'énoncer par degrés, d'après la *seule base admissible, l'expérience,* la grande loi de la *Conservation de l'Energie.* Sous sa forme la plus générale, l'expression de cette loi est simplement une traduction complétée du passage déjà cité de Newton ; et les découvertes expérimentales de Rumford et de Davy, étendues et complétées par Joule et Colding, nous permettent aujourd'hui de comprendre la seconde interprétation donnée par Newton à sa *Troisième Loi du Mouvement* dans l'expression moderne : *Conservation de l'Energie.*

Dans tout système de corps, auquel il n'est pas

communiqué d'énergie par des corps extérieurs et qui ne cède pas d'énergie à des corps extérieurs, la somme des diverses énergies potentielle et cinétiques reste toujours la même.

En d'autres termes, bien qu'une forme d'énergie se change en une autre, la potentielle en cinétique, et *vice versa*, chaque changement représente à la fois la création d'énergie d'une certaine espèce et l'annihilation égale et simultanée d'énergie d'une autre espèce, l'énergie totale, comme nous l'avons déjà dit, restant toujours la même.

103. Si nous prenons pour notre système de corps l'univers physique entier, nous voyons que, d'après le principe déjà posé, l'énergie a tout aussi bien le droit d'être regardée comme une réalité objective que la matière elle-même. Mais l'expression de fait présente, dans chacun des deux cas, une différence très marquée. Nous parlions auparavant de la quantité de matière sans qualification, et maintenant nous parlons de la *somme de deux espèces* d'énergie. Réfléchissons un moment sur ceci, et nous verrons que tandis que la matière (au moins dans notre connaissance actuelle) est toujours la même, bien que déguisée sous diverses combinaisons, l'énergie, au contraire, change incessamment de forme. L'une est comme le destin ou *necessitas* des anciens , et

l'autre est Protée en personne dans la variété et la rapidité de ses métamorphoses.

φύσις, διαδοχαῖς σχημάτων τρισμυρίαις
ἀλλάσσεται τύπωμα, Πρωτέως δίκην,
πάντων ἔσ'ἔστι ποικιλώτατον τέρας·
τῆς δ'αὖτ' Ἀνάγκης ἐστ' ἀκίνητον σθένος,
μόνη δ'ἀπάντων ταὐτὸ διαμενοῦσ' ἀεὶ
βροτῶν τε καὶ θεῶν πάντ' ἀποτρύει γένη [1].

104. Bien plus encore, *l'énergie nous est utile uniquement, parce qu'elle se transforme sans cesse.* Quand la vanne est fermée ou le feu éteint, la machine s'arrête; quand un homme ne peut plus digérer sa nourriture, son dépérissement est certain. Le charbon de terre en lui-même, à part l'intérêt de quelques fossiles qu'il contiendra quelquefois, ou celui de son mode de formation quelque peu incertain encore, est, à coup sûr, une chose de bien peu d'utilité; mais sa grande valeur réside dans son affinité chimique qui le rend possesseur d'une grande énergie potentielle à l'égard de l'oxygène de l'air, énergie si aisément transformable en chaleur. « Conservez

---

1. Que nous paraphrasons ainsi :
   La Nature affolée de diversité,
   Merveille la plus inscrutable des merveilles,
   Comme Protée, change de figure et de forme;
   Mais le Destin toujours demeure immuable,
   Et, dans son immobile stabilité, défie
   Le Temps des hommes, et l'Éternité des Dieux.

votre poudre sèche » revient exactement à dire :
« Conservez toute prête la transformabilité de
votre énergie. » En fait, si nous réfléchissons un
moment sur ce que nous avons dit pour montrer
que les seules choses réelles de l'Univers physique sont la matière et l'énergie et que l'une des
deux, la matière, est purement passive, il est évident que tous les mouvements physiques, y compris ceux qui se lient inséparablement aux pensées comme aux actions des êtres vivants, sont
de simples transformations d'énergie. Voici donc
une question de la plus haute importance en ce
qui concerne l'univers actuel : *Toutes les formes
de l'énergie sont-elles également susceptibles de
transformation ?* Pour comprendre l'importance
de cette question, le lecteur n'a qu'à faire la réflexion suivante : s'il est une forme d'énergie
moins facilement ou moins complètement transformable que les autres, et si l'énergie va toujours se transformant sans interruption, il arrivera nécessairement qu'une portion de plus en
plus grande de l'énergie totale de l'Univers s'ac-
cumulera sous cette forme inférieure d'énergie,
et par suite, avec le temps, la transformation de
l'énergie deviendra de moins en moins possible,
c'est-à-dire, en langage scientifique, que l'énergie
restera la même en *quantité,* mais elle deviendra
de moins en moins *utilisable.*

105. Tout le monde connaît un cas où il peut
y avoir une quantité illimitée d'énergie dont aucune partie ne soit cependant utilisable; c'est simplement le cas de la chaleur répandue dans un
certain nombre de corps *quand tous sont à la
même température.* Pour obtenir du travail au
moyen de la chaleur, il faut des corps chauds et
des corps plus froids, correspondant, pour ainsi
dire, à la chaudière et au condenseur d'une machine à vapeur. De même que nous ne pouvons
tirer aucun travail de l'eau tranquille, si elle est
partout au même niveau, c'est-à-dire si aucune
partie n'en peut tomber, nous ne pouvons pas
non plus tirer du travail de la chaleur, si une
partie de cette chaleur ne peut pas descendre
d'une température plus élevée à une autre plus
basse. Ceci est de la plus haute importance pour
notre sujet, et doit être conséquemment mis en
pleine lumière. Malheureusement, cela n'est possible qu'en introduisant bon nombre de mots
techniques qui ne sont pas à la portée d'un grand
nombre de nos lecteurs. Dans les huit sections
suivantes, nous tâchons de nous expliquer aussi
simplement que possible. Le lecteur qui aurait
cependant de la peine à nous suivre, n'a qu'à passer immédiatement au paragraphe 114; la liaison de notre raisonnement n'en sera pas interrompue.

106. Sadi Carnot, en 1824, fit le premier pas à la recherche de la transformation de la chaleur en travail, pas dont la valeur inappréciable pour toutes les branches de la science n'a été reconnue que tout récemment. Carnot imagina une méthode surprenante par son originalité pour attaquer cette question spéciale de la production du travail par la chaleur. En l'appliquant, il ne fut pas toujours conduit à des conclusions exactes, non pas par suite d'une erreur dans la méthode, mais bien parce qu'il admettait malheureusement (bien qu'en hésitant, et sous des réserves presque équivalentes à l'assertion opposée) la matérialité de la chaleur. Sa méthode renferme deux idées parfaitement neuves ; les voici :

1. Dans l'état actuel de nos connaissances, on ne peut rien conclure sur la relation qui existe entre la chaleur et le travail, jusqu'à ce que la substance échauffée ou travaillante soit ramenée à son premier état physique après un *cycle* complet d'opérations.

Cette proposition, toute évidente qu'elle paraisse une fois énoncée, était entièrement ignorée (vingt ans après Carnot) par Séguin et Mayer, que certains auteurs persistent à présenter comme les fondateurs de la théorie dynamique de la chaleur. Leurs spéculations furent totalement viciées par la violation qu'ils firent de ce principe.

2. Une machine dont le cycle d'opérations est réversible est une machine parfaite, c'est-à-dire qu'avec des températures quelconques de la chau-dière et du condenseur, cette machine rend la plus grande somme possible de travail pour une quantité de chaleur donnée.

Le mot *réversible* n'est pas pris ici dans son sens vulgaire, qui signifie le simple renversement de la direction du mouvement, ou plus exacte-ment la marche en arrière. Voici ce qu'on entend par machine réversible dans un sens plus élevé : prenez une machine qui transforme en travail une certaine quantité de la chaleur fournie par la chaudière, pendant que l'excédent de cette chaleur est envoyé au réfrigérant. Faites ensuite l'opération inverse; reprenez la chaleur cédée au réfrigérant, ajoutez-y la quantité de chaleur équi-valente au travail obtenu dans la première évolu-tion, et restituez ainsi à la chaudière toute la chaleur perdue dans le principe. En résumé, la seconde phase reproduit en sens inverse les phé-nomènes observés dans la première[1].

107. Sir W. Thomson, en 1848, fut le pre-mier à rappeler l'attention sur le travail de Car-not, après que Colding et Joule eurent publié

---

1. Pour une exposition plus complète de l'œuvre de Carnot, voyez Tait, *Recent Advances in Physical Science*, 1876.

leurs découvertes expérimentales; il fit voir que l'action de la machine réversible fournissait ce qu'on avait jusqu'alors inutilement cherché, une définition absolue de la température, définition qui est d'ailleurs complétement indépendante des propriétés particulières de toute espèce quelconque de matière.

En fait, il est évident que la réversibilité, telle que nous venons de l'expliquer, étant le cachet de la perfection pour une machine thermique, toutes les machines réversibles, quelle que soit la substance agissante, convertiront en travail la même fraction de la chaleur dépensée, si elles travaillent dans les mêmes circonstances, c'est-à-dire *avec les mêmes températures de la chaudière et du condenseur*. Ceci laisse naturellement ample carrière pour le choix d'une définition de la température; mais celle que Thomson a fini par adopter fut choisie (par suite d'une induction de quelques résultats d'expériences de Joule), de telle sorte que la mesure absolue de la température coïncidât assez approximativement avec celle du thermomètre à air depuis longtemps en usage. La voici :

La chaleur absorbée par une machine thermique parfaite est à la chaleur abandonnée par elle, comme la température absolue de la chaudière est à celle du condenseur,

Il est à peine nécessaire d'ajouter que la seule quantité de chaleur qui puisse être convertie en travail utile est l'excès de la chaleur fournie par la chaudière sur celle qui est abandonnée au condenseur. Ceci est une conséquence immédiate de la conservation de l'énergie.

Des expériences, conduites par Joule et Thomson [1], ont fait voir que le zéro absolu est à environ 274° en dessous du zéro de l'échelle centigrade ; ainsi, sur l'échelle des températures absolues, la température de la glace fondante est 274°, et celle de l'eau bouillante à la pression ordinaire de 374°.

108. En 1849, James Thomson appliqua d'une façon très ingénieuse le raisonnement de Carnot. Ce fut la première d'une série d'applications très remarquables qui ont été depuis d'un service immense pour le développement de presque toutes les branches de la physique. Il fit voir que, par suite de la propriété que l'eau possède de se dilater par la congélation, *le point de fusion de la glace doit être abaissé par la pression.* Sir W. Thomson, dans la même année, vérifia par

---

1. Ils montrèrent virtuellement que dans une machine à vapeur parfaite, ayant une chaudière à la pression de une atmosphère, et un condenseur à la température de la glace fondante, le rapport de la chaleur absorbée à la chaleur perdue est 1,365 : 1. Si la différence entre les nombres est 100, le rapport donne 374,274. (*Philosophical transactions,* 1854.)

des expériences directes les résultats numériques tirés de cette déduction. Tout insignifiant que semble l'effet prédit et mesuré (un degré centigrade pour chaque pression additionnelle de 2,000 livres par pouce carré), on ne saurait douter aujourd'hui qu'il ne mette au moins en très bon chemin pour expliquer les divers effets de la glace des glaciers, effets si admirablement mis en lumière par les mesurages directs de Forbes.

109. Nous avons dit que Carnot basa malheureusement son raisonnement sur la matérialité, alors admise (et conséquemment sur l'indestructibilité), de la chaleur. Il devint donc très important de trouver le moyen propre pour adapter sa méthode à la théorie véritable. La prédiction vérifiée de James Thomson avait déjà donné un résultat physique correct et absolument neuf, tiré des principes de Carnot. Comment alors se débarrasser de la fausse hypothèse de celui-ci ?

Clausius l'entreprit en 1850 ; mais sa méthode est basée uniquement sur le fait d'observation qu'en général la chaleur tend à passer des corps plus chauds aux corps plus froids. Or, ceci, nous le savons, n'est pas toujours exact ; ainsi, un fil métallique fin peut être rougi par le courant d'une batterie thermo-électrique (d'un nombre suffisant de couples) où la glace et l'eau bouillante sont seules employées pour échauffer et refroidir les jonctions alternatives. Dans ce cas, la chaleur passe certainement de corps plus froids à des corps plus chauds. Quelques années après, Clausius étendit cependant sa proposition, et la formula ainsi : « La chaleur ne peut pas *d'elle-même* passer d'un corps plus froid à un corps plus chaud. » Nous ne trouvons pas ce principe assez évident pour un axiome, quand même il serait vrai, et nous allons voir qu'il ne l'est pas. Ce prétendu axiome est, en effet, constamment violé, toutefois sur une petite échelle, dans toute masse gazeuse.

110. Sir W. Thomson [1], le premier (en 1851), raccorda la méthode magnifiquement originale de Carnot à la vraie théorie de la chaleur. Il est spécialement à remarquer combien, même à cette date encore peu avancée, il sentit le danger de poser rien de trop défini sur ce sujet. Voici l'axiome qu'il donne :

Il est impossible, avec les seuls moyens d'un agent matériel inanimé, de tirer un effet mécanique d'une portion quelconque de matière en la refroidissant au-dessous de la température du plus froid des corps environnants.

Mais il y ajoute la prudente note suivante :

« Si on niait la vérité de cet axiome pour toutes les températures, il faudrait admettre qu'on peut

---

mettre en mouvement une machine automatique capable de produire de l'effet mécanique en refroidissant la mer ou la terre, et cela sans autres limites que le complet épuisement de la chaleur contenue dans la terre et dans la mer, ou, en réalité, dans tout le monde matériel. »

Ceci va ressortir immédiatement dans sa pleine importance.

Pour ceux qui admettent l'axiome de Thomson avec son appendice, la proposition de Carnot qu'une machine réversible est parfaite (dans ce sens qu'elle est la meilleure possible) se trouve aussitôt démontrée *ex absurdo* comme il suit :

Supposons qu'il puisse y avoir une machine M plus parfaite qu'une machine réversible N. Mettons-les toutes deux à la fois en travail comme machines combinées, M déposant au condenseur de la chaleur prise à la chaudière, N dépensant du travail pour puiser la chaleur déposée au condenseur et la rendre à la chaudière. Si N restitue à la chaudière à chaque coup ce que M lui enlève, notre machine combinée produira un travail extérieur, car, selon l'hypothèse, M est plus parfaite que N. D'où provient donc ce travail ? Pas de la chaudière, puisqu'elle reste telle qu'elle était. Il faut donc que N prenne au condenseur plus de chaleur que M n'en apporte, c'est-à-dire que vous obtenez du travail en refroidissant le condenseur.

Poussons le raisonnement un peu plus loin.
Supposons que l'excès de travail fourni par M soit
dépensé sur N ; il n'y aurait ainsi aucun travail
dépensé ou produit, et le condenseur serait encore
plus refroidi et la chaudière échauffée ! Ceci pour
bien des gens semblerait une ample *reductio ad
absurdum*. Cependant, Clerk Maxwell a fait voir
que le fait était physiquement possible ; il a ainsi
péremptoirement justifié la réserve de Thomson
à propos de son axiome. Nous ne nous excuse-
rons pas de traiter avec quelque développement
un point de cette importance.

111. On donne le raisonnement de Maxwell
comme basé sur la theorie moléculaire des gaz ;
mais la seule nécessité de le restreindre aux gaz
semble provenir de ce que nous l'appliquons ainsi
plus directement à la *chaleur,* qui, dans cette
théorie, est supposée consister dans l'énergie de
mouvement des molécules des gaz. L'exemple serait plus général et en même temps plus simple
si, faisant abstraction de l'idée de chaleur et de
constitution moléculaire des gaz, nous traitions
la question comme si elle concernait simplement
les mouvements possibles d'un nombre de petites
particules matérielles.

Supposons donc qu'un grand nombre de petites
particules de matière sphériques et égales soient
enfermées dans un vase de forme quelconque.

Supposons aussi que, par suite de collisions, ou en vertu de forces répulsives, chacune de ces particules ait la propriété de rebondir après avoir frappé une autre particule ou la paroi du vase, comme si elle était élastique, et qu'elle eût un *coefficient de restitution*[1], tel qu'il est défini dans les traités de Philosophie naturelle, égal à l'unité. On peut, dès lors, montrer par le calcul que si nous lançons arbitrairement ces particules dans toutes les directions et avec des vitesses aussi différentes qu'on voudra, après un certain temps d'autant plus court que le nombre des particules sera plus grand, le système atteindra un certain état permanent, dans lequel prévaudra une certaine loi de distribution de vitesse, la même loi qui, en termes techniques, exprime *la probabilité de l'erreur*; le plus grand nombre des particules aura une vitesse correspondante au carré moyen des vitesses, et celles dont la vitesse sera plus forte ou plus faible seront d'autant moins nombreuses que leur vitesse s'écartera davantage de celle qui correspond au carré moyen. Il y aura tendance à une distribution moyenne des diverses vitesses dans toute l'étendue du vase, de sorte que les chocs sur les parois seront à peu près les

1. Pour la définition du *coefficient de restitution*, voir *Natural Philosophy* de Thomson et Tait, $ 300, ou *Dynamics of a Particle*, 3ᵉ éd., $ 299, de Tait et Steele.

mêmes sur chaque pouce carré de surface. Après cela, il n'y a plus de changement appréciable dans la statistique du groupe, *toujours pourvu que les particules soient suffisamment nombreuses*, excepté en ce qui concerne les particules *individuelles* qui pourront se mouvoir tantôt très rapidement, tantôt avec lenteur, mais le plus souvent à la vitesse du carré moyen ou de quelque chose très approchant. Ainsi l'énergie moyenne ne sera pas beaucoup plus grande dans une partie du vase que dans une autre, et par conséquent il ne sera pas possible d'en tirer du travail, du moins si on considère exclusivement le contenu du vase. Mais si nous prenons à notre service certains êtres finis concevables, imaginés par Clerk Maxwell, et appelés *démons* par Thomson, il serait possible d'altérer matériellement l'état des choses, alors même que ces êtres finis ne feraient absolument aucun travail.

* 112. Supposons, en effet, le vase divisé en deux par une cloison rigide munie d'une multitude de petites portes non massives elles-mêmes. Placez un *démon* à chaque porte avec la consigne de l'ouvrir un instant, toutes les fois qu'il peut laisser une molécule rapide s'échapper du premier compartiment dans le second, ou une molécule lente du second dans le premier. Alors, *parce que la tendance n'est pas à une distribution* *uniforme de vitesse*, mais bien à une distribution qui comporte des vitesses plus grandes et plus petites dans de certaines proportions, nous pouvons concevoir que cette opération soit prolongée assez longtemps pour produire une différence considérable dans les vitesses moyennes des particules dans les deux compartiments, bien que le nombre des particules de chaque compartiment puisse rester à peu près le même. Il résultera naturellement de ceci que la pression par pouce carré dans le second compartiment sera plus forte que dans le premier ; on pourrait donc obtenir une certaine quantité de travail en rendant la cloison mobile et en lui permettant de se mouvoir. Ainsi la simple action *directrice* d'intelligences finies pourra donner le pouvoir d'accomplir le travail à un assemblage de particules précédemment incapable d'en produire sans une assistance extérieure.

113. Maintenant reportons-nous un instant à la théorie moléculaire des gaz, et nous verrons que ce que nos démons ont conduit le gaz à opérer est le transfert de la chaleur de la portion plus froide à la portion plus chaude du gaz, et cela sans dépense de travail, car chaque démon représente virtuellement, autant qu'il en est requis, la combinaison de deux intelligentes *machines parfaites* : l'une faisant un travail direct, l'autre renversé.

La seule raison pour laquelle pareille chose ne puisse pas avoir lieu sans l'assistance des démons — au moins dans une mesure et un temps suffisants pour produire un effet sensible — est que le nombre des particules contenues dans un pouce cube est énorme, même dans un gaz très raréfié. Ainsi, *uniquement à cause du nombre excessif et de la petitesse des particules matérielles,* la seule chance d'échapper à la proposition de Carnot nous est enlevée. Nous devons donc admettre qu'en ce qui concerne l'univers physique une machine thermique réversible est la meilleure possible.

Mais si la machine réversible est la meilleure possible, le principe écrit en italiques au paragraphe 107 doit être tenu pour exact. Il s'ensuit dès lors qu'une fraction seulement de la chaleur qui passe par une machine parfaite peut être transformée en travail utile, à moins que le condenseur ne soit au zéro absolu de température, condition impossible à remplir.

114. On voit ainsi qu'à chaque transformation d'énergie-chaleur en travail, une grande partie en est dissipée, et une petite seulement transformée en travail ; de sorte que s'il est très facile de changer en chaleur la totalité de notre énergie mécanique ou utile, il n'est qu'en partie possible de transformer de nouveau cette énergie-chaleur

en travail. Aussi, après chaque changement, la chaleur est de plus en plus dissipée ou dégradée, c'est-à-dire de moins en moins utilisable pour une future transformation.

En d'autres termes, la tendance de la chaleur est vers l'égalisation ; la chaleur est *par excellence* le communiste de notre univers, et elle finira indubitablement par conduire le système actuel à sa ruine. L'univers visible peut être très exactement comparé à une vaste machine thermique, et c'est pour ce motif que nous avons entretenu nos lecteurs de ces machines avec tant d'insistance. Le soleil est le foyer ou la source de la chaleur à haute température pour notre système, comme les étoiles le sont pour d'autres systèmes, et l'énergie essentielle à notre existence provient de la chaleur que le soleil rayonne et dont elle n'est qu'une partie excessivement minime.

Mais pendant que le soleil est ainsi notre fournisseur d'énergie, il se refroidit lui-même, et par l'effet de sa radiation indéfinie dans le temps et l'espace, il finira par perdre le pouvoir vivifiant qu'il possède encore actuellement. En outre du refroidissement inévitable du soleil, il faut aussi supposer qu'en raison de quelque chose, comme un frottement dans l'éther[1], la terre et les autres

1. Stewart et Tait, sur l'échauffement d'un disque par sa

planètes de notre système seront ramenées, par un mouvement en spirale, de plus en plus près du soleil, et à la longue elles finiront par être englouties dans sa masse. A chaque collision, il y aura conversion d'énergie visible en chaleur et, par suite, une restauration temporaire de la puissance du soleil. Cependant, à la longue, ce processus devra finir, et le soleil s'éteindre. Il restera éteint pendant une série de siècles indéterminée, mais non pas infinie, après laquelle, par l'effet du même frottement dans l'éther, sa masse obscure sera à son tour amenée en contact avec celle d'un ou plusieurs de ses plus proches voisins.

115. Nous n'avons pas besoin de nous étendre davantage sur ce sujet. Il est absolument certain que la vie, du point de vue physique, dépend essentiellement de la transformation de l'énergie ; il est absolument certain aussi qu'avec le temps cette transformation deviendra de plus en plus difficile. Ainsi, autant que nous pouvons le savoir, l'état final de l'univers sera l'agrégation en une seule masse de toute la matière qu'il contient, c'est-à-dire qu'il n'y aura plus d'énergie potentielle, et qu'à sa place viendra un état d'énergie

rotation dans le vide. (*Proc. Royal. Society.*) Voyez aussi *Elementary Treatise ou Heat* de Setwart, 3ᵉ éd., art. 387. (Clarendon, Press Series.)

cinétique pratiquement inutile, c'est-à-dire une température uniforme dans toute la masse.

Mais la quantité d'énergie potentielle que possède actuellement le soleil est si énorme — pour notre faiblesse elle est presque infinie — qu'elle peut fournir encore, pendant une suite incalculable de siècles, l'énergie nécessaire à l'existence physique. De plus, le choc provenant de la chute du soleil sur une étoile de masse égale et située à la distance de Sirius fournirait au soleil au moins autant d'énergie d'irradiation sur d'autres planètes futures qu'il a pu en acquérir par la condensation originelle de ses parties, qui formaient autrefois un nuage infiniment diffus de pierres et de poussière, ou une nébuleuse. Il est donc certain que si les lois physiques actuelles agissent encore assez longtemps, il y aura, à d'immenses intervalles de temps, de puissantes catastrophes amenées par la rencontre de soleils morts. La plus grande partie de chacun de ces soleils sera ainsi pulvérisée et deviendra une poussière nébuleuse entourant le reste, qui formera un noyau d'une chaleur intense. Alors peut-être y aura-t-il formation d'une nouvelle série de planètes plus grandes entourant un soleil plus grand et plus chaud, en un mot d'un système solaire de proportions immensément supérieures au nôtre. Et dans un avenir plus lointain encore, les mondes tou-

jours croissant en grandeur et décroissant en
nombre jusqu'à épuisement complet de l'énergie,
et après tout cela, en tant du moins que mouvement visible, l'éternel repos[1]!

116. L'étude de l'avenir inévitable nous a préparés à fouiller dans le passé lointain. De même
que le système stellaire actuel doit s'agglomérer
un jour, de même les matériaux qui le composent
ont dû être, à l'origine, largement séparés. Nos
connaissances modernes nous permettent de nous
reporter presque avec certitude au temps où il
n'existait rien que la matière gravitante et son
énergie potentielle dans toute l'étendue de l'espace. Cette matière était prête, par suite de légères différences locales de distribution, à se ras-
sembler en portions chacune convergeant vers un
ou plusieurs noyaux, et formant ainsi, avec le
temps, des systèmes solaires et stellaires séparés.

Nous avons donc touché du doigt le commencement et la fin de l'univers visible actuel; nous
avons conclu qu'il a eu son commencement dans le
temps, et que dans le temps il aura sa fin. L'immortalité dans un tel univers est donc impossible.

1. Si on imaginait que l'univers visible fût infini, nous aurions, en suivant notre ordre d'idées, des masses infiniment
grandes séparées par des distances infinies, restant pendant
des temps infinis à l'état solide ou liquide, après quoi, par
suite de collisions infinies, ils passeraient à l'état gazeux, dans
lequel ils resteraient pendant une suite infinie de siècles. Ga-
gnons-nous quelque chose à cette conception?

CHAPITRE IV

MATIÈRE ET ÉTHER

Felix qui potuit rerum cognoscere causas
Atque metus omnes et inexorabile fatum
Subjecit pedibus, strepitum que Acherontis avari.

VIRGILE.

Who shall tempt with wandering feet
The dark, un bottomed, infinite abyss,
And through the palpable obscure find out
His uncouth way; or spread his airy flight
Over the vast abrupt. ere he arrive
The happy isle [1] ?

MILTON, Paradise Lost.

117. Dans les recherches préalables qui doivent nous conduire à nos conclusions définitives, la partie qui maintenant se présente à nous est celle qui se rapporte à la nature intime de la matière, et plus spécialement à cette forme étrange

---

1. Qui osera porter ses pas errants
   Dans le gouffre sombre, sans fond, infini,
   Et à travers les épaisses ténèbres trouvera
   Sa route étrange ; ou qui planera d'un vol aérien
   Au-dessus du vaste abîme, avant d'atteindre
   L'île fortunée ?

MILTON, Paradis perdu.

de matière qui sert de véhicule à l'énergie qui nous vient du soleil, et par laquelle nous obtenons tous nos renseignements sur la position, le mouvement, la nature, la masse, la constitution des corps infiniment plus distants, disséminés dans l'espace céleste. En d'autres termes, après avoir parlé jusqu'ici du seul fonctionnement de la machine appelée univers, tâchons maintenant d'étudier la structure des matériaux qui la composent.

118. Plusieurs hypothèses ont été proposées sur la nature intime de la matière. Il faudrait un fort volume pour donner seulement une idée générale des moins absurdes ; nous nous bornerons à donner un aperçu des plus raisonnables ou des plus importantes au point de vue historique.

(1) La première place revient naturellement à la vieille notion grecque de l'*atome*. L'esquisse de la théorie atomique fut donnée avec beaucoup de précision par Démocrite et Leucippe, environ quatre cents ans avant Jésus-Christ. Ils enseignent que l'univers entier est composé d'espace vide et d'atomes éternels différant seulement par la forme (comme A et N), par l'ordre (comme AN et NA), et par la position (comme Z et N). Les atomes sont doués d'un mouvement primitif, en vertu de leur poids ; et en se choquant l'un l'autre, ils produisent des tourbillons dont le monde est formé. La progression graduelle de ce

tourbillon d'atomes rapproche les éléments similaires comme des grains passés au crible, et ainsi
les atomes sont réunis en groupes homogènes.

La grande faiblesse de cette théorie réside dans
les idées très fausses d'alors sur la nature du
mouvement occasionné par le poids; ce mouvement était supposé suivre des lignes nécessairement parallèles et être plus rapide pour les corps
lourds que pour les corps légers. La difficulté
résultant de cette notion conduisit Épicure à donner aux atomes un mouvement latéral capricieux
et parfaitement arbitraire, tout en leur conservant le mouvement rectiligne dû à leur poids, et
ainsi, dans son école, la théorie devint réellement métaphysique, en faisant de l'ordre de l'univers une pure affaire de hasard.

C'est ce mélange d'idées métaphysiques et de
spéculations physiques que nous trouvons dans le
plus grand interprète du système, le « poète philosophe » Lucrèce. Grâce à la splendide édition
donnée par Munro du texte de Lucrèce, à sa traduction et à ses notes si précieuses, il est comparativement facile de donner un sommaire concis
des points principaux de cette ancienne élucubra-
tion physique si remarquable. En le faisant, nous
tâcherons, autant que possible, de ne pas oublier
l'avertissement redoutable, bien que trop souvent
dédaigné, que donne le poète lui-même :

Omnia enim stolidi magis admirantur amantque,
Inversis quæ sub verbis latitantia cernunt,
Veraque constituunt quæ bellè tangere possunt
Aures et lepido quæ sunt fucata sonore [1].

119. Comme le but du poëme de Lucrèce est
de prouver tout le contraire de notre thèse, nous
devons examiner dans son ouvrage beaucoup
d'autres choses que les simples propriétés des
atomes. Lucrèce nous dit qu'il va s'efforcer de
dissiper la crainte des dieux; car cette crainte
vient simplement, à ce qu'il pense, de ce qu'il y
a tant de choses que les hommes ne comprennent
pas encore, et qu'ils attribuent, en conséquence,
à l'intervention divine.

La religion, qui tient brutalement l'homme
prosterné sur la terre, est, dit-il, maintenant
foulée aux pieds, et la grande victoire remportée
par son instituteur grec sur l'incommensurable
univers, en découvrant ce qui peut et ce qui ne
peut pas arriver à l'existence, nous élève au niveau des cieux. Ses disciples ne doivent pas craindre qu'il y ait en cela nul péché; au contraire,
c'est la religion qui a toujours été la source des
actions coupables. Qu'ils se gardent pourtant de

1. « Car les sots admirent et aiment toutes choses, d'autant
plus qu'on les leur présente sous un langage alambiqué, et ils
tiennent résolument pour vraies celles qui chatouillent agréablement leurs oreilles, et que recouvre le vernis d'une phra-
séologie sonore. »

retomber dans leur erreur, car les prophètes de malheur pourraient les dominer encore. Mais si les hommes pouvaient seulement être convaincus que l'âme naît et périt avec nous, ils pourraient dès lors prendre leurs aises et dédaigner les scrupules religieux, aussi bien que les menaces des devins et des prêtres. Dans ce but, nous devons mettre en lumière ce en quoi consiste l'esprit et l'âme, et comment toutes choses procèdent sur la terre, et si nous pouvons faire cela, quel besoin avons-nous désormais des dieux?

120. Premièrement, *rien ne procède de rien,* ce qui semble être pris dans ce sens qu'il y a une cause physique pour chaque chose. Or, tous les exemples cités à l'appui de cette proposition ne sont que de simples indications de ce qu'on pourrait imaginer devoir arriver s'il n'y avait aucune loi ou cause physique déterminée; l'auteur est tout à fait obscur sur ce point, car il nous incline parfois à penser qu'en réalité il prétend seulement affirmer l'éternelle et immuable existence de l'atome, ce « premier commencement des choses ».

Comme corollaire de ceci, la nature *n'annihile pas les choses,* mais, en les dissolvant, les fait revenir à leurs premiers corps. Ici est essayée la même preuve négative. Rien n'est perdu, mais la nature ne peut rien engendrer qu'elle ne soit approvisionnée par la mort de quelque autre chose.

Alors, pour réconcilier le lecteur avec l'invisibilité de ces premiers corps, on lui fait voir comment la nature opère à l'aide de choses invisibles, comme le vent et l'humidité ; comment les anneaux de mariage et les pierres à paver, les socs de charrue et les statues s'usent et disparaissent sans qu'il y ait perte d'aucune particule visible. La nature opère donc par corps invisibles. La senteur, la chaleur, le froid, etc., doivent participer de la nature corporelle, parce qu'ils affectent les sens, car rien que ce qui est corps ne peut toucher ou être touché.

121. Mais, deuxièmement, *il y a aussi du vide dans les choses,* sans quoi elles seraient gênées les unes par les autres, et incapables de se mouvoir. Il est faux de dire que les choses se meuvent dans un *plenum ;* par exemple, quand un poisson marche en avant, il laisse derrière lui de la place pour que l'eau puisse s'y écouler, car de quel côté la créature à écailles pourrait-elle avancer, si les eaux ne lui faisaient pas d'abord place, et de quel côté les eaux peuvent-elles faire de la place tant que le poisson ne peut pas marcher ? Ceci est assurément de la métaphysique, et est complètement absurde. C'est la vieille histoire du corps inébranlable recevant un coup irrésistible. Ainsi il ne peut pas y avoir de mouvement sans un vide qui permette de prendre un élan. L'eau qui tombe

goutte à goutte dans les cavernes, le passage de la nourriture par tout le corps d'un animal, le fait que les bourgeons et les fruits des arbres sont nourris par les racines, les voix entendues à travers les murs, le froid qui pénètre jusqu'aux os sont autant de preuves que le vide existe aussi bien que le corps existe. Et quand une chose est aussi grande qu'une autre, mais cependant plus légère, c'est qu'il doit y avoir plus de vide en elle.

122. Troisièmement, *il ne peut y avoir une troisième chose outre les corps et le vide,* car si cette troisième chose est le moins du monde tangible, elle est un corps; sinon, elle est le vide.

123. Quatrièmement, *les corps sont, ou bien les premiers commencements des choses (les atomes), ou bien une réunion de ceux-ci.* Toute chose susceptible d'être brisée ou broyée, ou qui peut transmettre la chaleur ou l'électricité, est en partie corps et en partie vide. Or, ce qui est purement corps ne peut pas être broyé; « par conséquent, les premiers commencements des choses sont solides dans leur isolement, car sans cela ils n'auraient jamais pu être conservés intacts à travers les âges pour pouvoir ensuite reproduire les choses ».

124. Cinquièmement, s'il n'y avait pas de limite au brisement, rien ne pourrait se reproduire, car la reproduction est plus lente que la

destruction; par conséquent, le brisement, qui dure depuis des âges infinis, aurait produit un état de choses incompatible avec la reproduction d'aucune chose en un temps fini. *Donc, il existe un minimum dans les choses.* Cet élément minimum ne peut pas être mou ; sans cela, il serait en partie vide et, par conséquent, brisable.

Les premiers commencements des choses sont donc rigides dans leur solide unité. Ceci démontre la déraison de ceux qui tenaient le feu pour la matière première des choses ; car quel témoignage plus sûr que celui des sens avons-nous pour discerner le vrai et le faux ?

La doctrine appelée l'*Homœomérie* par Anaxagoras est une folie. Son opinion est que toute chose est formée de parties semblables à elle-même, que les os sont formés de petits os, la chair de petites chairs, etc., etc. Ainsi, d'après cela, le blé et les autres grains qui nourrissent notre sang devraient être en partie composés de sang ; ils devraient donc saigner quand ils sont pressés par la force formidable de la meule !

125. Sixièmement, *les atomes sont-ils en nombre infini, et le vide dans lequel ils se meuvent est-il illimité?* La réponse aux deux questions est affirmative, mais la preuve donnée est métaphysique et tout à fait ridicule. Cependant un de ses fragments possède une valeur réelle, parce qu'il

laisse entrevoir l'explication de la cause de la pesanteur proposée par Le Sage, que nous donnerons bientôt. Voici un spécimen qui suffira : « La nature empêche l'ensemble des choses de se poser aucune limite à lui-même, puisqu'elle astreint le corps à être borné par le vide, et le vide, à son tour, par le corps. » De telle sorte que, soit par la succession des deux choses, soit par l'extension infinie de l'une d'elles, si l'autre ne la termine pas, un espace incommensurable peut être rempli. Si, par exemple, le corps était fini et le vide infini, la matière serait en très peu de temps disséminée et emportée dans le vide immense, ou plutôt elle n'aurait jamais pu être assemblée.

Ceci est d'accord avec l'idée émise dans le second livre sur la vitesse donnée aux atomes (il ne dit pas par qui ni comment), et qui leur permet de rester agglomérés pendant un certain temps pour se séparer ensuite, se dénaturant comme toutes choses. Les atomes, retenus fortement ensemble par l'entrelacement intime de leurs formes, constituent la pierre qui dure et le fer rigide ; d'autres sautent et rebondissent, laissant de grands vides entre eux ; « ceux-ci nous procurent l'air subtil et la brillante lumière solaire ». Un peu plus loin, il nous dit que la vitesse des premiers commencements, quand ils passent à tra.

vers le vide, doit être supérieure à celle des rayons du soleil !

Nous n'avons pas besoin de nous embarrasser ici des spéculations de Lucrèce sur la formation des corps tangibles par une averse verticale d'atomes, qui, n'imitant pas les gouttes de pluie, dévient de temps en temps de leur course pour se rencontrer. Mentionnons seulement son assertion que même, s'il ne connaissait pas les atomes, il tiendrait pour certain que le monde, à cause de ses défauts, n'a pas été créé par un pouvoir divin.

126. Septièmement, ceci — l'un des points les plus importants de toute la théorie — est entièrement ignoré de quelques bons commentateurs, ainsi que d'autres qui les ont suivis de plus ou moins près : *les premiers commencements des choses ont des formes différentes, mais le nombre de ces formes est fini.*

127. Huitièmement, *les premiers commencements des choses qui ont la même forme entre eux sont en nombre infini.*

C'est-à-dire qu'il y a un nombre fini d'espèces d'atomes, mais un nombre infini de chaque espèce.

128. Neuvièmement, *aucune chose dont la nature est apparente aux sens ne consiste en une seule espèce de premiers commencements.*

129. Nous n'avons pas à nous inquiéter des

idées du poëte sur la petitesse, le poli et la ron-
deur des atomes qui composent l'esprit, qualités
qu'il déduit de la promptitude avec laquelle l'esprit conçoit et développe une idée, mettant ici en
contraste la mobilité de l'eau et la viscosité du
miel. Laissons aussi de côté la preuve de l'excessive petitesse de la masse de l'esprit (preuve basée sur ce que les dimensions et le poids du corps
ne diminuent pas à la mort). Nous pouvons cependant citer sous deux de ses nombreuses formes l'idée constamment répétée que c'est folie de
craindre la mort, et aussi le moyen qu'il donne
de surmonter cette crainte.

« Quelques-uns se fatiguent jusqu'à la mort
pour une statue ou une renommée. Souvent aussi
la crainte de la mort prend un tel empire sur les
mortels que, quoique la vie et la lumière du jour
leur soient devenues insupportables, ils envisa-
gent le suicide avec un cœur chagrin. Ils oublient
que cette crainte est la source de leurs soucis ;
cette crainte, qui pousse les hommes à tous les
crimes, l'un à dépouiller toute honte, l'autre à
briser les liens de l'amitié ; enfin, à renverser le
devoir de sa véritable base, car souvent des hommes ont trahi leur patrie et leurs parents les plus
chers pour éviter les rives de l'Achéron.

« En effet, comme les enfants timides ont peur
de toutes choses dans l'épaisseur des ténèbres,

nous-mêmes, en plein jour, nous craignons des
choses aussi peu redoutables que celles qui font
trembler les enfants dans la nuit. Il faut donc
chasser cette terreur et dissiper les ténèbres de
notre esprit, non par les rayons du soleil et l'éclat
du jour, mais par l'examen de la nature et l'étude
de ses lois. » (Liv. III, 78.)

« Ta maison ne te souhaitera plus désormais la
joyeuse bienvenue; ton épouse si vertueuse et tes
tendres enfants ne courront plus au-devant de toi
pour t'embrasser et pénétrer ton cœur d'une joie
intime. Tu ne réussiras plus dans tes entreprises, tu ne seras plus la sauvegarde des tiens. O
malheureux! un jour désastreux t'a enlevé triste-
ment tous les biens de la vie! » Voilà ce que disent les hommes; mais ils n'ajoutent pas : « Maintenant, tu ne seras plus jamais obsédé du désir
de ces biens. » Car celui qui pourrait bien concevoir cela dans sa pensée et ne pas le démentir par
sa parole soulagerait son cœur de bien des ter-
reurs et des angoisses. « Mais toi, tel que tu es,
même à présent, plongé dans le sommeil de la
mort, tu resteras ainsi pour tous les temps à venir, libre de toute douleur poignante; tandis que
nous, nous avons pleuré sur toi, sans pouvoir
nous rassasier de nos larmes, lorsque près de
nous, sur ton effroyable bûcher, tu te réduisais
en une poignée de cendres, et nulle longueur de

jours, ne chassera de nos cœurs notre incessant chagrin. » A cet orateur désolé, il faudrait répondre par cette question : Qu'y a-t-il donc de si excessivement amer dans ce passage, puisqu'il aboutit au repos du sommeil ?

130. Nous concluons qu'il y a dans Lucrèce (d'emprunt ou de son cru, il n'importe) beaucoup de choses d'une haute valeur, eu égard même à la science moderne, quoiqu'elles en aient une plus haute encore au point de vue du développement. Il n'en faut pas moins convenir que les preuves dont il cherche à s'étayer sont pour la plupart absurdes, ne reposant que sur de pures hypothèses métaphysiques, et sur des analogies à contre-sens.

131 (2). Boscovich et d'autres ont entrepris de se passer tout à fait de l'atome, en lui substituant la conception, souvent commode pour les mathématiciens, d'un simple point géométrique, *centre de force,* comme on l'appelle. Ici, nous nous débarrassons entièrement de l'idée de substance, mais nous conservons ces relations extérieures, excepté l'inertie, par lesquelles, seules, l'atome peut faire connaître sa présence.

Faraday, tout grand philosophe qu'il était, peut être cité comme ayant adopté cette idée jusqu'à un certain point, du moins. Elle nous paraît cependant le fruit d'un raffinement intellectuel

excessif, et nous la voyons entourée presque de
toutes parts des difficultés les plus graves. Il suffira de mentionner simplement la propriété de la
masse ou l'inertie, que Faraday lui-même sem-
blait considérer comme le grand caractère essentiel de la matière, et qu'il nous est difficile de
faire concorder avec l'absence de ce que nous entendons par substance.

132 (3). Une autre spéculation nous conduit
à considérer la matière non pas précisément
comme atomique, mais, par le fait, comme infiniment divisible. S'il en est ainsi, il faut, pour
pouvoir expliquer certains phénomènes physiques
élémentaires, qu'elle soit pratiquement continue,
mais aussi extrêmement hétérogène. Que la matière solide ou liquide soit de structure granu-
leuse ou composée de particules non infiniment
petites, c'est ce que prouvent bien les faits simples
et généralement connus, entre autres la décomposition par le prisme de la lumière blanche en ses
couleurs constituantes, le phénomène de capilla-
rité et ceux de l'électricité de contact. Si cette hétérogénéité était seulement assez prononcée, la loi
de gravitation semblerait susceptible d'expliquer
le plus grand nombre des effets attribués jusqu'ici
aux forces soi-disant moléculaires et à la force de
l'affinité chimique. Là, cependant, nous rencontrons la grande difficulté, celle d'expliquer la gra-

vitation. Et la seule tentative quelque peu plausible qui en ait été faite ne parvient qu'à grand'peine à s'accorder avec cette idée de la matière.

133 (4). La quatrième et la plus récente spéculation fait revivre l'atome, dans le sens littéral du mot, non pas l'atome « rigide dans sa compacte unité », comme celui de Lucrèce, mais bien plutôt cédant à la moindre force extérieure, échappant ainsi au couteau ou se dérobant sous lui, ce qui ne serait pas dû à la dureté de l'atome, mais à sa mobilité, qui empêche le couteau de l'entamer.

C'est la théorie de l'atome-tourbillon de sir W. Thomson, théorie vaguement figurée dans les écrits de Hobbes, Malebranche et autres, mais qui n'a été rendue nettement compréhensible que très récemment par les recherches hydrocinétiques de Helmholtz. Helmholtz, en 1858, attaqua avec succès les équations du mouvement d'un fluide incompressible sans frottement, sans introduire la grande simplification adoptée par ses prédécesseurs, simplification qui consistait à supposer le mouvement non rotatoire. Entre autres résultats précieux, il prouva que ces parties de fluide qui, à un moment quelconque, ont une rotation, la conservent toujours, et sont ainsi comme distinctes des autres. Il prouva aussi que ces parties doivent être disposées en filaments dont la

direction est, à chaque point, l'axe de rotation.
et que ces filaments sont sans fin, c'est-à-dire
qu'ils forment des courbes fermées avec ou sans
nœuds, ou bien qu'ils se terminent à la surface
libre du fluide.

De là, l'idée de sir William Thomson que ce
que nous appelons matière peut consister en parties rotatives d'un fluide parfait qui remplit l'espace d'une manière continue. Cette définition implique la nécessité d'une action créatrice pour la
production ou la destruction de la plus petite par-
celle de matière, car, dans un fluide, la rotation
ne peut être produite ou détruite que par la viscosité ou le frottement intérieur. Or, dans un
fluide parfait, il n'y a rien de semblable.

134. Sans doute, on peut objecter à cette théorie qu'elle ne fait que reculer la difficulté d'un
pas, expliquant, après tout, ce que nous appelons
matière par certains mouvements de quelque
chose, qui, devant avoir de l'inertie, semble aussi
devoir être appelé matière. Nous avons eu soin
de mentionner cette dernière spéculation — la
plus récente — sur la nature de la matière, pour
trois raisons : 1° parce qu'elle nous sera d'une
grande utilité par la suite en manière de comparaison ; 2° parce qu'elle indique un moyen de se
rendre parfaitement compte de la conservation de
la matière tangible; 3° parce qu'elle montre la

possibilité de concevoir un véritable atome, qui
n'a pas besoin, pour être parfaitement élastique,
de posséder l'inadmissible qualité de dureté parfaite essentielle à l'atome de Lucrèce. Les quelques mots que nous avons dit sur les investigations de Helmholtz montrent que pour couper un
atome-tourbillon il serait nécessaire de donner
une surface libre au fluide parfait, qui, dans la
théorie, est supposé remplir l'espace, c'est-à-dire
virtuellement scinder l'espace lui-même ! Cette
suggestion de Thomson promet d'être très précieuse, au moins à un point de vue, celui de l'extension et de l'amélioration des méthodes mathé-
matiques ; car, dans ses éléments même, elle exige
l'emploi des plus puissants procedés inventés jusqu'ici, et même, avec leur aide, l'action mutuelle
de deux anneaux-tourbillons (forme la plus simple possible) n'a pas encore été étudiée, si ce n'est
dans des cas spéciaux de disposition symétrique
par rapport à un axe. Nous sommes donc encore
incapables de décider ou même de prévoir si cette
idée subira avec succès l'examen le plus élémentaire auquel une théorie de la dernière expression de la matière doit naturellement être soumise.

135. Qu'on prenne ceci pour ce qu'il vaut. Les
quatre théories que nous venons d'esquisser représentent les opinions les plus plausibles émises

jusqu'ici sur la nature dernière de la matière. La
seconde est la plus développée, probablement
parce qu'elle est la plus artificielle et la plus arbitraire. Elle contient pour ainsi dire en elle-
même sa représentation. Elle n'est pas basée,
comme les trois autres, sur des suppositions ex-
centriques, comme celle des particules élémentaires dures (particules de quoi?), ni sur celle d'un
mouvement en tourbillon (de quoi encore?), ni
enfin sur une hétérogénéité extrême (encore une
fois, de quoi ?). Nous nous opposons naturellement à cette théorie, parce qu'elle subtilise absolument l'idée d'*étoffe* ou *substance* que l'esprit
semble demander pour base de la notion de
toute chose susceptible d'affecter directement nos
sens.

136. Le lecteur qui nous a suivis jusqu'ici doit
s'apercevoir maintenant que nos notions sur la
nature de la matière sont pour le moins vaporeu-
ses. Nous connaissons, il est vrai, très exactement
beaucoup de ses propriétés, si bien même que
nous pouvons en déduire mathématiquement une
immense variété de conséquences vérifiées par
des expériences ultérieures, au moins dans la
limite d'exactitude de nos méthodes d'observation et de mesure. Mais quant à ce *qu'est* la
matière, nous n'en savons pas plus que Démocrite et Lucrèce, quoique nous soyons peut-être

beaucoup mieux préparés qu'eux à concevoir une opinion sur ce qu'elle *peut être* et ce qu'elle *ne peut pas être.*

137. Nous avons vu, dans le chapitre précédent, que l'énergie ne se trouve jamais séparée de la matière; ainsi nous pourrions très correctement définir la matière : le siège ou le véhicule de l'énergie, la chose nécessaire à l'existence des formes connues d'énergie, et sans laquelle ne serait possible aucune transformation d'énergie, ni par conséquent la *vie* telle que nous la connaissons.

138. La transmutabilité d'une quantité donnée d'énergie, ou du moins son mode de transformation, dépend souvent d'une manière très curieuse de la quantité de matière à laquelle cette énergie est associée. Nous l'avons déjà vu pour le cas de la chaleur; car, lorsqu'une certaine quantité de chaleur est associée à une petite quantité de matière, elle est à une haute température et, par suite, devient très utilisable; mais elle l'est moins à mesure qu'augmente la quantité de matière à laquelle elle est associée. Il est possible que la chaleur rayonnante et la lumière ne doivent d'être utilisables à un si haut degré qu'à la très faible densité de l'éther luminifère.

Mais cette proposition n'est pas vraie seulement pour la chaleur; elle subsiste encore à l'égard des autres formes de l'énergie, même pour les formes les plus simples de l'énergie cinétique visible. Par exemple, un oreiller ou un traversin rempli de duvet, pesant, je suppose, trente livres, et animé d'une vitesse de dix pieds par seconde (c'est celle qu'il aurait en tombant d'une hauteur très inférieure à deux pieds), possède presque la même énergie qu'un grain de plomb n° 1 quand il sort du canon d'un fusil de chasse. Cependant, quelle différence de qualité entre ces quantités égales d'énergie de même espèce! Lancé horizontalement, l'oreiller ferait l'effet d'une poussée dont peu d'hommes non prévenus pourraient s'empêcher d'être renversés; l'autre, le plomb, affecterait à peine l'équilibre, quoiqu'il pourrait facilement tuer s'il pénétrait dans un organe vital. La génération passée, avec ses passe-temps brutaux, comme notre humanitarisme raffiné les appelle, reconnaissait très bien ceci dans les effets différents produits par le coup lent et assommant d'un boxeur massif, et par le coup rapide et meurtrissant du boxeur léger. Bon vieux temps, où es-tu? Voici que notre comparaison, toute exacte qu'elle est, sera très probablement lettre morte pour les habitants dégénérés de la ci-devant joyeuse Angleterre. Elle était alors la patrie du bon meunier avec son honnête bâton ferré, des joyeux et vaillants champions, boxeurs et archers; aujourd'hui,, c'est l'enfer des tireurs de savate, des étrangleurs et des poignardeurs[1].

> Ætas parentum, pejor avis, tulit
> Nos nequiores, mox daturos
> ..... progeniem vitiosiorem

La dissipation de l'énergie est un grand fait dans le sens moral comme dans le sens physique. Dans ces bons vieux temps, les *hommes* se battaient avec des *hommes;* c'était presque toujours une irrésistible *énergie,* plutôt que la passion sordide ou le vice effréné, qui lâchait la détente. Maintenant, des créatures à figure humaine satisfont leurs viles passions en assauts meurtriers contre des femmes et des enfants. Mais la science nous fait prévoir un remède efficace. Il est probable qu'avant beaucoup d'années l'électricité, qui, par voie mystérieuse, agit sur nos nerfs et nos muscles, sera appelée, par des législateurs éclairés, à résoudre ce terrible problème social. C'est en vain qu'on a essayé l'emprisonnement, qui, d'ailleurs, entraîne une dépense considéra-

---

1. On a dit que ceci était de l'exagération; nous voudrions qu'il en fût ainsi. Mais pendant que nous écrivions ceci (en hiver 1874), les journaux étaient pleins de détails écœurants sur un vieillard à qui une bande de mineurs avait crevé les yeux et rempli ensuite les orbites de chaux vive! Ces démons à face humaine sont probablement déjà en liberté, ayant fait leurs quelques mois de simple prison.

ble et inutile. Le *cat*[1], quoique parfaitement efficace, trouve de l'opposition, sous prétexte qu'il
tend à brutaliser (!) le patient, et à développer
chez lui les dispositions au meurtre. Aucune objection de cette nature ne peut être élevée contre
l'emploi de l'électricité, sous quelqu'une de ses
nombreuses formes. On peut, en effet, l'appliquer
de façon à produire, pendant un temps fixé par la
loi et sous la direction de physiciens et de physiologistes habiles, une torture absolument indes-
criptible, sans accompagnement de blessures ou
de contusions, qui pénètrerait toutes les fibres de
la charpente de pareils mécréants.

139. Après l'inertie dont ne rend compte aucune des hypothèses données sur la nature de la
matière, la propriété la plus générale que nous
reconnaissions à celle-ci, est la gravitation universelle en vertu de laquelle des parties de matière, si elles sont à distance les unes des autres,
sont imprégnées d'énergie potentielle. Nous sommes enclins à entretenir des notions exagérées
sur l'immense pouvoir de la gravité. Un peu de
réflexion nous montrera qu'en réalité c'est une
des moindres forces auxquelles la matière est
assujettie directement ou indirectement.

Réfléchissons un moment sur les expériences

---

1. *Cat ò nine tails*, le chat à neuf queues, martinet d'un effet
terrible. (Note du traducteur.)

fondamentales d'électricité et de magnétisme connues depuis bien plus de deux mille ans, le soulèvement des corps légers par l'ambre frotté, et de la limaille de fer par une pierre d'aimant. Pour que la gravitation attractive pût produire le même effet (du moins si le corps attirant avait les dimensions modérées du spécimen maniable d'ambre ou d'aimant), il faudrait supposer à ce corps une densité telle qu'il pèserait au minimum un milliard de livres, au lieu d'une simple fraction de livre qu'il pèse habituellement. On voit tout de suite que l'aspect imposant, que prend à nos yeux la force de gravitation quand on la compare aux autres forces attractives, provient non de son intensité propre, mais de l'énormité de la masse de la terre et autres corps célestes qui l'exercent.

En fait, la balance de torsion de Mitchell, d'une délicatesse presque idéale, était absolument indispensable pour faire ressortir, et plus encore pour mesurer, l'attraction réciproque entre une grande et une petite boule de plomb. Et (à moins que la troisième des hypothèses sur la nature de la matière données ci-dessus soit la vraie, auquel cas notre proposition devrait être modifiée *dans sa forme*) les parties de matières petites ou même modérément grandes sont maintenues ensemble simplement par cohésion, la gravitation étant absolument insensible. Cependant, pour une grande masse comme la terre, la force exercée par un hémisphère sur l'autre (c'est-à-dire la force qui serait mise en jeu pour empêcher qu'elle soit brisée en deux) dépend surtout de la gravitation. En comparaison de cette attraction énorme, même une force de cohésion de cinq cents livres par pouce carré sur une surface circulaire de 4,000 milles de rayon serait absolument insignifiante[1]!

140. Une seule, parmi les nombreuses hypothèses proposées pour expliquer la cause de la gravitation, a supporté les premières épreuves préliminaires. Naturellement, l'hypothèse de l'action à distance peut être employée à rendre compte de tout; mais il est impossible (comme l'a dit, il y a longtemps, Newton, dans ses lettres célèbres à Bentley) à tout homme « compétent en matière de philosophie » d'admettre un instant la possibilité d'une telle action.

Ainsi, nous n'avons que deux manières d'expliquer la gravitation : ou bien elle est due à des différences de pression dans une substance qui remplit l'espace d'une manière continue, excepté là où elle est déplacée par la matière (?), ou bien elle est due à des chocs analogues, sous certains rapports, à ceux des particules gazeuses par lesquelles

---

1. Tait, *Proc.*, R. S. E , 1874-1875.

on a pu rendre compte de la pression par les gaz.

Or, tous les efforts tentés jusqu'ici pour relier la gravitation à l'éther luminifère, milieu nécessaire pour expliquer l'action à distance de l'électricité et du magnétisme, ont complètement échoué, si bien que nous sommes plausiblement conduits à considérer la théorie du choc comme la seule soutenable.

141. Le Sage, de Genève, consacra à cette théorie, pendant la totalité d'une vie exceptionnellement longue, son esprit singulièrement pénétrant; malgré cela, son traité posthume sur ce sujet est de bien peu plus avancé que les résultats obtenus par lui à l'âge de dix-huit ans.

Il admet l'existence de corpuscules ultramondains; leur nombre est infini, même en comparaison de celui des particules de la matière; leurs dimensions sont excessivement petites, mais ils se meuvent dans toutes les directions avec des vitesses énormes. Des parties de matière grossière s'abritent virtuellement l'une l'autre jusqu'à un certain point de la pression occasionnée par cette pluie perpétuelle de corpuscules, mais elles s'abritent seulement sur les faces en regard. Ainsi un corps isolé serait également battu de tous côtés, mais l'introduction d'une seconde masse intervient dans l'affaire et diminue la pression du côté qui lui fait face. Il est facile de démontrer que pour de *petites masses données* cette diminution est en raison inverse du carré de leur distance relative. Mais quand on considère de plus grandes masses, cette diminution de pression ne sera pas (comme l'est la gravité) directement proportionnelle aux quantités de matière présentes, à moins d'admettre encore que la matière soit presque parfaitement perméable aux corpuscules, soit par suite de la distance qui existe entre ses particules, soit à cause de la forme de ses particules qui seraient à jour comme une cage. Ainsi, pratiquement parlant, les corpuscules pleuvraient sur chacune des particules intérieures d'une masse, aussi librement que si cette particule était isolée dans l'espace.

Quelques-unes des prémisses de cette théorie sont difficiles à admettre, et une autre difficulté s'y ajoute quant au mode par lequel la provision d'énergie des corpuscules peut être maintenue. Notre plan ne comporte pas d'entrer dans des détails sur ce sujet. Nous renvoyons donc le lecteur à l'exposé de la théorie de Le Sage donné par sir W. Thomson (*Proceedings*, R. S. E., 1871), et aux perfectionnements qu'il propose en se basant sur sa théorie de l'atome-tourbillon[1].

---

1. Voyez aussi l'article extrêmement intéressant, intitulé « Atom », par Clerk Maxwell, dans la neuvième édition de l'*Encyclopédie britannique*.

142. Mais ici nous devons faire une remarque. Si la théorie de Le Sage ou quelque chose d'analogue est vraiment une représentation plus ou moins approchée du mécanisme de la gravitation, voilà un coup fatal porté à la notion de cette tranquille forme de puissance que nous avons appelée *énergie potentielle*. Il ne laissera pas pour cela d'y avoir une différence profonde entre elle et l'*énergie cinétique* ordinaire, mais *toutes deux* devront dorénavant être considérées comme cinétiques. Ce que nous appelons maintenant énergie cinétique est l'énergie des mouvements visibles, et aussi celle des mouvements des parties les plus petites des corps, ou celle de l'éther luminifère, etc., chacune de ces espèces d'énergie étant pour ainsi dire plus subtile que la précédente. Mais si la théorie de Le Sage est vraie, l'énergie potentielle de la gravitation est une forme cinétique encore plus subtile que celle-ci, et la conservation de l'énergie sera peut-être une fois de plus complètement et exactement exprimée par la conservation de la *force vive,* à condition de donner à ce terme une extension incomparablement plus grande que celle de son acception première.

143. Par des spéculations de ce genre, nous avons pris notre essor bien au-delà de ce qui peut s'appeler le premier dégrossissement de la matière vulgaire, et nous sommes entrés dans le milieu luminifère, probablement aussi électrique et magnétique, disons provisoirement l'éther.

Appliquons maintenant notre attention à l'étude de ses principales propriétés.

Elles semblent, du moins à première vue, avoir un caractère contradictoire, car, d'un point de vue, l'éther paraît être un fluide, et d'un autre un solide élastique. Rien n'est mieux établi dans l'astronomie physique que l'excessive petitesse de la résistance opposée par l'éther aux mouvements planétaires, si même on peut dire qu'il en existe aucune appréciable même pour le cas de la terre qui se meut avec une vitesse d'environ 100,000 pieds par seconde! D'autre part, l'optique physique nous apprend que la lumière transmise avec une vitesse de 188,000 milles par seconde dépend d'agitations transversales d'une espèce ou d'une autre; et d'autres phénomènes optiques indiquent qu'une agitation de la nature d'une compression (s'il y en avait de possibles) serait transmise avec une vitesse presque infiniment grande, même en comparaison de l'énormité de la première.

144. Stokes, cependant, a fourni une très ingénieuse induction qui nous fait voir qu'une pareille combinaison de propriétés inconciliables en apparence n'est pas du tout sans analogie, même dans la matière commune. Il prend le

cas d'une solution de glu ou de colle de poisson ou de gélatine dans différentes quantités relatives d'eau. Avec peu d'eau nous avons un solide élastique; avec beaucoup d'eau, un liquide peu différent de l'eau. Et Stokes montre l'excessive improbabilité de l'existence d'un état intermédiaire défini que l'on pourrait assigner comme celui où se fait la transition de l'état solide à l'état liquide. Naturellement toute analogie de ce genre doit nécessairement être très imparfaite, mais c'est déjà gagner beaucoup que de pouvoir en un tel cas en indiquer une, si imparfaite qu'elle soit.

145. Par le fait, l'éther, en même temps qu'il est déplacé, doit être déchiré par la matière qui le traverse, mais tout déchirement analogue à un *cisaillement* qui, dans l'eau, occasionnerait un mouvement tourbillonnant accompagné de frottement (toute cette énergie étant finalement convertie en chaleur), serait, dans l'éther, immédiatement propagé sous forme de mouvements vibratoires avec la vitesse de la lumière. Ainsi on peut concevoir que le mouvement en tourbillon soit impossible dans l'éther, à cause de sa densité faible comparativement à la grande force tangentielle mise en jeu par un *cisaillement*; un corps qui s'y mouvrait avec une vitesse moindre que celle de la lumière ne produirait pas de remous dans son sillage comme dans un fluide

ordinaire; il serait, au contraire, une source de radiation, alors même qu'il n'y aurait pas d'échauffement, soit du corps, soit du milieu qu'il déplace, toute parodaxale qu'en soit la supposition. Ici, au risque de paraître jouer sur les mots, nous ne pouvons nous empêcher de citer Milton :

The grinding sword with discontinuous wound
Passed through hmi — but the ethereal substance closed
Not long divisible [1].

146. Sir W. Thomson s'est efforcé d'obtenir au moins une limite inférieure de la densité de l'éther de l'espace planétaire. Sa méthode est basée sur les mesures données par Pouillet et Herschel de la somme d'énergie radiante solaire reçue sur une certaine étendue de la surface terrestre en un temps donné; il admet aussi que dans toute radiation l'amplitude extrême du mouvement de distorsion est faible, comparée à la longueur d'une onde. De cette façon, il trouve que puisque un mille cube d'éther près de la terre contient environ 12,000 pieds-livres d'énergie radiants solaire, la masse de cet éther dans ce mille cubique doit être au moins de $\frac{1}{1000000000}$ de

---

1. L'épée tranchante par une blessure béante
Passa à travers lui — mais la substance éthérée se referma,
Ne pouvant rester longtemps divisée.

livre[1]. Pour montrer que la petitesse de cette quantité n'est nullement surprenante, il la compare à la masse d'un mille cube d'air éloigné de la terre de quelques rayons terrestres seulement (en supposant que l'atmosphère s'étende jusque-là, ce que les calculs récents des particules gazeuses rend excessivement improbable). Il trouve que cette densité serait représentée par une fraction de livre ayant pour numérateur l'unité et pour dénominateur un nombre de 329 chiffres !!!

147. Dans un Mémoire très remarquable, Struve[2] essaya de trancher cette question : l'éther est-il parfaitement transparent? Nous pouvons maintenant la transformer en celle-ci : l'éther absorbe-t-il de l'énergie radiante, soit pour produire d'autres formes d'énergie, soit pour la dissiper en radiations dans toutes les directions?

Depuis longtemps, Olbers et d'autres ont montré que si les étoiles étaient en nombre infini, et étaient distribuées de telle sorte que la densité en chaque point de l'espace infini s'approchât grossièrement d'une densité moyenne, le firmament devrait, nuit et jour, dans toute son étendue,

---

1. Il importe ici de remarquer que les études de sir W. Thomson sur la densité de l'éther n'assignent qu'une limite inférieure de cette densité. La densité réelle peut être beaucoup plus grande.
2. *Études d'astronomie stellaire*, 1847.

avoir un éclat de même ordre que celui du soleil. Le nombre des étoiles est-il donc fini, ou bien l'éther absorbe-t-il leur lumière? Or, nous n'aurions pas lieu d'être surpris de trouver que le nombre des étoiles est *fini,* quand bien même la matière serait infinie en quantité et distribuée dans l'espace infini avec une sorte d'uniformité. Car il peut se faire qu'il n'y ait encore qu'une portion finie de la matière qui soit agglomérée pour former les corps incandescents; ou bien, à l'opposé, c'est peut-être seulement une portion finie qui seule encore demeure incandescente. Chacune de ces hypothèses, toutes différentes, est parfaitement raisonnable et chacune peut scientifiquement se justifier; d'où il résulte qu'en réalité nous ne sommes guère plus éclairés. Le raisonnement de Struve que, du reste, sir J. Herschel n'admet pas, introduit une autre considération : *le nombre des étoiles de chaque grandeur visible.* Pour appliquer ceci, supposons admis un moment que les étoiles les plus rapprochées soient les plus brillantes (les mesures nouvelles de la parallaxe annuelle montrent que cette hypothèse est tout au plus grossièrement approximative), et qu'une série d'étoiles dont l'éclat serait en moyenne le quart de celui d'une autre série, soit en moyenne deux fois plus loin, etc. Beaucoup de ce que nous savons être parfaitement faux est

admis ici comme vrai, mais il est possible que
l'exactitude générale des résultats du raisonnement n'en soit pas beaucoup affectée. En supposant une sorte d'uniformité de distribution dans
l'espace, nous pouvons finalement calculer approximativement quel devrait être le nombre
relatif des étoiles classées par les astronomes dans
les différentes grandeurs, quand une fois nous
aurions obtenu (ce qui n'est pas difficile) une
estimation de l'éclat relatif des étoiles typiques
de ces diverses grandeurs (arbitraires).

De leur éclat nous déduisons tout de suite leurs
distances relatives, et de là (par notre hypothèse
de distribution approximativement uniforme),
quel devrait être le *nombre relatif dans chaque
grandeur*. Tel est le fond de la méthode de Struve;
et il arrive à ce résultat que la lumière des étoiles
de sixième grandeur (les plus petites qui soient
visibles à l'œil nu et dont la distance moyenne à
la terre est supposée neuf fois celle des étoiles de
première grandeur) perd environ 8 % dans son
voyage vers la terre. Ainsi, la lumière des étoiles
de première grandeur ne perd même pas 1 %,
tandis que les étoiles de neuvième grandeur sont
affaiblies jusqu'au chiffre d'environ 30 %. Struve
montre que si son résultat doit être accepté,
W. Herschel se trompait en croyant que son
télescope de 40 pieds lui ferait voir des étoiles

sept fois plus éloignées que celles qui sont visibles avec le télescope de 10 pieds. En fait il n'aurait pu voir qu'à une distance un peu plus que
double.

Il sera maintenant évident qu'une augmentation énorme du soi-disant pouvoir de « pénétrer
l'espace » d'un télescope, ne lui donne, en réalité, qu'un très faible avantage de plus ; en fait,
s'il y a absorption par l'éther, nous avons déjà
des instruments capables de nous faire voir tout
au moins la moitié du nombre total des étoiles,
qu'aucun perfectionnement concevable dans les
télescopes nous permettra jamais de voir.

148. Il serait hors de propos de raisonner sur
ce que devient la lumière qu'on suppose être
ainsi absorbée, car nous n'avons pas de base
expérimentale pour nos raisonnements. Nous
n'avons pas la moindre idée, par exemple, de
l'effet du changement de température dans l'éther
luminifère. Nous le savons pratiquement incompressible ; il est tout à fait probable qu'il ne peut
pas être sensiblement comprimé, même par
l'attraction de la masse entière de la terre (si
toutefois il est soumis à la gravité, ce qui n'est
aucunement prouvé) ; cependant, l'intensité de
l'attraction moléculaire ou cohésive est si grande,
que nous pouvons concevoir que l'éther puisse
être fortement comprimé dans l'intérieur des

corps. Il n'est pas non plus improbable que l'éther, considéré comme un tout, puisse avoir, en vertu de ses forces intérieures, une propriété (analogue en quelque sorte à une membrane liquide) telle que l'action de la gravité, qui semble exister entre les particules de la matière, ne soit simplement que le résultat visible d'une tendance à un minimum de quelque qualité du fluide dans lequel ces particules sont immergées.

Qu'il en soit de l'éther ce qu'on voudra, il ne peut y avoir de doute que ses propriétés sont d'un ordre beaucoup plus élevé dans les arcanes de la nature que celles de la matière tangible. Et comme les pontifes de la science eux-mêmes trouvent celle-ci au-dessus de leur compréhension, excepté dans certaines particularités nombreuses mais minutieuses et souvent isolées, il nous siérait mal de pousser plus loin nos spéculations. Il suffit pour notre sujet de savoir que d'après ce que l'éther accomplit indubitablement son pouvoir est beaucoup plus étendu qu'on ne l'a encore imaginé.

149. Si nous passons en revue les tentatives rapportées dans ce chapitre, nous voyons comment l'esprit scientifique est amené du visible et du tangible à l'invisible et à l'intangible.

En premier lieu, nous savons qu'un corps tel que le soleil peut communiquer de son énergie

radiante à un autre corps tel que la terre, et
l'observation comme l'expérience nous conduisent à reconnaître un intervalle dans lequel
l'énergie a quitté le premier corps et n'est pas
encore arrivée à l'autre. Mais nous avons vu
déjà que l'énergie se trouve toujours associée à
la matière, et jamais isolée. De fait, nous avons
parlé de la matière comme du *véhicule de l'énergie*. Il suit de là, nécessairement, qu'il y a entre
le soleil et la terre quelque chose susceptible de
transporter et de transmettre l'énergie, et, par
conséquent, d'après la conception même de l'énergie, ce quelque chose possède une masse; nous
convenons de l'appeler *milieu éthéré*.

En second lieu, nous savons que des masses
différentes de matière visible paraissent s'attirer
l'une l'autre à distance. Le premier essai, pour
analyser la nature de cette force, conduit à cette
question : cette force provient-elle de la surface
des corps attirants, ou bien pénètre-t-elle la masse
entière? Newton a répondu à cette question; il
est arrivé à conclure que chaque particule de
matière attire toute autre particule avec une
force proportionnelle au produit de leurs masses
et inversement proportionnelle au carré de leur
distance.

Mais ceci ne fait que reculer le mystère de la
gravitation de la masse à la particule, et là, la

même question se pose encore : la particule, aussi bien que la masse, occupe de l'espace, et nous désirons savoir si la force de gravitation provient de la surface de la particule ou de son intérieur.

150. Nous voudrions savoir aussi comment cette force se communique d'une particule à une autre. Avant de pouvoir répondre à ces questions, il nous faut avoir quelque conception définie sur la nature de la particule et sur la constitution du milieu ambiant. Sir William Thomson, comme nous l'avons vu, a essayé de faire avancer la question de la nature de l'atome ou particule par la supposition que les atomes sont des anneaux-tourbillons engendrés d'un fluide parfait qui remplit l'espace. Cette conception, tout en expliquant quelques propriétés de l'atome, ne rend aucun compte direct d'une chose telle que la gravitation; c'est pourquoi sir W. Thomson adopte en surplus l'hypothèse de corpuscules ultramondains, qu'il suppose être seulement une forme plus subtile de tourbillons.

151. Il y a cependant, à notre point de vue, une objection très grave à opposer à la forme précise donnée par Thomson à l'hypothèse de l'anneau-tourbillon. L'acte par lequel l'atome a été produit a été certainement, dans cette hypothèse, un acte de création dans le temps (§ 133), c'est-à-dire un acte imprimé sur l'univers du

dehors, et, par conséquent, une violation de la
continuité (§ 85); car si l'antécédent de l'univers
visible n'était rien autre qu'un parfait fluide,
pouvons-nous l'imaginer susceptible de donner
naissance à un tel développement, en vertu de
ses propriétés intimes et sans acte extérieur impliquant une interruption de la continuité? Assurément, cela est impossible. La production de
l'atome-tourbillon dans un fluide parfait nous
met instantanément en présence de l'*inconditionné,* de la Grande Cause Première; c'est, en un
mot, un acte de création, non de développement.
Mais, à notre point de vue (§ 86), la création
appartient à l'éternité et le développement au
temps, et nous sommes conséquemment induits à
modifier tout au moins l'hypothèse pour l'adapter
à cette manière de voir. En fait, si nous admettons à la fois le principe rigide de continuité et
la théorie de l'anneau-tourbillon pour la formation de l'univers, nous ne pouvons pas regarder
la substance dont les parties rotatives forment la
matière ordinaire comme un fluide absolument
parfait.

152. Une telle manière de concevoir cette
substance supposée est appuyée par le fait que
l'hypothèse la plus plausible pour expliquer la
gravitation présuppose l'existence de corpuscules
ultramondains, et les observations de Struve

sur l'extinction de la lumière des étoiles (quelle
que soit d'ailleurs la valeur de ces observations)
tendent à la même conclusion, puisque l'absorption de la lumière est plus compatible avec une
constitution corpusculaire qu'avec celle d'un
fluide parfait. Enfin, le simple fait que la vitesse
de la lumière est finie tend également à la même
conclusion. Mais si l'univers visible a été développé d'une matière qui n'est pas un fluide parfait, alors l'argument déduit par sir W. Thomson
en faveur de l'éternité de la matière ordinaire
disparaît, puisque cette éternité dépend de la
fluidité parfaite de ce dont elle a été développée.
Enfin, si nous supposons l'univers matériel composé d'une série d'anneaux-tourbillons développés
dans quelque chose qui n'est pas un fluide parfait, il sera éphémère, exactement comme l'est
l'anneau de fumée que nous développons dans
l'air, ou celui que nous développons dans l'eau ;
ils ne différeront que par la durée, ceux-ci
s'évanouissant en quelques secondes, et les autres
durant peut-être des billions d'années.

153. Dans notre dernier chapitre, nous sommes arrivés à conclure que l'énergie utilisable
de l'univers visible finira par être absorbée par
l'éther. Maintenant, nous pouvons peut-être
imaginer que l'univers visible disparaîtra enfin
lui-même. Ainsi, nous n'aurions plus à supposer,

dans le lointain des âges futurs, l'existence d'é-
normes masses inertes et inutiles qui rappelle-
raient au passant une espèce de matière mise au
rebut de longue date et absolument hors d'usage.
Pourquoi l'univers n'enterrerait-il pas hors de
vue ses morts[1]?

1. Dans le paragraphe 148 nous avons émis l'opinion que la
gravitation pourrait être le résultat visible d'une tendance
vers un minimum de quelque qualité du fluide dans lequel les
atomes sont immergés. L'exercice de la force gravitative
pourrait être ainsi associé à un changement de constitution
des choses visibles, et peut-être même servir à indiquer leur
fin définitive, exactement comme la radiation solaire soumise
à une loi pareille à celle de la gravitation, indique l'extinction
future de notre luminaire.

S'il est permis de former une telle conception, la nature,
réellement banale de la force de gravité (§ 139), pourrait
venir s'associer à la persistance extraordinaire de l'état actuel
des choses.

CHAPITRE V

DÉVELOPPEMENT

Are God and Nature then at strife
Th at Nature lends such evil dreams?
So careful of the type she seems,
So careless of the single life;

. . . .

So careful of the type? But no
From scarped cliff and quarried stone
She cries « a thous and types are gone;
I care for nothing all shall go [1]. »

TENNYSON,

All nature is but art, un known to thee;
All chance, direction, which thou canst not see,
All discord harmony not understood;
All partial evil, universal good;
And spite of pride, in erring reason's spite
One truth is clear, whatever is, is right [2],

POPE.

154. Dans les deux chapitres précédents, nous nous sommes étendu sur les lois de l'énergie et

---

1. Dieu et la Nature sont-ils donc en lutte
Pour que la Nature nous prête de si mauvais rêves,
Elle si soucieuse de l'espèce,
Si indifférente pour l'être isolé ?

. . . .

Soucieuse de l'espèce ? Mais non ;
Du haut de la falaise escarpée, comme du fond des carrières,
Elle nous crie : « Mille races ont passé ;
Rien ne me soucie, tout doit périr. »

TENNYSON.

2. Toute la nature n'est qu'un art à toi inconnu ;
Tout hasard, une direction invisible pour toi ;
Toute discorde, une harmonie incomprise ;
Tout mal partiel, un bien général.
En dépit de l'orgueil, en dépit de la raison vacillante,
Une chose est certaine : tout ce qui est est bien.

POPE.

sur la constitution de la matière; en d'autres termes, nous avons discuté les lois suivant lesquelles
fonctionne la machine appelée l'univers visible,
et aussi la nature probable de la matière dont il
est composé (§§ 86, 151). Dans cette voie, nous
sommes arrivés à conclure que l'univers visible
a été développé de l'invisible. Une fois développé,
il a ses lois d'action propres que nous pouvons
découvrir, et ces lois nous paraissent aujourd'hui
invariablement observées, autant du moins que
peut l'indiquer l'expérience strictement scientifique.

L'univers est donc composé de choses que nous
sommes à même d'observer; nous avons une ou-
verture sur son mode de fonctionnement actuel,
et nous pouvons en même temps essayer de répondre à la question : A-t-il toujours fonctionné de
la même manière, ou bien a-t-il subi quelque interruption apparente?

Considérons donc cet univers visible immédiatement après sa production, et tâchons de connaître le cours de son développement. Qu'en advint-
il? Fut-il ou ne fut-il pas livré à lui-même et à
ce qu'on peut appeler les lois naturelles, auxquelles il fut soumis au moment de sa production? ou
bien, si les résultats de notre recherche semblent
montrer qu'il n'a pas été complètement livré à
lui-même, quand donc, dans quelle mesure et

pour quelles fins y a-t-il eu et y a-t-il intervention de l'invisible?

Pour répondre à ces questions, il convient de considérer le développement sous les trois chefs suivants : (α) *développement chimique ou de la substance;* (ε) *développement du globe;* (γ) *développement de la vie.*

155. En commençant par le développement chimique ou de la substance, nous arrivons du coup à une très intéressante et importante question : admettant que les atomes aient été développés de l'invisible, y avait-il différentes sortes d'atomes, ou étaient-ils tous de même espèce?

A cette question, le chimiste du siècle dernier eût répondu que, sans aucun doute, il existait plusieurs espèces d'atomes primordiaux, et sa réponse eût été suivie d'une liste formidable des diverses substances qu'il était incapable de décomposer.

Trente ou quarante ans plus tard, la réponse du chimiste eût été la même, mais la liste des éléments primordiaux moins effrayante.

Le chimiste d'il y a quarante ans, interrogé à son tour, eût donné peut-être une liste d'une cinquantaine de corps simples; mais là, probablement, le minimum était atteint, car si nous questionnons le chimiste d'aujourd'hui, il nous fournira une liste de soixante-quatre soi-disant éléments.

156. Mais pendant que des découvertes nouvelles accroissent lentement le nombre des substances encore indécomposées, les chimistes com-
mencent à soupçonner que ces soi-disant éléments
pourraient bien n'être, en réalité, que des combinaisons d'atomes primordiaux, combinaisons
différant entre elles par le nombre et l'arrangement de ces atomes d'espèce unique.

La priorité de cette conception appartient au
docteur Prout, le célèbre physicien-chimiste. Il
fit remarquer que les poids atomiques des divers
soi-disant éléments sont presque tous multiples
de la moitié du poids de l'hydrogène; de sorte
qu'il serait possible de considérer ces divers éléments comme formés par le groupement de certains atomes dont la masse serait la moitié de celle
de l'atome d'hydrogène. M. Stas, chimiste belge
distingué, entreprit une série d'expériences laborieuses pour vérifier cette doctrine. Il en vint à
conclure que les poids atomiques des divers éléments n'étaient pas exactement multiples de la
moitié de celui de l'hydrogène, car il trouvait des
différences trop grandes pour être attribuées à des
erreurs d'observation. Ses recherches semblaient
cependant indiquer, dans bien des cas, des résultats très approchés de la loi de Prout. A notre
avis, aucun écart ne semble excéder beaucoup
celui que l'on peut raisonnablement attribuer à

l'impureté inévitable des substances expérimen-
tées, entre autres à l'impureté provenant de la
condensation des gaz dans les pores des solides,
condensation que l'on sait être très considérable
dans certains cas.

157. A un autre point de vue, les corps dits
simples semblent être composés d'arrangements
plus ou moins complexes d'une seule ou, au plus,
d'un petit nombre de matières plus simples.

Certains groupes ou familles, parmi ces éléments, sont de telle nature que les différents membres d'une même famille semblent être apparentés
entre eux de la même manière que les membres
correspondants d'une autre famille.

Ceci indique clairement une communauté d'origine, et favorise ainsi l'idée que les éléments sont
en réalité des structures composées. Mais la
grande difficulté éprouvée par les partisans de
cette opinion réside dans l'apparente impossibilité
de décomposer ces groupes domestiques. Ainsi, la
fluorine, la chlorine, la bromine et l'iodine, tout
en paraissant apparentées entre elles d'une certaine façon, ont semblé jusqu'ici rebelles à toute
tentative de décomposition, et il serait facile d'en
citer d'autres exemples.

158. Cependant, on est arrivé dans le même
temps à reconnaître que la chaleur à haute température est un très puissant agent de décompo-

sition. Son action ne se borne nullement à produire la séparation des molécules d'une substance,
comme à séparer les molécules de la substance
eau, ou H_2O, en produisant, par exemple, de l'eau
avec de la glace, ou de la vapeur avec de l'eau.
On sait maintenant que cette chaleur possède aussi
le pouvoir de séparer les éléments atomiques de
la molécule elle-même. Ainsi, à une très haute
température, l'eau ne serait pas seulement transformée en vapeur, mais la vapeur le serait en
oxygène et en hydrogène. Beaucoup d'exemples
nous ont déjà familiarisés avec cette puissance de
la chaleur à haute température. Ainsi, nous
voyons le carbonate de chaux décomposé en chaux
et en acide carbonique par la chaleur du four.
Nous voyons aussi qu'à la haute température de
l'étincelle électrique, presque tous les corps sont
momentanément décomposés, si nous en jugeons
par le spectre de la lumière émise. En étendant
plus loin cet ordre d'idées, nous sommes conduits
à penser que, s'il était possible d'obtenir des températures beaucoup plus élevées que celles dont
nous disposons actuellement, nous serions à même
de décomposer quelques-unes des substances qui
nous paraissent simples aujourd'hui.

159. Lockyer, dans ses recherches astronomiques, a récemment soulevé cette question. Il a
pensé que dans le soleil et les étoiles, surtout dans

les plus blanches, il existe des températures bien
supérieures à toutes celles qui ont été produites
ici. Il admet aussi que la simplicité de constitution accompagne le spectre simple, hypothèse
conforme au fait général que le spectre des composés est beaucoup plus compliqué que celui des
corps simples. Or, — circonstance curieuse, —
l'atmosphère de quelques étoiles parmi les plus
blanches, telles que Sirius, ne paraît pas contenir
d'autre substance que l'hydrogène ; du moins,
nous n'avons pas d'indice qu'elle en contienne
d'autre. D'ailleurs, d'autres étoiles moins blanches possèdent, en outre de l'hydrogène, des substances telles que le fer, le sodium, etc., tandis que
les étoiles jaunes, orangées, rouges, et les étoiles
variables paraissent contenir dans leur atmosphère des substances composées. Si donc il est
vrai qu'en règle générale les atmosphères des
étoiles les plus blanches contiennent des éléments
moins nombreux et du poids atomique le plus
faible, et que la complexité de l'atmosphère des
étoiles augmente en raison de la diminution de la
blancheur ; en un mot, si nous avons le droit
d'associer la blancheur et la simplicité, nous
avons là un fait qui plaide assurément en faveur
du pouvoir dissociant de la chaleur à haute température. Nous concluons que les étoiles les plus
blanches sont les plus chaudes, de ce que leur

spectre contient des rayons très réfrangibles en
plus grande proportion que le spectre des autres
étoiles, jaunes ou rouges.

En somme, une spéculation de cette nature ne
peut pas être sommairement écartée ; elle doit
être retenue comme une hypothèse active qui peut
un jour jeter une grande lumière sur la constitution définitive des éléments chimiques. Il est loi-
sible d'appliquer à ceci le passage cité au chapitre III, qui dit, en effet, selon sa traduction
littérale : « Les éléments infiniment chauffés seront détruits. »

160. Arrivons maintenant au développement
des globes. Nous y avons déjà fait allusion à
propos de l'énergie de l'univers, et notre discussion nous a conduits à conclure qu'à l'origine
l'univers visible était à l'état diffus ou chaotique ;
qu'en cet état, les différentes particules largement séparées entre elles exerçaient néanmoins
l'une sur l'autre une force gravitative, et, par
suite, possédaient de l'énergie potentielle. A mesure que ces particules se réunissaient, se cho-
quaient et se rassemblaient en groupes, cette
énergie potentielle était graduellement transformée en énergie-chaleur, et en énergie de mouvement visible. Nous pouvons ainsi imaginer que,
dans la suite des temps, la matière, nécessairement animée d'un mouvement rotatoire (excepté

dans certaines conditions très particulières de distribution première), ait dû, en se refroidissant, rejeter quelques-unes de ses parties destinées à former plus tard des satellites ou un cortège de planètes, tandis que la masse centrale constituait le soleil. Telle est, en réalité, l'hypothèse de développement adoptée par Kant et Laplace. Elle est fortement appuyée par le fait que tous les mouvements des planètes du système solaire s'exécutent à peu près dans un même plan, et, qu'en outre, pour un observateur placé au-dessus de ce plan, tous ces mouvements seraient dans le même sens.

161. Si donc nous admettons que le système solaire, et, *pari passu*, les autres sytèmes sidéraux aient été formés ainsi, il est très facile de comprendre pourquoi la masse centrale doit être infiniment plus chaude que les masses qui lui font cortège : il y a pour cela deux raisons. D'abord, si on admet que la chaleur de la masse est due aux collisions de ses particules précipitées l'une sur l'autre par l'effet de la gravitation, les vitesses étant beaucoup plus grandes dans la masse centrale, la quantité de chaleur développée (par unité de masse, c'est-à-dire la température) doit y être aussi beaucoup plus grande.

Ensuite, le corps central étant beaucoup plus grand, se refroidira moins vite que les planètes

de son cortège. Ces deux causes combinées font
que les corps les plus grands de l'univers ont
toujours été (et à plus forte raison sont encore)
les plus chauds depuis le moment de leur agrégation, de sorte que le même corps qui constitue
le centre de gravitation du système devient également au besoin le dispensateur de la chaleur et
de la lumière.

162. Maintenant, sans préjuger de la nature
et de l'étendue du milieu éthéré, nous pouvons
être sûrs de deux choses. D'abord, toute la lumière et toute la chaleur du soleil et des étoiles, à
l'exception d'une faible fraction, se répand dans
l'espace et ne revient plus à sa source ; autrement
dit, le soleil et les étoiles se refroidissent lentement. Pour restituer à chaque instant au soleil
ce qu'il perd par la radiation, il faudrait que la
voûte céleste tout entière rayonnât aussi puissamment que le soleil. Dans ce cas, la terre et les
planètes auraient bientôt (à leur surface) la température du soleil. En second lieu, le mouvement
visible des grands corps de l'univers est graduellement ralenti par quelque chose que l'on peut
appeler le frottement éthéré. Il suit de là que
notre soleil perdra peu à peu son éclat et que
notre terre perdra de même son énergie orbitaire, et se rapprochera du soleil en décrivant
des spirales de plus en plus étroites. A la fin,

elle s'enchevêtrera avec le soleil, d'où résultera la conversion en chaleur de son reste d'énergie orbitaire; après quoi les deux corps n'en formeront plus qu'un seul.

\Ainsi, le soleil tend à absorber finalement les planètes de son système, et par cette absorption, sa chaleur et son énergie seront momentanément restaurées. Supposons que les choses se passent de même pour l'une des étoiles fixes les plus proches, Sirius, par exemple.

Après des laps de temps inimaginables, ces deux étoiles, le Soleil et Sirius, ont depuis longtemps dévoré chacune leur escorte, mais par suite de la radiation dans l'espace, elles se sont épuisées en énergie-chaleur. Or, il est permis d'imaginer qu'elles graviteront l'une vers l'autre lentement d'abord, et ensuite d'un mouvement accéléré.

Plus tard, elles se rapprocheront avec une grande vitesse et en viendront à former un système; plus tard encore, elles s'élanceront l'une sur l'autre pour former une seule masse, et l'énergie orbitaire de chacune d'elles (du moins ce qui en restera après le frottement éthéré) sera converti en chaleur, et la matière sera conséquemment en partie broyée en poussière, en partie évaporée, et réduite à un état gazeux et nébuleux. Des siècles se passent, et la grande double masse

subit le même destin qu'ont éprouvé depuis longtemps les masses simples qui la composent, c'est-
à-dire qu'elle se contracte et projette des planètes.
Mais elle abandonne dans l'espace la plus grande
part de sa chaleur et de sa lumière, et puis, graduellement, devient froide et sombre jusqu'à ce
qu'elle soit, à la longue, l'un des constituants
d'une collision encore plus formidable, et qu'une
fois encore la température s'élève par la conversion de l'énergie visible en chaleur.

163. Nos lecteurs remarqueront comment, par
un processus de cette espèce, l'énergie potentielle
primordiale de l'univers est graduellement transformée en chaleur et en lumière, et comment
cette chaleur et cette lumière sont finalement dis-
sipées dans l'espace. Ils remarqueront aussi qu'au
fur et à mesure les masses de l'univers deviennent de plus en plus grandes, enfin que la dissipation de l'énergie de l'univers visible marche,
pari passu, avec l'agrégation de la masse.

Ainsi, le seul fait que les grandes masses de
l'univers sont de dimension finie suffit pour nous
assurer que ce processus n'a pas duré toujours,
en d'autres termes que l'univers visible doit
avoir eu son origine dans le temps, et nous pouvons conclure aussi que si l'univers visible est
fini dans son ensemble, le processus doit également trouver sa fin. Tout ceci est ce qui aurait

lieu sous la condition de l'indestructibilité de la matière ordinaire; mais peut-être pouvons-nous supposer (§ 153) que le matériel lui-même de l'univers visible s'évanouira un jour dans l'invisible.

164. Il y a une particularité dans la marche du développement ci-dessus décrite que nous prions nos lecteurs de remarquer. Nous avons supposé l'univers visible après sa production, abandonné à ses propres lois, c'est-à-dire à l'action de certains agents pseudo-inorganiques que, faute de connaissances suffisantes, nous appelons momentanément forces, et en vertu desquels son développement a eu lieu[1]. Tout d'abord n'existait-il peut-être qu'une seule espèce d'atomes primordiaux, ou, pour nous servir d'une autre expression, y avait-il simplicité absolue de matière.

A mesure que les divers atomes se furent rapprochés en vertu des forces dont ils étaient doués, il se forma des structures diverses et de plus en plus compliquées de la matière primordiale; il y

---

1. L'expression « abandonné à ses propres lois » ne doit pas être prise trop à la lettre. Nous ferions peut-être mieux de dire : la manière d'agir du Gouverneur de l'univers semble à présent indiquer l'uniformité des lois physiques, tandis que d'autre part sa méthode, en produisant l'univers, indiquait la volonté d'un agent intelligent visant à l'uniformité des produits.

eut production, à des températures différentes, de molécules d'espèces variées, et, ultérieurement, ces molécules se réunirent pour former des globes ou des mondes, les uns comparativement petits, les autres très grands. Ainsi la marche est du régulier à l'irrégulier. Et nous retrouvons une marche semblable quand nous étudions le développement inorganique de notre propre monde. L'action de l'eau, par exemple, arrondit les cailloux, mais elle les arrondit irrégulièrement; elle produit le sol, mais le sol est d'une granulation inégale et de constitution variable. Il en est toujours ainsi quand les forces brutales de la nature sont livrées à elles-mêmes, mais non cependant quand il s'agit du développement des organismes. Deux êtres vivants de la même famille sont plus semblables que deux grains de sable ou deux particules du sol. Les œufs d'oiseaux de la même famille, les plumes correspondantes d'oiseaux similaires, les fourmis de la même fourmilière forment des groupes dont tous les membres ont entre eux une très forte ressemblance.

Nous trouvons cette ressemblance encore plus marquée quand nous examinons certains produits de l'industrie humaine. Prenons, par exemple, des monnaies frappées au même coin, des balles sorties du même moule, ou des impressions de la même plaque de gravure, et nous constatons aussitôt la différence frappante entre les produits développés par des moyens inorganiques, et ceux que développe un agent intelligent visant à l'uniformité.

165. Procédons maintenant à l'examen du développement de la vie. Imaginons que depuis longtemps les atomes primordiaux se soient rassemblés pour produire les substances chimiques. Imaginons aussi ces substances depuis longtemps agglomérées en mondes de différentes dimensions, ces mondes graduellement refroidis, et enfin, l'un d'eux, la terre, arrivé à remplir les conditions voulues pour que la vie, telle que nous la connaissons, y soit possible. La vie s'y montre donc, non pas telle qu'elle est maintenant, mais comme quelque chose de plus simple et de plus grossier. Dans la suite des temps, nous trouvons un ordre tout différent d'êtres organisés ; un type plus élevé et plus complet a paru, et ce type continue à s'élever jusqu'à ce qu'il arrive à son point culminant qu'il atteint dans la production de l'homme. Cet homme est un être doué d'intelligence et capable de raisonner sur les phénomènes qui l'entourent. Or, s'il passe en revue les formes organisées existant près de lui, il aperçoit immédiatement que quelques individus possèdent certains caractères en commun ; il exprime l'expé-

rience ainsi acquise, en disant que ces individus sont tous de la même espèce. « Quand nous appelons espèce un groupe d'animaux ou de plantes, dit le professeur Huxley, nous comprenons par là, ou bien que ces animaux ou plantes ont en commun quelque particularité de forme ou de structure, ou bien nous pouvons entendre qu'ils possèdent en commun quelque caractère fonctionnel. La partie de la biologie qui a trait à la forme et à la structure est appelée Morphologie; celle qui concerne les fonctions est appelée Physiologie. Nous pouvons donc fort bien dire, en parlant de ces deux aspects de l'espèce : l'un est morphologique, l'autre est physiologique...

« ..... Ainsi les chevaux forment une espèce, parce que le groupe auquel ils appartiennent se distingue de tous les autres dans le monde par les caractères suivants, constamment associés ensemble :

« Les chevaux possèdent : 1° une colonne vertébrale; 2° des mamelles; 3° un embryon placentaire; 4° quatre jambes; 5° un seul orteil bien développé à chaque pied et pourvu d'un sabot; 6° une queue fourrée; 7° des callosités sur le côté interne des jambes de derrière et de devant. Les ânes aussi forment une espèce distincte, parce qu'avec les cinq premiers caractères précédents, ils ont tous une queue plus courte et des callosités aux côtés internes des jambes de devant seulement. »

Très souvent, cependant, il est plus facile de reconnaître que d'exprimer les particularités morphologiques d'une espèce. Personne, par exemple, ne manquerait de ranger le cheval dans une espèce et l'âne dans une autre, même sans connaître quelques-unes de ces particularités spécifiques, que le naturaliste préfère, au point de vue scientifique, pour constater la dissemblance.

166. Examinons maintenant la question du côté physiologique. Supposons deux individus A et B de sexe différent, reproduisant librement ensemble en un même temps que deux autres individus, C et D.

Si le rejeton de A et de B est capable de reproduire librement avec celui de C et de D, si ces deux rejetons ont des produits indéfiniment féconds, on pourra dire que A, B, C et D appartiennent à la même espèce physiologique.

Empruntons un exemple au professeur Huxley; supposons que A soit un cheval arabe, et B un cheval de trait; que C soit également un cheval de trait, et D un cheval arabe. La progéniture des deux paires sera toute composée de métis qui tiendront une position intermédiaire entre le cheval de trait et l'arabe, mais ils seront parfaitement féconds quand on les accouplera. Nous

concluons donc que le cheval de trait et l'arabe
ne sont pas des espèces physiologiques distinctes,
mais seulement des variétés de la même espèce.
Maintenant, A est un cheval, B un âne, C également un âne et D un cheval, les uns mâles, les
autres femelles. Chaque paire aura des rejetons,
des mulets, tenant le milieu entre le cheval et
l'âne, mais les mulets seront incapables de se
reproduire entre eux; nous avons donc le droit
d'affirmer que le cheval et l'âne sont d'espèce
physiologique différente.

Si nous essayons d'accoupler des animaux
beaucoup plus dissemblables que le cheval et
l'âne, notre tentative sera vaine. Ils refuseront
de s'unir, et nous ne pourrions pas dire si leur
union serait féconde dans le cas où elle aurait
lieu. Nous avons donc le droit de conclure qu'en
fait il existe certaines espèces physiologiques
bien marquées qui ne reproduiront pas du tout
ensemble, et que d'autres espèces physiologiques
distinctes mais séparées l'une de l'autre d'une
façon moins marquée peuvent être amenées à
reproduire ensemble; mais dans ce cas la progéniture est stérile.

167. La conclusion la plus apparente à tirer
de ces faits serait l'invariabilité des espèces et
l'impossibilité de leur transformation formellement causée par l'infécondité des hybrides. Et

puisque ces espèces physiologiques ne peuvent pas être modifiées, il semble que dans les temps passés elles ont dû être telles qu'elles sont aujourd'hui. Si on l'admet, il faut conclure que ces espèces ayant eu leur origine dans le temps, ont dû être produites à très peu près telles qu'elles sont aujourd'hui, cette production nécessitant un acte séparé pour chaque espèce, ou plutôt deux actes séparés pour chaque espèce. C'est sur ce terrain, comme dans une forteresse, que se sont tenus les théologiens, et ils ont ressenti comme une injure les tentatives des savants pour trouver quelque autre explication de l'origine des espèces.

Les savants, de leur côté, ont affirmé leur droit de discuter cette question avec autant de liberté que toute autre. Quant à nous, nous différons un peu des uns et des autres. A notre avis, l'homme de science doit reculer aussi loin que possible dans le passé l'intervention directe de la Grande Cause Première, l'*Inconditionnel*. Nous estimons que c'est là son devoir obligé plus encore que son droit ou son privilège ; c'est la tâche intellectuelle, ou plutôt théorique, qu'il est appelé à remplir, le poste qui lui a été assigné dans l'économie de l'univers.

Si donc l'homme de science se trouve en face de deux théories possibles, si l'une implique l'ac-

tion immédiate de l'*Inconditionnel*, et l'autre
l'opération de quelque cause existant dans l'univers, nous estimons qu'il est sommé, par les plus
profondes obligations de son état et de sa tâche,
de choisir la seconde théorie, au lieu de la première. Mais nous avons déjà suffisamment discuté
cette question dans une partie précédente de ce
livre (§ 85).

168. Quand nous examinons les phénomènes
de la vie, nous trouvons à côté de la loi générale
que le semblable produit le semblable, une tendance à ce que les variations soient aussi faibles
que possible.

Ainsi, nous sommes déjà convenus de considérer les chevaux de trait et les chevaux arabes
comme des variétés de l'espèce cheval, de même
les pigeons *pouter*, *carrier*, *fantail* et *tumbler*
sont autant de variétés de l'espèce *rock-pigeon*.
Nous sommes donc conduits à nous demander
comment ces variétés se sont produites à l'origine
et comment elles se sont perpétuées après leur
production.

Or, on sait qu'il se manifeste accidentellement
des exceptions déterminées assez marquées dans
leur nature pour mériter une note historique.
Deux exemples aussi intéresants qu'instructifs en
sont donnés par le professeur Huxley, et nous
prenons la liberté de les citer textuellement : « Le

premier est celui du mouton « Ancon » ou Otter,
dont le colonel David Humphrey F. R. S. rend
un compte soigneux dans une lettre à sir Joseph
Banks, publiée dans les *Philosophical transactions*, de 1813.

« Il paraît qu'un certain Seth Wright, proprié-
taire d'une ferme sur les bords de Charles-River,
dans le Massachusetts, possédait un troupeau
de quinze brebis et un bélier de l'espèce ordinaire.
En l'an 1791, une brebis gratifia son maître
d'un agneau mâle différant, sans cause supposa-
ble, de ses parents, par un corps relativement
allongé et des jambes courtes et cagneuses. Par
suite de cette conformation, l'agneau était incapable d'imiter ses camarades qui, à la grande
vexation du bon fermier, ne se faisaient pas faute
de sauter par-dessus les barrières du voisin.

« Avec la perspicacité caractéristique de leur
nation, les voisins du fermier du Massachusetts
imaginèrent que ce serait une excellente chose si
tous les moutons étaient affectés des tendances ca-
sanières imposées par la nature à l'agneau nou-
veau-venu; en conséquence, ils conseillèrent à
Wright de tuer le vieux patriarche de son troupeau et d'installer à sa place le bélier « Ancon ».
Le résultat justifia leurs prévisions sagaces. Les
jeunes agneaux furent presque tous, soit de purs
« Ancons », soit de purs moutons ordinaires.

Mais quand on eut obtenu assez d'Ancons pour les accoupler ensemble, on trouva que le produit était toujours Ancon pur. »

Le second cas est fourni par une non moins respectable autorité que Réaumur, dans son *Art de faire éclore des Poulets* :

« Un couple maltais, nommé Kelleia, dont les pieds et les mains étaient construits sur le modèle humain ordinaire, eut un fils, Gratio, possesseur de six doigts parfaitement mobiles à chaque main, et de six orteils pas tout à fait aussi bien formés à chaque pied. On ne pouvait assigner aucune cause à l'apparition de cette variété inusitée de l'espèce humaine. Mais quoi qu'il en soit à cet égard, ce qui nous intéresse est de remarquer qu'une fois entrées dans l'existence, les variétés obéissent à la loi fondamentale en vertu de laquelle le semblable produit le semblable, ce que prouva la progéniture de cette variété en manifestant la même tendance que les parents à s'écarter de la source générique.

« Dans bien des cas, en effet, la variété nouvelle semble exercer une influence prépondérante qui lui donne un avantage injuste, pour ainsi dire, sur les descendants normaux de la même souche ; nous en avons un exemple frappant dans le cas de Gratio Kelleia. Ce Gratio épousa une femme douée d'extrémités pentadactyles ordinaires, et en eut quatre enfants : Salvator, Georges, André et Marie.

« Salvator, l'aîné des garçons, avait six doigts et six orteils, comme son père ; le deuxième et le troisième enfants, tous deux du sexe masculin, avaient cinq doigts et cinq orteils, comme leur mère ; les mains et les pieds de Georges étaient cependant légèrement déformés. Le dernier enfant, une fille, avait cinq doigts et cinq orteils, mais ses pouces étaient aussi légèrement déformés. Ainsi, la variété se reproduisit purement chez l'aîné, le type normal purement chez le troisième, et presque purement chez le deuxième et le dernier. Il semblerait donc tout d'abord que le type normal est plus puissant que la variété. Mais tous ces enfants grandirent et épousèrent des hommes et des femmes à l'état normal. Or, remarquez ce qui arriva : Salvator eut quatre enfants ; trois d'entre eux exhibèrent les membres hexadactyles de leur grand-père et de leur père, tandis que le plus jeune eut les membres pentadactyles de sa mère et de sa grand'mère. Ici donc, malgré une double dilution de sang pentadactyle, la variété hexadactyle eut le dessus. La même prépondérance de la variété fut encore mieux indiquée dans la progéniture des deux autres enfants, Marie et Georges : Marie, dont les pouces étaient légèrement déformés, donna le jour à un enfant doué de six orteils, et à trois autres conformés normalement; mais Georges, pentadactyle moins pur, engendra d'abord deux filles, chacune avec six doigts et six orteils; ensuite une fille avec six doigts à chaque main et six orteils au pied droit, mais cinq seulement au pied gauche; enfin un garçon avec cinq doigts et cinq orteils seulement. Dans ces cas, la variété sauta donc, pour ainsi dire, une génération pour se reproduire avec toute sa force dans la génération suivante. Enfin, André, pentadactyle pur, fut père de beaucoup d'enfants, dont aucun ne s'écarta du type paternel normal. »

169. Les exemples que nous venons de citer font ressortir deux choses. Tous deux nous disent que les variétés se produisent spontanément, en d'autres termes, sans que nous sachions comment. Le premier exemple, celui du mouton Ancon, nous montre de plus que les variétés, quand elles paraissent, peuvent être rendues permanentes au moyen de la sélection artificielle. Si les descendants hexadactyles de Gratio Kelleia avaient été contraints de se marier entre eux, il e grandement probable que nous eussions eu une variété hexadactyle permanente de la race humaine. Darwin a montré de même que les pigeons *pouter, fantail, carrier, tumbler,* sont des variétés du Rock-Pigeon ordinaire.

170. Il paraît donc que des variétés permanentes peuvent être produites par la sélection artificielle. Or, Darwin et Wallace ont mis sous nos yeux le fait très considérable que de semblables changements peuvent être produits par la sélection naturelle.

Pour en donner la démonstration, imaginons qu'une légère variation spontanée se manifeste sans savoir comment. Une fois produite, elle exerce une influence prépondérante qui lui assure dans sa progéniture une proportion considérable d'individus doués de ses caractères propres. Supposons maintenant que ces caractères soient tels, qu'ils puissent mieux adapter les individus qui en sont doués aux conditions naturelles qui les entourent. Quand la variété sera devenue permanente par suite d'accouplement entre ses membres, il en résultera pour ceux-ci un avantage sur leurs frères aînés, du moins sous le rapport de certaines conditions naturelles; ils réussiront donc mieux dans la lutte pour l'existence, et finiront par déplacer les branches aînées de la famille. Ainsi la lutte pour l'existence est à la sélection naturelle ce que l'homme est à la sélection artificielle.

171. Nous arrivons maintenant au point réellement difficile de l'hypothèse darwinienne, celui, du moins, qui demeure non prouvé. Nous pou-

vons croiser une race avec une autre, mais nous n'obtenons pas, que nous sachions, ces phénomènes de stérilité qui se présentent quand nous croisons entre elles deux espèces distinctes. Les moutons ancons accouplés à leurs frères aînés étaient parfaitement féconds; le cheval de trait et l'arabe, le pigeon *pouter* et le pigeon *tumbler* reproduisent ensemble comme s'ils étaient de la même race. Mais alors, si nous ne pouvons pas produire l'infécondité, comment pouvons-nous appliquer les résultats de la sélection artificielle à l'explication de l'origine des espèces?

Darwin et ses disciples combattent cette difficulté de la manière suivante : « Il n'est pas encore prouvé, dit le professeur Huxley, qu'une race croisée avec une autre race de la même espèce exhibe jamais ces phénomènes d'hybridisation manifestés dans les croisements de certaines espèces avec d'autres espèces. D'autre part, non seulement il n'est pas prouvé que toutes les espèces donnent lieu à des hybrides inféconds, *inter se,* mais il y a de bonnes raisons pour croire que, par le croisement, les espèces peuvent présenter tous les degrés de fécondité, depuis la stérilité absolue jusqu'à la fécondité parfaite. » Ceci prend une apparence plausible; l'ancienne théorie sautait de la fécondité parfaite à la stérilité absolue, et ne pensait pas à une gradation possible et continue d'un extrême à l'autre, ou du moins ses arguments impliquaient l'absence ou le dédain d'une telle gradation. Mais si celle-ci existe réellement, il s'ensuivra que l'infécondité représente simplement le résultat du croisement de deux espèces, dont les caractères fonctionnels sont très différents l'un de l'autre ; et, d'autre part, la raison pour laquelle les variétés produites artificiellement ne sont pas stériles quand on les croise entre elles, est peut-être seulement que les expériences n'ont pas encore été suivies pendant un temps suffisamment long.

En fait, le temps est la condition essentielle à toutes ces tentatives entreprises dans le but d'imiter la nature.

172. A ce sujet, M. Darwin a remarqué que certaines plantes sont plus fécondes avec le pollen d'une autre espèce qu'avec le leur, et le professeur Huxley dit que l'élément mâle de certains *fuci* fertilisera l'ovule d'une plante d'une espèce distincte, tandis que les mâles de cette dernière espèce seront sans action sur les femelles de la première, tant est grande, sous certains aspects, l'obscurité du système reproductif !

Autre remarque très impressionnable de M. Darwin : « Les premiers croisements entre les formes connues, pour être des variétés d'une même espèce, ou suffisamment semblables pour être considérées comme telles, et leur progéniture métisse, sont très généralement, mais non pas universellement féconds. Et cette fécondité presque générale et parfaite ne nous surprendra pas, si nous considérons combien nous sommes sujets à raisonner dans des cercles vicieux à propos de variétés à l'état naturel, et quand nous nous rappelons que les variétés ont été produites, pour la plupart, à l'état domestique, au moyen d'une sé-lection déterminée par de simples différences ex-ternes, et non par des différences dans le système reproductif. Sous tous les autres rapports, la fé-condité exceptée, il y a très proche ressemblance entre les hybrides et les métis. »

173. Le résultat de toutes ces spéculations est de rendre probable que la nature peut posséder un procédé qui conduit à la transmutation des es-pèces, si on lui laisse le temps d'agir. On peut très bien imaginer que l'accumulation de diver-gences successives, représentant chacune un élé-ment nouveau dans la lutte pour l'existence, ait pu produire, avec le cours des siècles, de très grandes modifications.

En développant cette hypothèse, les plus avan-cés des disciples de M. Darwin n'hésitent pas à présenter toutes les variétés des choses vivantes, y compris l'homme, comme les résultats du déve-loppement d'un germe primordial, développement poursuiyi pendant le cours incommensurable des siècles. M. Darwin lui-même, dans son ouvrage sur la Descendance de l'Homme, insiste beaucoup sur le fait de structures homologues chez l'homme et les animaux inférieurs, et aussi sur le développement, chez l'homme, de structures rudimentaires absolument inutiles à leur possesseur, ou d'un usage très limité, mais qui paraissent destinées à indiquer les différents états par lesquels l'espèce humaine a passé, dans sa marche ascensionnelle, depuis les formes les plus inférieures de la vie.

174. M. Wallace, cependant, voit, dans la production de l'homme, l'intervention d'une volonté extérieure.

Il remarque que les spécimens les plus bas des tribus sauvages possèdent un cerveau et des facultés bien supérieures aux exigences de leur condition actuelle, et que, par conséquent, leur évolution n'a pas pu produire simplement des nécessités inhérentes au milieu où ils vivent.

175. Enfin, le professeur Huxley pense qu'il est peut-être nécessaire de modifier l'hypothèse de Darwin. Faisant allusion à la forme circulaire de l'orbite des planètes, admise à la suite de l'établissement du système de Copernic (§ 69), il dit : « Mais on trouva qu'après tout les orbites des planètes n'étaient pas circulaires. Copernic rendit certainement un grand service à la science ;

mais, après lui, Kepler et Newton étaient nécessaires. Eh bien ! l'orbite du darwinisme ne serait-
elle pas un peu trop circulaire, et les espèces ne
présenteraient-elles pas, çà et là, des phénomènes
résiduels inexplicables par la sélection naturelle?
Dans vingt ans d'ici, les naturalistes pourront
être en mesure de dire ce qu'il en est ; mais, dans
tous les cas, ils auront à payer une immense dette
de reconnaissance à l'auteur de l'*Origine des espèces.* »

176. Nous réservons pour notre dernier chapitre quelques autres remarques sur l'hypothèse
darwinienne. En attendant, avant de finir celui-ci,
disons quelques mots de la production originelle
des choses vivantes sur notre globe. Peut-être
serait-il éventuellement possible, à l'aide d'une
hypothèse d'évolution, d'expliquer la grande variété des formes vivantes, en supposant un germe
primordial unique comme point de départ; mais
il reste encore une difficulté : comment expliquer
ce germe?

Il est contraire à toute expérience vraiment
scientifique que la vie puisse apparaître sans l'intervention d'un antécédent vivant ; comment donc
alors nous expliquer la production du germe primordial?

En se plaçant à notre point de vue, la difficulté
grandira d'une manière étonnante. En effet, nous

sommes arrivés à reconnaître comme principe scientifique l'impossibilité d'admettre une solution de continuité pareille à celle qu'impliquerait un pur acte de création dans le temps.

Mais alors, si l'hypothèse de la création spontanée dans le temps est inadmissible, et si celle de l'Abiogénésie l'est également, comment donc trouver une issue? A cette question que se poseront nos lecteurs, nous les prions encore de chercher la réponse dans notre chapitre final.

CHAPITRE VI

PEUT-IL Y AVOIR DES INTELLIGENCES SUPÉRIEURES DANS L'UNIVERS VISIBLE?

> The earth has bubbles as the water has, and these are of them [1].
>
> SHAKESPEARE, *Macbeth*.

177. Nos lecteurs savent maintenant, d'après ce que nous avons dit au chapitre II, que les deux grandes conditions de l'existence organique sont d'abord un organe de mémoire qui nous donne une prise individuelle sur le passé, et, en second lieu, la faculté d'une action variée dans la vie présente. Si ces deux conditions ne sont pas remplies, la vie est simplement inconcevable.

Dans les chapitres III, IV et V nous avons suffisamment examiné l'univers visible et ses puissances diverses. Nous avons vu que si les

---

1. La terre a ses génies comme en possèdent les eaux;
   Ceux-ci sont de ce nombre.

   SHAKESPEARE, *Macbeth*.

conditions voulues pour l'existence organisée y sont actuellement remplies, il viendra cependant un temps où, par suite de la dégradation de l'énergie de l'univers, du moins en partie, cette variété de mouvement essentielle à la vie ne pourra plus être. L'immortalité est donc impossible ou à peine possible dans un pareil univers. Mais ceci même étant admis, rien n'empêche de concevoir que l'homme, après la mort, puisse être élevé à un ordre supérieur d'existence lié à l'univers actuel, et dont il serait ultérieurement tiré pour être établi dans un nouvel ordre de choses quand l'univers actuel sera usé.

Peut-il exister dans l'univers actuel des intelligences supérieures à l'homme? Discutons très brièvement cette question. Pour commencer, analysons avec quelques détails la source physique de cette propriété que possède l'univers actuel de fournir aux êtres vivants les moyens d'une existence variée. D'où ce pouvoir provient-il? Comment se fait-il que l'être vivant possède la vivacité et la spontanéité d'action qui le caractérisent? En un mot, examinons la position exacte qu'occupe la vie dans l'univers physique.

178. En premier lieu, l'on sait que l'équilibre peut être de deux sortes : stable ou instable. Comme exemple d'instabilité mécanique, soit un œuf en équilibre sur un de ses bouts et posé sur

le bord d'une table. Nous voyons « qu'il dépend
de quelque impulsion externe, et assez infinitésimale pour échapper à nos observations, que
l'œuf tombe sur le plancher, et donne lieu à
une transformation d'énergie comparativement
grande, ou bien qu'il se renverse sur la table,
et produise une transformation relativement
faible[1]. »

Mais de même qu'il existe des forces autres
que la gravité, il est aussi des genres d'équilibre
différents de ceux que traite la mécanique.

Il peut y avoir, par exemple, une instabilité
moléculaire comme celle de l'eau refroidie au-
dessous de son point de congélation, ou comme
celle d'une solution sursaturée de sel de Glauber.
En cet état, la production du moindre cristal de
glace ou de sel de Glauber suffit pour amener un
changement moléculaire marqué dans le liquide
qui s'épaissit immédiatement par un dépôt de
cristaux. Il y a encore l'instabilité chimique,
dans laquelle la plus légère impulsion peut déterminer un changement chimique, tout comme,
dans l'instabilité mécanique, la plus légère impulsion peut déterminer un changement mécanique. Ainsi, l'argent fulminant ou la nitro-glycé-
rine sont des exemples familiers d'instabilité

1. Stewart, *Conservation de l'énergie*. (Bibliothèque scientifique internationale.)

chimique : le plus léger coup ou la plus petite étincelle peuvent produire instantanément un dégagement violent de gaz échauffé.

179. Toutes les machines, c'est-à-dire tous les systèmes matériels, se réduisent nécessairement à deux espèces : l'une employant les forces stables de la nature, l'autre les forces instables. Le passage suivant, tiré d'un ouvrage sur l'Énergie d'un des auteurs de ce livre, expliquera suffisamment notre pensée [1] :

« Quand nous parlons d'une structure, d'une machine ou d'un système, nous entendons simplement un certain nombre de parties individuelles, associées ensemble pour produire quelque résultat défini. Ainsi, le sytème solaire, une horloge, un fusil sont des exemples de machines inanimées; un animal, un être humain, une armée sont des structures ou machines animées. Or, ces machines sont de deux espèces, différant entre elles non seulement par leur but, mais aussi par les moyens de l'atteindre.

« Nous avons d'abord les structures ou machines dans lesquelles l'action systématique est l'objet visé, et dont tous les arrangements sont de nature conservatrice, l'élément d'instabilité étant évité autant que possible. Le système

1 Stewart, *Conservation de l'énergie.* (Bibliothèque scientifique internationale.)

solaire, une horloge, une machine à vapeur en
mouvement en sont des exemples, et le signe caractéristique de ces machines est leur *calculabilité*. Ainsi, l'astronome exercé peut dire avec la
plus grande précision à quelle place se trouvera
la lune ou la planète Vénus l'année prochaine à
pareille date, ou encore la valeur d'une horloge
consiste en ce que ses aiguilles soient tournées
exactement dans une certaine direction après un
certain intervalle de temps. De la même manière
nous pouvons compter avec assurance que le navire à vapeur parcourra tant de milles à l'heure,
du moins tant que les conditions extérieures res-
teront les mêmes. Dans ces différents cas, nos
calculs ne nous trompent pas. Le but cherché est
la régularité d'action, et le moyen employé est,
un arrangement stable des forces de la nature.

« Or, les caractères de l'autre espèce de machines sont précisément opposés.

« Ici l'objet visé n'est pas une transformation
régulière d'énergie, mais une transformation
soudaine et violente; les moyens employés sont
les arrangements instables des forces naturelles.
Une carabine armée et pourvue d'une détente
très délicate est un très bon spécimen de pareilles
machines. Le plus léger attouchement extérieur
peut amener l'explosion de la poudre et la pro-
jection de la balle à une très grande vitesse. Ces

machines sont éminemment caractérisées par leur *incalculabilité*.

« On voit donc qu'à l'égard de l'énergie les structures sont de deux espèces : dans l'une, l'objet cherché est la régularité d'action, le moyen employé est un arrangement stable des forces naturelles; dans l'autre, on cherche la liberté d'action et une brusque transformation d'énergie, et on se sert d'un arrangement instable des forces naturelles.

« La première classe de machines est caractérisée par la *calculabilité*, l'autre par l'*incalculabilité*. La première ne se dérange pas facilement quand elle fonctionne, l'autre se distingue par une grande délicatesse de construction. »

180. Après avoir ainsi défini les deux genres de machines, voyons jusqu'à quel point un être vivant pourrait y être assimilé et à quelle catégorie il appartiendrait. Les machines ne nous permettent que la transformation de l'énergie. Nos lecteurs savent déjà par ce qui a été dit (§ 102) qu'il est aussi impossible d'en créer que de créer de la matière.

C'est pour cela qu'une horloge doit être montée avant de pouvoir marcher, qu'une machine à vapeur nécessite un approvisionnement de charbon; qu'un fusil ou canon doit être chargé de poudre; bref, toutes les machines, sans exception, délicatement construites ou non, calculables ou incalculables, sont de simples transmutateurs, et non des créateurs d'énergie.

Les êtres vivants ne font pas exception à cette loi. Les créatures de ce monde (et c'est d'elles que nous parlons maintenant) ne créent certainement pas d'énergie; mais sous le rapport de la grande loi de la conservation de l'énergie, elles doivent être considérées tout à fait dans le même jour que toute autre machine.

Il est encore une autre analogie entre les êtres vivants et les machines inanimées. Quand nous étudions le fonctionnement de celles-ci, nous trouvons que toute transformation d'énergie a son antécédent matériel; l'effet produit jaillit d'une cause, et cette cause, notre connaissance des lois de la matière nous permettra probablement de la discerner. Prenons un exemple : Dans une machine à vapeur, la quantité de travail produit dépend de la quantité de chaleur portée de la chaudière au condenseur; et cette chaleur dépend, à son tour, de la quantité de charbon brûlée dans les fourneaux. De même, la vitesse de la balle qui sort d'une carabine dépend de la transformation de l'énergie de la poudre; cette transformation, à son tour, dépend de l'explosion de la capsule, celle-ci de la pression de la détente, laquelle dépend enfin du doigt du tireur.

Maintenant, sans entreprendre une définition de la vie, et réservant pour notre dernier chapitre les spéculations qui s'y rapportent, nous croyons pourtant pouvoir dire avec assurance qu'en regard de ce qui précède, l'être vivant est également analogue à une machine.

Considérons l'homme qui fait partir le coup de feu. Nous pouvons faire remonter le mouvement de son index à la contraction d'un muscle, et, allant encore plus loin, relier cette contraction, à une excitation du cerveau transmise le long des nerfs. Il y a donc un effet matériel amené par un antécédent matériel aussi, exactement comme dans une machine. En toute vérité, nous pouvons généraliser et dire que pour le cas de l'*être vivant, et dans la limite des moyens que nous avons pour l'étudier au point de vue physique,* comme pour tout autre cas, nous pouvons considérer comme établi qu'un effet matériel est dû à un antécédent matériel.

181. Nous avons donc examiné deux rapports sous lesquels l'être vivant est analogue à une machine; il faut maintenant déterminer à laquelle des deux classes de machines il ressemble le plus. Est-ce au système solaire, à la machine à vapeur ou à l'horloge? Ou bien est-ce plutôt à quelque machine délicate, comme le fusil, par exemple? On ne peut pas douter, ce nous semble, que l'être

vivant ressemble le plus à la machine délicatement construite. Quel est, en effet, le trait caractéristique de cette machine? C'est qu'une transformation relativement grande d'énergie peut être
amenée par un antécédent physique comparativement petit. Ainsi, un léger souffle peut déterminer la chute de l'œuf qui est au bord de la table,
ou bien un choc léger l'explosion d'une grande
quantité de fulminate. De même, chez l'être humain, une petite et obscure transmutation d'énergie dans la chambre mystérieuse du cerveau peut
déterminer quelque mouvement très violent. « La
vie n'est pas un matamore qui se pavane dans
l'univers, renversant de toutes parts les lois de
l'énergie : c'est plutôt un stratégiste consommé,
qui, assis dans son cabinet, ses fils télégraphi-
ques sous la main, dirige les mouvements d'une
grande armée[1]. »

182. L'être vivant est donc une machine délicatement construite. Ceci admis, il faut déterminer tout d'abord en quelle façon cette machine
est délicate, et quel est l'arrangement particulier
de forces instables employé dans sa construction.
Il est facile de voir que, dans ce cas, la délicatesse est due à un arrangement instable des forces
chimiques. Il est clair que le corps d'un animal

---

[1]. B. Stewart, *Conservation de l'énergie*. (Bibliothèque scientifique internationale.)

est un produit chimique instable, et, s'il résulte
de cela, pour l'animal, une grande délicatesse et
liberté d'action pendant sa vie, il ne s'ensuit pas
moins que sa vie éteinte doit faire place à une
très prompte décomposition.

Le corps doit donc sa délicatesse à l'instabilité
de sa nature chimique, c'est à-dire à une collocation spéciale des particules, qui certainement ne
sont pas venues, en vertu de leurs propres forces
physiques, s'amalgamer ensemble telles que nous
les voyons dans le corps.

183. A quoi donc est dû ce groupement particulier des particules du corps vivant?

Nous répondrons qu'il provient, au moins en
un certain sens, de la nourriture absorbée : si
cette nourriture est animale, il dérivera naturellement du corps de l'animal consommé.

Cet animal peut s'être nourri d'un autre animal; mais, plus généralement, en ce cas-ci, il
aura puisé sa nourriture dans le monde végétal.
C'est donc ce monde que nous devons regarder
comme la source première de cette substance si
délicatement construite et chargée d'un rôle si
important dans l'économie animale. Si nous re-
montons d'un anneau dans l'enchaînement des
causes, après le monde végétal nous trouverons
le soleil comme la grande et première source physique de cette énergie supérieure et de la délica-

tesse de construction qui caractérise les végétaux ;
c'est, en effet, grâce aux rayons actiniques de
notre luminaire que le tissu végétal est manufacturé dans les feuilles des plantes, que l'acide carbonique de l'air est décomposé, que l'oxygène se
dégage, tandis que le carbone, uni à d'autres
substances, et par suite modifié, est retenu par
la plante pour former une partie de sa substance,
et, à l'occasion, devenir la nourriture des animaux.

184. Nous sommes donc arrivés à conclure
que la délicatesse de construction nécessaire à
notre structure provient, en dernier ressort, du
soleil, autant, du moins, que nous nous en tenons
à l'univers visible. Si donc nous voulons répondre
à la question inscrite en tête de ce chapitre :
Peut-il ou non y avoir des êtres supérieurs à
l'homme et associés à l'univers actuel? commençons par regarder en dehors de nous, et cherchons à voir s'il existe dans cet univers quelque
apparence de procédé délicat autre que celui qui
caractérise le corps d'animaux comme nous.

Or, on a déjà indiqué les changements atmosphériques terrestres et surtout solaires comme
étant des *processus* de grande délicatesse. On
pense que les positions de Mercure et de Vénus
exercent de l'influence sur les taches solaires, et
déterminent par là, à la surface de notre lumi-

naire, des changements atmosphériques immenses.
Pour se faire une idée des proportions énormes
de ces cataclysmes solaires, il suffit de savoir
qu'une des grandes taches du soleil pourrait en-
gloutir cinquante planètes comme la nôtre, et que
quelques-uns des courants qui s'y rattachent se
meuvent avec la vitesse de 100 milles par seconde. On croit, en outre, que l'état de la surface
solaire, sous le rapport des taches, détermine les
tempêtes sur notre terre, de sorte que les oura-
gans sont plus fréquents dans l'océan Indien que
sur la côte d'Amérique dans les années où les
taches sont à leur *maximum*[1].

Mais, si de tels résultats sont amenés par les
positions relatives des planètes de notre système,
cette cause a évidemment plus d'analogie avec la
pulsion de la détente d'un fusil prêt à faire feu
qu'avec un franc et simple choc. En fait, une
énorme transformation d'énergie est produite dans
le soleil par quelque cause obscure et mal connue,
mais relativement minime, dépendant de la position des planètes les plus rapprochées. C'est ici
un cas où la grandeur de l'effet est hors de proportion avec celle de l'antécédent, ce qui revient,
en d'autres termes, à la définition de la délicatesse déjà donnée (§ 179).

---

1. Voyez Meldrum, *Sur la périodicité de la pluie.*

Mais encore, si la délicatesse de construction caractérise les changements météorologiques dans les différents membres de notre système, elle est entièrement absente des mouvements orbitaires de ces corps. Ces mouvements n'ont pas le signe distinctif de la délicatesse : l'*incalculabilité*. Non seulement ils sont éminemment calculables, mais ils sont calculés des années d'avance comme partie du cours régulier du monde. D'autre part, les changements météorologiques de la terre et du soleil surviennent avec la brusquerie inhérente à la délicatesse, et sont éminemment incalculables. L'ouragan et l'éclair sont des phénomènes de la nature que l'homme a toujours été enclin à attribuer à des intelligences personnelles. Il a reconnu instinctivement la similitude qui existe entre ces phénomènes brusques et saisissants et les actes d'un Être puissant et irrité.

185. Depuis longtemps, sans doute, rien de pareil à un culte extensif des puissances de la nature n'existe plus parmi les nations civilisées; mais on peut encore trouver, aujourd'hui même, surtout chez les races douées d'une imagination vive, et habitant des régions montagneuses, un reste de croyance à l'influence d'agents personnels sur les phénomènes naturels les plus frappants.

Cette croyance était prédominante au moyen

âge, et on remplirait bien des volumes des lé-
gendes superstitieuses qui s'y rapportaient dans
ces vieux temps : les unes, sombres et terribles;
d'autres, revêtues d'une particulière et pathétique
beauté que rien ne saurait imiter. L'air, la terre
et l'eau ont été peuplés d'esprits, les uns amis familiers de l'homme, les autres ses ennemis mortels. Ces esprits sont puissants et connaissent leur
pouvoir; mais, en même temps, ils ont la profonde et mélancolique conscience de n'avoir pas
d'âme. Leur existence dépendra peut-être de la
durée de quelque objet naturel, et il n'y aura pas
d'immortalité pour eux. D'autres fois, un de ces
esprits des éléments acquerra une âme immortelle en s'unissant d'amour avec un être de la race
humaine; tel est le thème gracieux du joli poême
d'*Ondine*.

D'autres fois aussi, l'inverse arrive, et l'âme
de l'être humain s'évanouit lorsque, fuyant la
société des enfants des hommes, elle se donne à
ces êtres privés d'âme, mais néanmoins aimables
et affectueux. Matthew Arnold, dans son *For-
saken Merman,* exprime cette fantaisie d'une manière belle et touchante :

Children dear, was it yesterday
(Call once more !) that she went away ?
Once she sate with you and me
On a red gold throne in te heart of the sea,
And the youngest sate on her knee.

She comb'd its bright hair, and she tended it well,
When down swung the sound of the far-off bell.
She sigh'd, she look'd up through the clear green sea;
She said : « I must go, for my kingsfolk pray
« In the little grey church on the shore to-day.
« 'Twill be Easter time in the world — ah me!
« And I lose my poor soul, Merman, here with thee! »
I said : « Go up, dear heart! through the waves;
« Say thy prayers and come back to the kind sea-caves. »
She smiled, she went up through the surf in the bay.
　　Children dear, was it yesterday[1]?

186. Une conception analogue sous quelques rapports à celle que nous venons de mentionner, mais sous d'autres très différente, consiste à attribuer une âme à l'univers. On a même imaginé que l'univers visible tout entier constitue comme un gigantesque cerveau.

D'autres personnes semblent portées à croire qu'il existe de nombreuses intelligences cosmiques, chacune d'elles embrassant tout l'univers,

---

1. Enfants chéris, était-ce hier
(Appelez-la encore!) qu'elle s'en alla?
Un jour, elle s'assit avec vous et moi
Sur un brillant trône d'or, dans le sein de la mer,
Et le plus petit était sur ses genoux.
Elle peignait et ajustait sa blonde chevelure,　　　　　[taine.
Quand descendit dans les profondeurs le son de la cloche loin-
Elle soupira et regarda à travers la mer verte et claire;
Elle dit : « Il faut que je parte, car tous mes parents prient
« Dans la petite chapelle grise sur la grève.　　　[aujourd'hui
« C'est le temps de Pâques dans le monde, et moi, hélas!
« Je perds ma pauvre âme, Merman, ici avec toi! »
Je répondis : « Monte, cher cœur! à travers les vagues;
« Dis tes prières, et redescends à nos chères cavernes de la
Elle sourit et monta à travers le ressac de la baie.　　[mer. »
　　Enfants chéris, n'était-ce pas hier?

et par conséquent se pénétrant l'une l'autre et prenant part à ses fonctions à l'aide de ces moyens délicats que nous avons cherché à faire concevoir.

187. Mais avant de pousser plus loin cette discussion, disons avec plus de précision que nous ne l'avons fait jusqu'ici quel est en réalité le point en question.

Ce n'est pas tant de savoir s'il est possible que les procédés délicats de la nature soient dirigés par une agence intelligente, car ceci est une question différente qui sera discutée dans notre dernier chapitre. La question présente est celle-ci : peut-on dire qu'il y ait une agence de cette nature appartenant à l'univers visible actuel?

Expliquons-nous : nous savons appartenir nous-mêmes à cet univers, et de plus beaucoup d'entre nous croient que les intelligences angéliques sont les ministres de la providence de Dieu. Or que cette doctrine soit vraie ou non (et nous n'avons pas à le vérifier pour le moment), on ne peut évidemment pas dire que ces intelligences appartiennent à l'univers physique. L'organisation qu'elles possèdent, et sans laquelle nous ne pouvons pas concevoir qu'une intelligence finie puisse exister (§ 61), n'est assurément rien qui puisse être perçu par nos sens corporels; et nous ne pouvons pas plus imaginer que leur existence puisse dépendre en rien du sort de l'univers visible; bref elles ne lui appartiennent pas.

Notre question présente est donc de savoir si nous pouvons associer les procédés cosmiques délicats de l'univers visible avec l'opération d'intelligences résidant dans cet univers et lui appartenant; et à cette question nous devons nécessairement répondre : Non.

188. Nous n'avons aucun doute que l'homme et des êtres au moins analogues à l'homme, représentent l'ordre le plus élevé des choses vivantes attachées au présent univers visible.

En premier lieu, en effet, et quoiqu'il y ait de nombreux indices de délicatesse de construction dans les procédés cosmiques de l'univers, il n'y a pas d'indice d'une organisation semblable à celle que l'observation nous fait associer avec la présence de la vie.

En second lieu, quelle que soit notre opinion sur l'hypothèse de Darwin et sur la relation de l'homme avec les animaux inférieurs, on ne peut douter qu'ils aient tous une constitution physique semblable. Ce que les physiologistes appellent la matière de la vie, est à peu près la même chez tous, de sorte que le corps de tout animal peut, en général, servir de nourriture à un autre. Or, est-il vraisemblable qu'il existe deux systèmes de vie tout à fait distincts, et aussi différents l'un de l'autre qu'il soit possible de l'imaginer, tous deux appartenant à l'univers visible?

D'après nous, ce fait impliquerait un tel défaut d'unité dans le plan de développement, qu'il serait impossible d'admettre ce plan même comme hypothèse explicative. Pour ces raisons, nous n'hésitons pas à rejeter, comme insoutenable, la conception d'un ordre supérieur d'êtres liés à l'univers visible.

189. Si nous laissons maintenant le verdict de la science pour consulter les Écritures sacrées des Juifs, nous trouvons une grande idée qui prévaut dans tout l'Ancien Testament, c'est la souveraineté absolue et pratique de l'homme sur tous les êtres créés que nous pouvons voir autrement qu'avec l'œil de l'esprit.

L'homme est souverain, ou bien il a charge de le devenir, sur tout ce qui peut être perçu par les sens, c'est-à-dire sur la totalité du monde visible et tangible. Ainsi nous lisons dans la Genèse : « Dieu les bénit, et Il leur dit : Croissez et multipliez-vous, remplissez la terre et l'assujettissez, et dominez sur les poissons de la mer, sur les oiseaux du ciel, et sur tous les animaux qui se meuvent sur la terre. »

Nous lisons encore : « Vous ne l'avez qu'un peu abaissé au-dessous des anges, vous l'avez couronné de gloire, vous l'avez établi sur les ouvrages de vos mains, et vous avez mis toutes choses sous ses pieds. »

Il paraît que la traduction exacte du premier membre de phrase serait : « Vous ne l'avez qu'un peu abaissé au-dessous de ce qui est divin. »

190. Il est bon de remarquer que la même idée est encore plus développée dans le Nouveau Testament, où il est cependant avoué que cette supériorité de l'homme s'éclipse en un point très important.

L'homme a beaucoup augmenté son pouvoir sur la nature et, par suite, amélioré beaucoup la condition de sa race ; cependant, la mort l'atteint, et sans plus de remords ou de pitié que s'il était un sauvage sans nulle valeur. Si, personnellement, il regarde hardiment la mort en face, dans la conscience qu'il a d'avoir au moins promu le bien de ses semblables : vaine illusion ! la mort s'emparera finalement de la race avec aussi peu de remords qu'elle a saisi l'individu. Or c'est cette effroyable ennemie, cette terrible exception à la domination de l'homme que le Christ, comme Fils et type de l'homme, a reçu commission de détruire. Nous lisons (I Cor., xv, 25) : « Car Jésus-Christ doit régner jusqu'à ce qu'Il ait mis tous ses ennemis sous ses pieds. Le dernier ennemi qui sera détruit est la mort. Car Il a mis toutes choses sous ses pieds, » Et aussitôt (verset 44), l'Apôtre s'exhale en ce beau et triomphant langage : « Et quand ce corps corruptible aura revêtu l'incorruptibilité, alors sera accomplie la parole qui a été écrite : la mort a été ensevelie dans la victoire. » Nous lisons encore (Hebr., ii, 8). « Et Il lui a assujetti toutes choses, Il n'a rien laissé qui ne lui soit assujetti. Mais maintenant nous ne voyons pas encore que toutes choses lui soient assujetties : mais nous voyons Jésus, qui avait été rendu un peu inférieur aux anges en souffrant la mort, couronné de gloire et d'honneur, afin que Lui, par la grâce de Dieu, souffrît la mort pour tous les hommes. Car il était digne de Lui, pour qui et par qui sont toutes choses; que, voulant conduire à la gloire beaucoup de ses enfants, Il rendit parfait par la souffrance celui qui devait être le chef de leur salut. »

Ici encore il paraît qu'au lieu de : « avait été rendu un peu inférieur aux anges », nous devons lire : « rendu pour un peu de temps inférieur aux anges », idée identique en signification à celle du membre de phrase « soumis à la loi », la loi de l'Ancien Testament étant considérée comme administrée par les anges. C'est de cette loi, dans laquelle les puissances cosmiques s'interposent

entre Dieu et l'homme, que le Christ nous déli-
vre, en s'y soumettant lui-même pour un peu de
temps, et même en souffrant la mort sous elle.

191. De tout ceci nous pouvons conclure que
la science et la religion nous tiennent le même
langage. Elles nous enseignent que l'homme et
des êtres semblables à l'homme, sont à la tête de
l'univers visible. Sans doute, la religion nous apprend, en outre, qu'au-dessus de l'homme, il est
d'autres êtres, mais ceux-ci ne vivent pas dans
l'univers visible, mais bien dans celui qui est
invisible et éternel.

CHAPITRE VII

L'UNIVERS INVISIBLE

> « Car je suis persuadé que les souffrances
> de la vie présente n'ont point de proportion
> avec cette gloire qui nous sera un jour révé-
> lée. C'est pourquoi les créatures attendent
> avec le plus ardent désir la manifestation
> des enfants de Dieu. »
>
> Saint PAUL, Rom., VIII, 18.

> « Rabbi Jacob dit : « Ce monde est pour
> ainsi dire l'antichambre du monde à venir.
> Prépare-toi dans l'antichambre, afin que tu
> sois en état d'entrer dans la salle du festin. »
>
> MISHNA, Picke Aboth, ch. IV.

> « Eternal process moving on
> From state to state the spirit walks
> And these are but the shatter'd stalks,
> Or ruin'd chrysalis of one [1]. »
>
> TENNYSON.

192. Dans les chapitres précédents nous avons examiné à la lumière de notre savoir actuel les possibilités que présente l'univers visible. Comment se prêterait-il au cas d'une immortalité possible? C'est la question à laquelle nous avons

---

[1]   Dans le cours éternel des choses
      L'esprit va, passant d'état en état,
      Et ceci n'est que le squelette en débris
      Ou la chrysalide ruinée de l'un d'eux.
                              TENNYSON.

essayé de répondre. On aura vu que la réponse
est éminemment défavorable. Si, pour commencer, nous prenons l'homme individuellement,
nous trouvons qu'il vit son petit lot d'années,
après quoi le mécanisme qui le relie au passé,
comme celui qui lui permet d'agir dans le présent, tombe en ruine et finit.

S'il reste quelque germe de puissance, ce germe
ne tient certainement pas à l'ordre des choses
visibles.

Si nous considérons ensuite la race humaine,
nous trouvons que l'état d'avancement qu'elle a
atteint est dû, sous bien des rapports, à son entourage physique : le charbon et le fer ont servi
à développer notre savoir, tout aussi bien que
Galilée et Newton; mais notre provision de ces
matériaux s'épuisera. Avec de l'économie, on
pourra prolonger la période pendant laquelle
nous en serons pourvus; mais il n'est que trop
manifeste qu'année par année nous diminuons ces
sources d'énergie utilisables.

Ne sommes-nous pas nécessairement conduits
à conclure que l'état actuel ne peut pas durer
toujours, ni même pendant une période prolongée, et qu'il atteindra son terme bien avant que
l'inévitable dissipation de l'énergie aura rendu
notre terre inhabitable ?

193. Même en supposant que l'homme, d'une

façon quelconque, puisse rester sur la terre pendant une longue série d'années, nous ne faisons que reculer la catastrophe finale; nous ne pouvons pas y échapper. La terre perdra graduellement son énergie de rotation sur elle-même aussi bien que celle de son évolution autour du soleil. Le soleil lui-même deviendra obscur et sans usage comme source d'énergie, jusqu'à ce qu'enfin les conditions favorables du système solaire actuel aient complètement disparu.

Ce qui advient de notre système arrivera également à l'univers visible tout entier (§ 116). Il deviendra dans le temps, s'il est fini, une masse sans vie, si même il n'est pas condamné à une dissolution complète. A la fin, il vieillira et s'usera aussi sûrement que l'individu. Cet univers visible est sans doute un *vêtement glorieux*, mais non immortel; il nous faut chercher ailleurs pour être *revêtus de l'immortalité comme d'un vêtement*.

194. Maintenant, si nous considérons cette raréfaction d'énergie qui suit invariablement son cours, nous sommes nécessairement frappés, à première vue, du caractère dissipateur des arrangements de l'univers visible. Toute la chaleur du soleil, une petite fraction exceptée, s'en va de jour en jour dans ce que l'on appelle l'espace vide; la petite fraction seule demeure employée

au profit des diverses planètes. Est-il quelque
chose de plus embarrassant que cette apparente
prodigalité de la vie et de l'essence de notre système? On conçoit difficilement que toute cette
vaste accumulation d'énergie de premier ordre,
sauf une petite fraction, ne serve à rien qu'à
voyager à travers l'espace à la vitesse de
188,000 milles par seconde; on le comprend
d'autant moins, qu'il doit inévitablement en résulter la destruction de l'univers visible, à moins
toutefois d'admettre qu'il soit infini, et par là
capable de supporter une dégradation sans limite.

195. Si cependant nous continuons à considérer de près cet étonnant phénomène, nous
commençons à nous apercevoir que nous ne
sommes pas en droit d'affirmer que cette énergie
lumineuse n'a pas d'autre fonction que de voyager
indéfiniment dans l'espace. Il serait peut-être
excessif de dire que les spéculations de Struve
prouvent une absorption par l'éther, mais on
doit les joindre à d'autres considérations. Nous
avons déjà établi (§ 151) que nous ne pouvions
pas regarder l'éther comme un fluide parfait. Or,
il n'est pas facile de supposer que dans une pareille substance tout mouvement vibratoire soit
transmis vers l'extérieur sans la moindre absorption ou le plus léger changement de nature.

Nous nous attendons, sans doute, à trouver,

sous ce rapport, de grandes différences entre l'éther et la matière visible, mais nous ne pouvons guère imaginer cet éther dépourvu de toute capacité pour altérer la nature de l'énergie qui le traverse. Une telle hypothèse nous paraît violer le principe de Continuité.

196. Mais nous pouvons aller même au-delà des vibrations lumineuses qui prennent naissance surtout à la surface des corps; nous pouvons pousser nos recherches jusque dans l'intérieur des substances, puisque la loi de gravitation nous assure que tout déplacement ayant lieu, même au sein de la terre, sera ressenti dans tout l'univers, et nous pouvons aller plus loin encore et concevoir que ceci soit vrai pour ces mouvements moléculaires (§ 56) qui accompagnent la pensée. Car chacune de nos pensées est accompagnée d'un déplacement et d'un mouvement de particules cérébrales, et il est possible d'imaginer que de façon ou d'autre ces mouvements soient propagés dans l'univers. Depuis longtemps, Babbage avait entretenu des idées pareilles; elles se sont recommandées ensuite d'elles-mêmes à plusieurs savants, entre autres, à Jevons. « M. Babbage, dit cet auteur[1], a montré[2] que si nous avions le pouvoir de découvrir et de suivre les effets les

---

1. *Principales of Science*, vol. II, p. 455.
2. Ninth Treatise of Bridgewater.

plus minutieux de toute agitation, chaque particule de matière deviendrait un registre de tout
ce qui est arrivé. »

197. Mais encore nous sommes contraints
d'imaginer que ce que nous voyons a tiré son origine de ce que nous ne voyons pas (§ 215), et, par
cette dernière expression, nous entendons aller
même au-delà de l'éther qui, d'après certaine
hypothèse (§ 152), aurait donné naissance à
l'ordre des choses visibles. De plus, il nous faut
encore avoir recours à l'invisible, non seulement
pour l'origine des molécules de l'univers visible,
mais aussi pour expliquer les forces qui animent
ces molécules (§ 150). Et ce n'est pas tout : nous
sommes toujours rejetés d'un ordre d'invisible à
un autre (§ 220).

Si donc il en est ainsi, si l'univers est composé
d'une série d'ordres successifs de cette nature et
liés l'un à l'autre, il est manifeste qu'aucun événement quelconque, soit que nous considérions son
antécédent ou son conséquent, ne peut être con-
finé à un ordre seul, mais qu'il doit s'étendre à
l'univers entier.

198. Comme conclusion, nous sommes ainsi
conduits à reconnaître l'existence d'un ordre de
choses invisible intimement lié à l'ordre de cho-
ches actuel sur lequel il peut agir énergiquement,
car l'énergie du système actuel doit, en vérité,

être regardée comme dérivée originairement de l'univers invisible, et les forces qui donnent lieu aux transformations d'énergie tirent probablement leur origine de la même région.

Il nous semble plus naturel d'imaginer qu'un univers de cette nature, à l'existence duquel nous avons des raisons de croire, et qui est uni par un lien d'énergie à l'univers visible, soit aussi susceptible d'en recevoir de l'énergie et de transformer l'énergie ainsi reçue.

Enfin, il nous paraît moins vraisemblable que la majeure partie de l'énergie supérieure de l'univers puisse continuer à se perdre dans l'espace avec une vitesse énorme, plutôt que d'être graduellement transformée dans un ordre de choses invisible. Du reste, cette dernière conclusion, de nature purement spéculative, n'est nullement essentielle à notre argumentation.

199. Si maintenant nous revenons à la pensée, nous trouvons (§ 59) que, puisqu'elle affecte la substance de l'univers visible, elle doit produire un organe matériel de la mémoire. Mais les mouvements qui accompagnent la pensée doivent provenir de l'ordre de choses invisible, et aussi affecter cet ordre de choses, parce que d'abord les forces qui causent ces mouvements sont dérivées de l'invisible, et ensuite parce que les mouvements, par eux-mêmes, doivent agir sur l'invisi-

ble. Il s'ensuit *que la Pensée, entendue comme affectant la matière d'un autre univers en même temps que la matière de celui-ci, peut donner l'explication d'une vie future.* (Voyez Anagramme; *Nature*, 15 octobre 1874.)

200. Cette idée cependant a besoin d'être expliquée et nécessite de plus amples développements. Supposons d'abord que nous possédions un organisme, ou les rudiments d'un organisme, qui nous mette en relation avec l'univers invisible; nous l'appellerons l'âme.

Chacune de nos pensées est accompagnée de certains mouvements moléculaires et de déplacements dans le cerveau; une partie de ceux-ci, admettons-le, est en quelque façon emmagasinée dans cet organe, de manière à produire notre mémoire matérielle ou physique. D'autres parties de ces mouvements sont cependant communiquées au corps invisible et y sont emmagasinées pour constituer une mémoire qui pourra servir, quand ce corps sera libre d'exercer ses fonctions.

201. En outre, un des arguments (§ 8) à l'appui de l'existence de l'univers invisible exige que cet univers soit plein d'énergie quand l'univers actuel aura passé. Nous pouvons donc très bien imaginer qu'après la mort l'âme, étant libre d'exercer ses fonctions, puisse être remplie d'énergie et posséder éminemment le pouvoir d'agir

dans le présent, conservant aussi, comme nous l'avons vu plus haut, une prise sur le passé, les événements accomplis restant accumulés en sa mémoire. Ainsi seront remplies les deux conditions nécessaires (§ 61) pour une existence continue et intelligente.

202. La conception d'un univers invisible n'est pas nouvelle, même parmi les savants. Le docteur Thomas Young, si justement célèbre, a écrit le passage suivant dans ses conférences sur la Philosophie naturelle : « En outre de cette porosité, il y a encore place pour la supposition que les dernières parties de la matière peuvent être perméables aux causes d'attraction de divers genres, spécialement si ces causes sont immatérielles. Or, il n'y a rien, dans l'étude impartiale de la philosophie naturelle, qui tende à nous faire douter de l'existence de substances immatérielles ; au contraire, nous y voyons des analogies qui nous conduisent presque directement à cette opinion. On suppose que le fluide électrique est essentiellement différent de la matière ordinaire ; le milieu général de la lumière et de la chaleur, d'après quelques-uns, ou le principe du calorique, suivant d'autres, en est également distinct. Nous voyons des formes de la matière distinguées par la subtilité et la mobilité, sous le nom de corps solides, liquides et gazeux ; au-dessus de ces corps, il y a des en-

tités semi-matérielles, qui produisent des phénomènes électriques et magnétiques ; il y a aussi le
calorique ou un éther universel. Plus haut encore,
peut-être, sont les causes de la gravitation et les
agents immédiats des attractions de tout genre
qui montrent des phénomènes encore plus éloignés de tout ce qui est compatible avec les corps
matériels. Et de tous ces différents ordres d'êtres,
les plus immatériels semblent pénétrer librement
les plus grossiers. Il paraît donc naturel de croire
que l'analogie peut être poussée encore plus loin,
jusqu'à s'élever à des entités absolument immatérielles et spirituelles. Nous ne savons pas s'il est
impossible que des milliers de mondes spirituels
existent sans être vus de l'œil humain. Nous
n'avons pas davantage une raison quelconque de
supposer que la présence de la matière en un lieu
donné puisse en exclure ces existences spirituelles.
Ceux qui soutiennent que la nature regorge toujours de vie partout où des êtres vivants peuvent
trouver place, sont donc complètement libres de
raisonner sur la possibilité de mondes indépen-
dants, les uns existant dans différentes régions de
l'espace, d'autres se pénétrant l'un l'autre dans le
même espace sans se voir ni se connaître, d'autres encore pour lesquels l'espace peut n'être pas
une condition nécessaire d'existence. » '

203. Il est peut-être bon de répondre par anti-

cipation à quelques objections que l'on pourrait vraisemblablement élever contre la théorie proposée par nous. Divisons-les en trois catégories : religieuse, théologique et scientifique.

Première objection (Religieuse). — On peut nous dire : « Qui êtes-vous donc pour prétendre à une sagesse plus grande que celle des Écritures ? Êtes-vous de ceux dont il fut dit autrefois : *Eritis sicut Deus scientes bonum et malum ?* Prenez garde aux paroles du grand Apôtre des Gentils : Φάσκοντες εἶναι σοφοὶ ε, ωρανθησαν. »

Réponse. — Ainsi que nous l'avons déjà dit (§ 50), nous n'écrivons pas pour les personnes tellement assurées de la vérité de leur religion qu'elles soient incapables d'y souffrir la moindre objection. Nous écrivons pour les chercheurs honnêtes, pour les douteurs honnêtes, osons-nous dire, qui désirent savoir ce que la science libre dans ses recherches et loyalement étudiée trouve à dire sur ces sujets si importants pour nous tous. Dans cet ouvrage, nous nous bornons à considérer l'univers au point de vue physique. Il vous est donc permis de nous taxer, si vous le voulez, d'hommes terre à terre, nous qui, en vérité, vivons sur la terre ; néanmoins, nous croyons que notre force est dans la liaison que nous établissons avec ces vérités qui sont de notre domaine commun.

204. *Seconde objection (Théologique).* — Votre idée de l'univers spirituel est analogue à celle de Swedenborg; nous devons donc la repousser comme fausse; d'autant plus que nous ne pouvons admettre l'assertion du corps spirituel jusqu'après la résurrection.

Réponse. — Nous n'avons fait qu'écarter l'objection scientifique contre un état futur, objection que l'on suppose fournie par le principe de Continuité. Nous ne savons rien des lois qui régissent cet état; nous concevons qu'il soit tout à fait possible ou probable que l'âme reste voilée et dans l'attente jusqu'à la résurrection. Nous soutenons seulement que la logique nous contraint à admettre l'existence de quelque organisme, ou organe, n'appartenant pas à cette terre et survivant à la dissolution du corps, si nous admettons le principe de Continuité et la doctrine d'une vie future comme également vrais. D'ailleurs, la comparaison par laquelle Paul assimile le corps du croyant, après la mort, à la semence mise en terre, n'implique pas seulement une sorte de continuité, mais elle exprime aussi sa croyance à un corps spirituel actuel. *Il y a,* dit-il (et non pas *il y aura*), un corps spirituel. Ailleurs, il dit encore: « Aussi, nous savons que si cette maison terrestre que nous habitons vient à se dissoudre, Dieu nous donnera dans le ciel une

autre maison qui ne sera point faite de main
d'homme et qui durera éternellement[1]. »

205. *Troisième objection* (*Théologique*). —
Votre argumentation s'applique à la bête aussi
bien qu'à l'homme; or nous ne pouvons pas admettre l'immortalité des bêtes.

Réponse. — Ainsi que nous l'avons dit plus
haut, nous ne savons rien des lois de l'univers
invisible, excepté qu'il est en communication
avec l'univers visible par des liens de quelque
sorte, peut-être d'énergie. Nous avons simplement essayé de combattre, en faveur de l'immortalité de l'âme, une objection que l'on a mal à
propos émise comme scientifique, ou tout au
moins comme d'accord avec la science.

206. *Quatrième objection* (*Théologique*). —
Le raisonnement que vous adoptez étant fondé
sur la loi de Continuité semble impliquer que
l'organisme humain s'est développé de celui des
animaux inférieurs. Il est donc en contradiction
avec le récit scriptural de la création et de la
chute de l'homme.

Réponse. — Nous ne voyons pas que notre raisonnement soit le moins du monde incompatible
avec l'origine de l'homme rapportée par les Écritures : elles indiquent, sans nul doute, une opé-

_____

1. II⁰ Épître aux Corinthiens, v, 1.

ration particulière de l'univers invisible, et notre raisonnement nous conduit précisément à chercher dans cette direction l'origine de certains événements. Il n'entre pas dans notre cadre de discuter si la production de l'homme a été l'occasion d'une intervention particulière de l'invisible; nous pouvons dire seulement que nous ne voyons aucune raison déduite de nos principes pour mettre en doute l'opinion qui attribue la production de l'homme à une opération particulière provenant d'un univers préexistant.

207. *Cinquième objection* (*Théologique*). — La résurrection que comporte votre théorie ne peut pas être la résurrection des mêmes particules qui sont déposées dans la tombe, et sous ce rapport elle serait différente de celle du Christ.

Réponse. — La différence entre ces deux résurrections subsiste quelle que soit la théorie, parce que le Christ n'a pas subi la corruption, tandis que le corps du chrétien est manifestement décomposé après la mort.

Ce n'est qu'avec beaucoup d'hésitation que nous émettons l'idée qui va suivre.

Ce que nous avons à dire est fondé sur un ouvrage extrêmement remarquable par Edward White, intitulé : *Vie dans le Christ,* qui a été récemment publié, et dont nous extrayons le passage suivant (p. 263) :

« Mais le Sauveur était Divin. Comme homme
identifié avec l'humaine nature, Il mourut, et Sa
mort fut une offrande pour le péché; comme
Dieu, Il ne pouvait pas mourir. Comme homme,
Il fut placé « sous la loi »; comme Dieu Il était
au-dessus de la loi imposée aux créatures..... Il
sortit donc du tombeau comme le Divin Conquérant de la mort, « Dieu de toutes choses, et éternellement béni », et il fut ainsi « proclamé le Fils
de Dieu avec pleine puissance, en union avec
l'Esprit de sainteté, par *Sa résurrection* d'entre
les morts. » (Rom., I, 4.) Il se leva, non « dans
la ressemblance d'une chair pécheresse », non
« sous la loi », mais en qualité de « Seigneur
venu des cieux, notre Seigneur et notre Dieu; »
non sous l'image du « fils d'Adam », mais comme
le « Fils du Très Haut », nous ayant délivrés de
la colère par la mort de Son humanité, pour nous
revêtir de l'immortalité par la vie de Sa Divinité.
Il n'était plus « l'homme des douleurs », mais l'al-
pha et l'oméga, LE VIVANT; Il n'était plus « couronné d'épines, vêtu de la bure du pauvre, mais
couronné du diadème de Seigneur de l'univers et
brillant de la suréminente splendeur de la Divinité ». Si donc le Christ mourut comme homme
et fut rendu à la vie en vertu de sa Divinité, il y
aura analogie complète entre le Christ qui est la
tête et les croyants qui sont son corps, si nous

supposons que chaque croyant meurt comme homme, mais ressuscite en vertu de la divinité du Christ; et d'autant que la Tête n'est pas ici présente dans Sa forme corporelle glorifiée, on ne peut pas supposer que Ses membres puissent dès à présent prendre cette forme.

Mais il nous est dit que quand le Christ apparaîtra de nouveau sur la terre, Ses membres, élevés à ce qu'on appelle la première résurrection, l'accompagneront alors.

A en juger d'après saint Mathieu, quelque chose d'analogue se produisit partiellement quand le Christ apparut à Jérusalem après Sa résurrection[1].

Enfin l'analogie vraie entre le Christ et le croyant devrait nous empêcher d'admettre que pendant que le Christ n'est pas ici présent dans son corps glorifié, le croyant puisse néanmoins revêtir le sien.

Or, ce délai implique la corruption du corps du croyant et nous empêche de croire que les mêmes particules de ce corps soient ressuscitées comme dans le cas du Christ. Mais personne, assurément, n'attribuera quelque importance aux simples particules matérielles, du moment que l'identité morale et spirituelle est certaine.

1. Evangile selon S. Mathieu, XXVII, 52.

208. *Sixième objection* (*Scientifique*). — Si les principes généraux, d'après lesquels tous les organismes matériels sont construits, sont les mêmes dans le monde entier, ne peut-on pas en conclure, par analogie, que tous ces organismes ont une relation semblable avec l'univers? D'après quel principe l'immortalité pourrait-elle donc être admise comme possible pour les hommes tandis qu'elle est refusée aux bêtes?

Réponse. — Quand nous disons que les principes généraux d'après lesquels tous les organismes sont contruits sont les mêmes, nous entendons que certaines lois physiques et chimiques s'appliquent à l'homme comme à la création bestiale. La gravitation et l'affinité chimique sont les mêmes pour tous deux. Il doit y avoir aussi similitude dans la matière tangible, car l'homme et la bête coexistent dans le même monde visible. Enfin, il doit y avoir bien des points dans lesquels la construction de l'homme est très semblable à celle des animaux inférieurs.

Chacun d'eux a un système nerveux; ils ont tous ce que l'on peut appeler la délicatesse de construction, et leur structure à tous renferme des matériaux combustibles. Enfin, ce n'est pas seulement entre tous les animaux qu'existent de fortes ressemblances, il en est aussi entre les animaux et les végétaux.

Mais quels sont les points de dissemblance entre l'homme et les animaux inférieurs? N'est-ce pas que ces derniers sont incapables de concevoir des idées pareilles à celles que nous discutons maintenant? En réalité, la plus grande différence entre l'homme et les animaux inférieurs réside moins dans la structure corporelle que dans la nature de la pensée. Or, il est certain que chaque pensée a son rapport concomitant dans le cerveau (§ 59). Conséquemment, la nature de la pensée étant très différente dans l'homme et les animaux inférieurs, les concomitants physique de leur pensée le seront aussi. Mais ceci est précisément la région dans laquelle jusqu'à ce jour la science s'est montrée absolument incapable de pénétrer. Nous avons cependant de fortes raisons pour croire qu'on y trouverait que la mise en œuvre de la pensée est extremement différente chez l'homme et chez les animaux.

Ainsi, l'objection tourne à notre profit, et nous avons le droit de dire que, autant les différences pratiques en pensée et en facultés d'ordres supérieur entre l'homme et les animaux sont énormes, autant les concomitants perceptibles de ces différences, s'ils étaient accessibles à nos recherches, se montreraient différents.

209. *Septième objection* (*Scientifique*). — S'il

y a, comme vous le dites, dualité dans l'organisation de l'homme, comment la partie spirituelle peut-elle rester latente aussi longtemps qu'elle le fait? Tout entravée qu'elle est par la substance grossière, nous pourrions nous attendre à la voir se manifester en quelque façon, au moins à rares intervalles.

Réponse. — Nous savons qu'en fait, la conscience ordinaire de nous-mêmes peut rester latente ou inactive pendant des heures, sinon des jours, et revenir ensuite en nous. L'objection aurait de la portée s'il n'était pas vrai que cette conscience soit susceptible d'intervalles de sommeil ou de repos.

De plus, il est possible qu'il y ait eu ou qu'il y ait des manifestations éventuelles de l'esprit.

Car les annales du christianisme affirment que l'élément spirituel s'est manifesté visiblement, même dans cette vie, dans certaines occasions exceptionnelles. D'ailleurs, si vous avez rejeté ces manifestations comme inconcevables, vous ne pouvez arguer de leur absence comme objection.

210. *Huitième objection (Scientifique).* — Votre doctrine de l'immortalité viole le grand principe de la conservation de l'énergie, car il est manifeste que si l'énergie est transférée du visible à l'invisible, sa constance ne peut plus être maintenue dans l'univers actuel.

Réponse. — En réponse à cette objection, nous pouvons dire qu'en affirmant la conservation de l'énergie nous entendons que ce principe n'est applicable qu'entre certaines limites. Par exemple, ce n'est qu'en admettant le passage continuel, à travers l'éther, d'une grande proportion de l'énergie de l'univers visible que nous pouvons maintenir cette doctrine telle qu'elle est.

La seule addition qu'apporte notre théorie est le transfert graduel, dans l'univers invisible, d'au moins quelque portion de l'énergie appartenant à la matière grossière associée à la pensée. Et encore ceci est-il nécessaire? Ceci ne suppose-t-il pas, en effet, que la pensée ouvre sa voie à travers la matière de l'univers visible, et dès lors affecte l'invisible? Or, un ordre d'événements inverse est tout aussi soutenable, surtout si nous supposons avec Le Sage que les forces motrices des molécules de la matière visible proviennent de l'univers invisible. Nous pouvons dire, en toute assurance, que notre hypothèse n'est pas renversée, et qu'elle ne pourra jamais l'être par aucune conclusion expérimentale relative à l'énergie.

211. *Neuvième objection (Scientifique)*. — Nous ne pouvons pas comprendre comment l'individualité peut être conservée dans le monde spirituel.

Réponse. — Ceci n'est pas une difficulté nouvelle. Nous sommes aussi embarrassés par ce qui se passe dans notre corps actuel que nous pouvons l'être à l'égard du corps spirituel. Admettons que nos impressions soient emmagasinées dans notre cerveau, et qu'elles constituent ainsi un ordre de choses nous mettant en communication avec le passé de l'univers visible. Des milliers, peut-être des millions d'impressions pareilles, passent dans le même organe, et, cependant, par l'opération de notre volonté, nous pouvons concentrer notre souvenir sur un certain événement, et fouiller tous ses détails, avec les circonstances collatérales, à l'exclusion de tout autre. Mais si le cerveau, ou quelque autre chose, joue un rôle aussi merveilleux dans l'économie actuelle, est-il impossible d'imaginer que l'univers futur puisse posséder des pouvoirs individualisants même plus grands? N'est-il pas très risqué d'affirmer que tel ou tel mode d'existence soit impossible dans ce tout merveilleux que, nous en sommes sûrs, doit être l'univers?

212. *Dixième objection* (*Scientifique*). — Même en admettant que l'univers invisible reçoive de l'énergie de l'univers actuel, de sorte que la conservation reste vraie en principe, la dissipation de l'énergie doit être vraie aussi, et si le progrès de la décadence peut être retardé par l'accumu-

lation de l'énergie dans l'univers invisible, il ne peut cependant pas être arrêté d'une façon permanente. Il nous faut donc croire que toutes les parties de l'univers finiront par être également pourvues d'énergie; la conséquence sera la cessation de tout mouvement vital spontané.

Réponse. — La meilleure réponse à cette objection consiste peut-être à dire que les lois de l'énergie sont plutôt des généralisations déduites de notre expérience que des principes scientifiques, comme celui que nous appelons le *Principe de Continuité*. Il ne résulterait pour l'esprit nulle confusion permanente, s'il se trouvait que ces lois ne règnent pas, ou règnent de quelque autre manière, dans l'univers invisible. D'ailleurs, nous ne pouvons pas regarder la loi de la dissipation de l'énergie comme fondamentale au même titre que la loi de conservation. Qu'avons-nous pour prouver qu'elle existe dans le monde invisible? Nous avons montré (§ 112) comment les démons de Clerk-Maxwel (intelligences essentiellement finies) pouvaient être employés à rétablir l'énergie, même dans l'univers actuel, sans dépenser de travail. Combien plus ne pouvons-nous pas naturellement attendre dans un univers dégagé de matière ordinaire.

213. *Onzième objection (Quasi-Scientifique).* — Vous dites que l'énergie est transférée dans l'invisible de façon à constituer pour chaque individu comme un registre de chacune de ses pensées. Vous auriez dû montrer, et vous ne l'avez pas fait, comment cette énergie transportée pourrait être précisément localisée dans l'invisible.

Réponse. — L'obligation est toute de votre côté. C'est vous qui êtes tenus de nous faire voir que cette localisation est impossible. Vous, demi-savants, vous affirmez que la science rejette toutes choses de ce genre. Or, nous avons fait voir que la Continuité demande une série infinie de développements. Ceux-ci *peuvent* être vivants ou morts. Mais l'analogie scientifique montre qu'ils portent toutes les marques de développements intelligents. Comment, dans ces circonstances, y aurait-il doute ou difficulté dans notre choix? Évidemment, nous ne pouvons pas admettre des développements morts et cependant intelligents. Le témoignage de l'analogie, sans être à la hauteur d'une preuve, est cependant bien fort. Malgré cela vous, critiques, vous affirmez virtuellement que vous pouvez montrer son impossibilité ; faites-le donc puisque vous le pouvez. Donnez-nous une preuve quelconque de l'impossibilité d'un organe qui nous relie à l'univers invisible, ou bien quelque analogie même apparente contre lui, et nous serons heureux de l'accueillir et de l'examiner, ne doutant pas que vous ne nous aidiez ainsi à fortifier notre cause. Vous oubliez que c'est vous qui êtes dogmatiseurs, vous qui affirmez que ces choses sont incompatibles avec la science, sans apporter la moindre preuve à l'appui de votre assertion. Mais, pour le cas présent, il advient que, même avec de la matière ordinaire, un milieu infiniment étendu pourrait être constitué (comme Clerk-Maxwel l'a fait voir), de telle sorte que tous les rayons émanant de l'un quelconque de ses points convergeassent exactement vers un foyer situé à un autre point défini, chaque point de l'espace ayant ainsi son conjugué déterminé.

214. Après avoir répondu à ces objections, réalisons maintenant ce que nous avons acquis. Nous le ferons brièvement, ainsi qu'il suit : nous sommes arrivés à montrer la possibilité d'une vie future, et à renverser les objections soi-disant scientifiques contraires. Le témoignage en faveur de cette doctrine n'est pas puisé en nous-mêmes ; il nous vient de deux sources : d'abord, des faits qui concernent le Christ ; en second lieu, de l'intense désir d'immortalité que l'homme civilisé a invariablement éprouvé. Ces deux sources ont fourni un certain témoignage en faveur de notre doctrine ; alors se sont présentées des objections scientifiques contre la doctrine elle-même, et ces objections, nous avons tâché de les vaincre. Mais,

si nous avons le droit de les croire surmontées, il subsiste encore une objection scientifique également forte contre cette portion des témoignages favorables qui provient des annales chrétiennes. « Nous accordons, peut-on nous dire, que l'immortalité est possible; mais, à part certaines vagues aspirations, quelle raison avons-nous de la croire probable? Sans doute, si le Christ était réellement ressuscité d'entre les morts, la probabilité favorable serait très forte; mais nous nous élevons contre le fait allégué de la résurrection du Christ avec non moins de force que contre la doctrine de l'immortalité elle-même. »

215. Il nous faut donc procéder à l'examen de la validité de cette objection; pour cela, nous estimons qu'il convient d'aborder le problème de l'univers, non par le côté de l'avenir, mais par celui du passé. Nous avons déjà défini le principe de Continuité (§ 85). En vertu de ce principe, nous nous croyons autorisés à discuter tout événement qui peut se présenter dans l'univers, sans en excepter un seul, et à en déduire, si nous le pouvons, l'état de choses qui le précédait, cet état de choses appartenant également à l'univers. Nous avons aussi donné des raisons pour croire que l'univers visible a commencé dans le temps, et il est peut-être bon de les récapituler ici. D'abord, il est généralement admis des savants que les

atomes constituent la substance ou l'étoffe avec
laquelle est construit l'univers visible. Pourquoi
donc alors, demandent les matérialistes, ne pour-
rions-nous pas supposer ces atomes en nombre
infini, et, dans ce cas, supposer aussi que cet
univers durera d'une éternité à l'autre, du moins
en ce qui concerne l'énergie? Si, de plus, nous
considérons ces atomes éternels comme en quelque sens vivants, n'avons-nous pas une hypothèse
qui expliquerait la vie continue de l'univers, aussi
bien que son énergie continue? Répondons, pour
le moment, à la première partie de l'hypothèse,
réservant pour une prochaine occasion celle qui
concerne la vie (§ 240).

Nous élevons une triple objection contre l'éternité passée et future de l'univers visible. D'abord,
cette hypothèse, pour être soutenable, admet l'infinie grandeur de l'univers visible. Ceci, cependant, est une assertion gratuite. Nous ne pourrions peut-être pas prouver le contraire; mais
nous ne voyons aucune raison pour considérer
l'univers visible comme infiniment grand. Sans
doute, si les principes scientifiques exigeaient
impérieusement l'éternité de l'univers visible actuel, nous serions obligés de reconnaître son infi-
nité comme une conséquence; mais nous allons
voir tout de suite que les principes scientifiques
conduisent à l'opposé, de sorte que le point faible

de l'hypothèse en question est que, tout en étant contraire au principe scientifique, elle affirme en même temps l'infinie grandeur de l'univers visible, ce qui est une assertion absolument gratuite.

Voici notre deuxième objection :

En vertu du principe de Continuité, nous sommes obligés de croire à la profondeur infinie de la nature, et d'admettre qu'autant nous devons imaginer l'espace et la durée comme infinis, autant nous devons considérer aussi comme infinie la complexité structurale de l'univers. Pour nous, il ne semble pas moins faux de déclarer éternelle *cette agrégation appelée* ATOME que de déclarer éternelle *cette autre agrégation appelée le soleil* (§ 85).

Tout ceci découle du principe de Continuité, en vertu duquel nous progressons scientifiquement dans la connaissance de la nature, et qui nous conduit, quelque état de choses que nous considérions, à chercher son antécédent dans un état de choses antérieur et appartenant aussi à l'univers.

Notre troisième objection est celle que nous avons établie au paragraphe 163 ; elle ressort de la conviction que la dissipation de l'énergie procède *pari passu* avec l'agrégation de la masse. Comme les grandes masses de l'univers sont de dimensions finies, nous sommes sûrs que ce *processus* ne peut pas avoir toujours duré ; en d'au-

tres termes, que l'univers visible doit avoir eu
son origine dans le temps.

216. Appliquons maintenant avec respect et
confiance notre principe de Continuité à cet événement solennel, la production de l'univers visible, et posons-nous cette question : Quel état de
choses appartenant à l'univers, quel antécédent
concevable peut avoir donné lieu à cet incomparable phénomène, antécédent, nous avons à peine
besoin de le dire, qui doit avoir agi du dehors,
c'est-à-dire de l'univers invisible ? Le phénomène
est grand et majestueux ; mais sa seule grandeur
ne doit pas nous effrayer au point de perdre confiance dans les principes qui dirigent notre discussion. Or, si nous considérons l'apparence de
l'univers visible, et si nous l'abordons comme
nous le ferions de tout autre phénomène, nous
n'avons que deux alternatives devant nous. La
création n'en est pas une, car cet acte nous fait
sortir de l'univers ; nous sommes donc conduits
à chercher la cause de l'apparition de l'univers
visible dans une sorte de développement. Ce développement peut provenir d'un précédent vivant
ou d'un précédent mort ; ou bien il a été le résultat d'une opération naturelle de l'univers invisible, ou bien il a été amené au moyen d'une intelligence résidant dans cet univers, et agissant par
ses lois. Pour déterminer laquelle des deux hypo-

thèses est la plus admissible, nous devons nous rappeler la nature de la production, et raisonner sur elle comme nous raisonnerions sur tout autre sujet.

217. Or, cette production fut, autant que nous pouvons en juger, un acte sporadique ou abrupt, et la substance produite, c'est-à-dire les atomes composant le *substratum* matériel de l'univers actuel, présente, par son uniformité de constitution, toutes les marques d'articles manufacturés (comme l'ont très bien dit Herschel et Clerk-Maxwell).

Soit que nous regardions les divers atomes élémentaires comme des productions séparées, soit qu'avec Prout et Lockyer nous les considérions comme produits par l'agrégation d'atomes primordiaux plus petits, dans les deux cas, surtout dans le second, nous leur trouvons l'apparence d'articles manufacturés. Nous avons déjà montré, en effet (§ 164), que le développement sans vie, c'est-à-dire le développement mort, ne tend pas à donner une structure uniforme à ses produits.

218. L'argument est donc en faveur de la production de l'univers visible par le moyen d'une agence intelligente résidant dans l'univers invisible. Mais examinons de nouveau la position où nous place le principe de Continuité. Il nous oblige non seulement à regarder l'univers invisi-

ble comme préexistant à l'univers actuel, mais encore à reconnaître qu'il a existé de toute éternité, comme univers, sous une forme ou sous une autre. Or, nous pouvons facilement concevoir qu'un univers contenant des êtres intelligents soumis à des conditions ait existé avant l'univers actuel, et même qu'il ait existé antérieurement à toute longueur de temps qu'on puisse assigner, ce qui, pour nous, est la seule manière dont notre pensée peut apprécier l'éternité. Mais est-il aussi facile de concevoir qu'un univers mort ait de même existé pendant des siècles incommensurables? Un univers mort est-il complètement soumis à des conditions? Si nous regardons les lois de l'univers comme celles auxquelles le Gouverneur de cet univers a soumis les intelligences qui s'y trouvent, pouvons-nous concevoir qu'un univers mort puisse exister en permanence sans quelque entité faite pour être soumise à des conditions?

N'est-ce pas là un non-sens, une chose imaginaire sans réalité? Et si l'on nous disait qu'en ces circonstances, la conception, sous toute forme quelconque d'incommensurables espaces de temps, est une non réalité, nous répondrions : « Oui ». Mais, dans ce cas, nous sommes conduits non seulement du conditionné complet au conditionné partiel, mais encore à l'inconditionné; en d'autres termes, l'hypothèse de la permanence d'un univers mort semblerait satisfaire difficilement au principe de Continuité qui procède, de préférence, d'une forme de conditionné complet à un autre. La difficulté n'est pas écartée non plus, si on suppose la matière de l'univers invisible douée, de tout temps, d'une sorte de vie simple, et les mouvements de ses divers éléments, accompagnés d'une sorte de conscience très simple, beaucoup plus rudimentaire que toute vie que nous connaissions.

On peut, en effet, répliquer à ceci : Comment est-il possible de concevoir que la vie soit restée sous cette forme rudimentaire pendant toute une éternité, et qu'elle se soit développée jusqu'à l'intelligence seulement depuis la production de l'univers visible ?

219. Dans l'intérêt de nos lecteurs, nous allons maintenant essayer de retracer aussi brièvement que possible le point où nous sommes arrivés et le chemin qui nous y a conduits. On se rappelle que dans notre définition (§ 54) nous sommes convenus de regarder le Créateur, l'Absolu, comme soumettant l'univers à des conditions, en appliquant le terme *univers* exclusivement à ce qui est conditionné. Nous entendons ainsi qu'une pierre est dans l'univers, qu'un homme y est et y travaille ; mais que la Divinité Absolue est placée

au-dessus de l'univers, plutôt qu'y opérant en aucune façon analogue à celle de l'homme.

Ne serait-ce pas une confusion pour l'esprit que de considérer la personne qui impose les conditions comme soumise elle-même à ces conditions? Or, le principe de Continuité exige un développement sans fin de l'être conditionné, et nous revendiquons comme le patrimoine de l'intelligence une avenue sans fin allant d'une éternité à l'autre. Chaque pas dans cette voie ne sera que d'une forme du conditionné à une autre, mais jamais du conditionné à l'inconditionné ou absolu, ce qui ne représenterait pour nous qu'une barrière impénétrable à notre intelligence. On a vu aussi que cette chaîne interminable d'existences conditionnées nous empêche d'être satisfaits par l'hypothèse d'un univers imaginaire, seulement composé de matière morte, mais que nous préférons un univers vivant et intelligent; en d'autres termes, pleinement conditionné. Enfin, nos arguments nous ont conduits à regarder la production de l'univers visible comme amenée par une agence intelligente résidant dans l'invisible.

220. Nous avons atteint ce résultat au moyen de principes généraux, et sans aucune théorie précise quant au *modus operandi* de l'agent intelligent de développement qui réside dans l'univers invisible. Quand nous suivons des principes

bien établis, nous restons sur un terrain solide ; mais quand nous raisonnons sur la méthode par laquelle le développement s'accomplit, nous entrons dans une tout autre région où les chances sont nombreuses pour que notre hypothèse particulière ne représente pas la vérité.

Néanmoins, *dans le but de présenter au lecteur nos idées sous une forme concrète, et dans ce but seulement,* nous allons adopter une hypothèse définie[1]. Commençons par supposer qu'un agent intelligent appartenant à l'univers visible actuel, c'est-à-dire un homme, développe des anneaux tourbillonnants, des anneaux de fumée, par exemple. Or, il se trouve que ces anneaux de fumée agissent l'un sur l'autre, tout comme des objets ou entités quelconques ; cependant leur existence est éphémère : elle ne dure que quelques secondes. Mais imaginons qu'ils constituent la forme la plus grossière d'existence matérielle. Maintenant chaque anneau de fumée contient une multitude de particules plus petites d'air et de fumée ; ce sont les molécules dont l'univers actuel est composé.

Ces molécules sont douées d'une organisation

---

1. Il n'est assurément pas nécessaire de dire à nos lecteurs que, si nous adoptons cette hypothèse, ce n'est pas que nous la croyions probable, mais c'est seulement pour présenter à l'intelligence une manière concrète de faire comprendre le développement.

beaucoup plus subtile et plus délicate que le grand
anneau de fumée; elles durent depuis des millions
d'années et dureront encore d'autres millions.
Imaginons cependant qu'elles ont eu un commencement et qu'elles auront une fin semblable à
celle de l'anneau de fumée. En fait, de même que
l'anneau de fumée a été développé des molécules
ordinaires, imaginons aussi que les molécules
ordinaires se soient développées comme les anneaux-tourbillons, d'une chose encore bien plus
subtile et plus raffinée qu'elles-mêmes, que nous
sommes convenus d'appeler l'univers invisible.
Mais nous pouvons pousser cet ordre d'idées
encore plus loin dans le passé et imaginer que les
entités qui constituent l'univers invisible immédiatement antérieur au nôtre sont elles-mêmes
éphémères, pas autant cependant à beaucoup près
que les atomes de notre univers, et qu'elles-mêmes ont été formées comme des anneaux-tourbillons d'une substance encore plus subtile et plus
durable. Enfin, il n'y a pas de terme à cette suite
de choses, et nous sommes conduits d'un degré à
l'autre de la succession imaginée par le docteur
Young ou par le professeur Jevons, quand il dit
que « la plus petite particule de substance solide
peut consister en un grand nombre de systèmes
unis en ordre régulier, chacun limité par l'autre,
et communiquant entre eux de quelque manière,

bien que cette manière nous soit incompréhensible. Une figure rendra notre pensée plus claire.

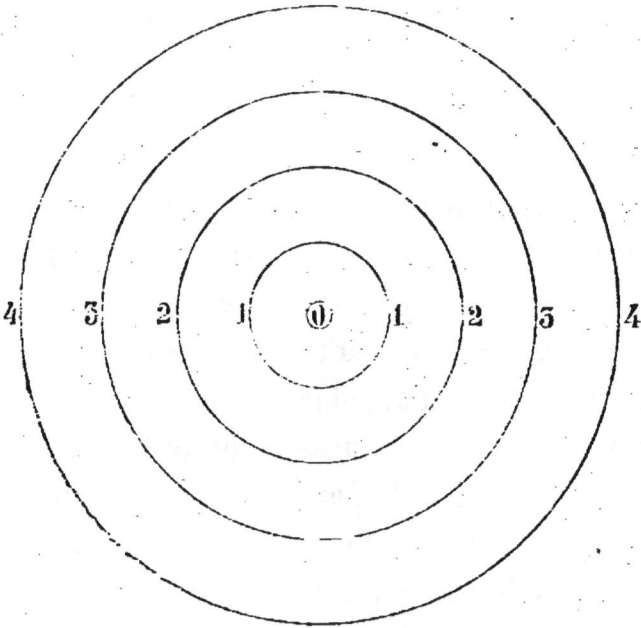

(O) est l'anneau de fumée s'épanouissant, (1) l'univers visible, (2) l'univers invisible précédant immédiatement le nôtre, (3) celui de l'ordre suivant, et ainsi de suite.

(O) est développé de (1), (1) est développé de (2), (2) l'est de (3), et ainsi de suite. En outre, (1) précède et suit à la fois (O) au point de vue de la durée; il en est de même de (2) à (1), de (3) à (2), et ainsi de suite.

De plus, la substance matérielle de (O) est un

phénomène de celle de (1), celle de (1) est un phénomène de celle de (2), et ainsi de suite. Recu-
lons aussi loin que nous voudrons, nous ne ferons
que marcher d'un phénomène à un autre ; en
sorte que tous ces ordres successifs, en ce qui
concerne leur nature essentielle, sont également
phénoménaux, et l'esprit ne peut se reposer dans
aucun d'eux comme dans un refuge définitif pour
la pensée ; il est inexorablement poussé en avant
vers quelque ordre de choses différent.

En ce qui concerne l'énergie, nous voyons
aussi que celle de (1) est plus grande que celle
de (O), parce que (1) développe (O) ; celle de (2)
est plus grande que celle de (1), parce que (2)
développe (1), et ainsi de suite. Si donc nous re-
culons jusqu'à l'infini, nous serons conduits à un
univers doué d'une énergie infinie, dont l'intelligence développante possède une énergie infinie.

Nous voyons aussi que, comme ces ordres
divers existent en même temps au moment actuel,
l'énergie de leur ensemble doit être infinie, et
cette énergie ne finira jamais. En d'autres termes,
le Grand Tout est infini en énergie et durera
d'éternité en éternité.

Ne serait-ce que pour prévenir, à l'avenir, la
possibilité d'une erreur déjà commise par quelques-uns de nos critiques, y compris même le
professeur Clifford, il est bon d'esquisser ici,

très brièvement, une autre représentation de
notre idée. De même que les points sont les ter-
minaisons des lignes, les lignes les limites des
surfaces, et les surfaces les limites de portions de
l'espace à trois dimensions, de même nous pouvons supposer que notre matière, qui a essentiellement trois dimensions, soit seulement l'épi-
derme ou bien la limite d'un Invisible dont la
matière a *quatre* dimensions. De même encore
qu'il y a une certaine différence moléculaire spéciale entre la pellicule de surface et le reste de la
masse d'un liquide, autant que cette pellicule
existe, même dans la plus petite bulle d'air, de
même la matière de notre univers actuel peut être
regardée comme produite par des crevasses ou
déchirures de celle de l'Invisible. Mais celle-ci
peut elle-même consister en limite à *quatre* dimensions d'une matière à *cinq* dimensions appartenant à un Invisible plus élevé, et ainsi de suite.
Nous pourrions même expliquer ainsi qu'un
homme instruit comme Paul ait été si sobre dans
tout ce qui semble être la description de l'Invisible, car la notion de quatre dimensions eût été
totalement inintelligible, il y a dix-huit cents ans,
pour un contemporain quelconque. Et comme il
dit avoir entendu dans le troisième ciel « des
paroles indicibles qu'il est impossible à l'homme
de prononcer », il a pu voir aussi des choses que

le langage est impuissant à décrire. Bref, dans cette hypothèse comme dans la première, la réflexion nous conduit, en dernier ressort, à la conception d'une série infinie d'univers, chacun dépendant d'un autre, et possédant naturellement entre eux une réserve infinie d'énergie.

Avant de finir cet article, nous voudrions répondre à deux objections élevées contre notre livre. Quelques-uns ont allégué que nous défendions l'éternité passée de la substance matérielle ; nous profitons de l'occasion pour bien établir que le principe de Continuité, tel que nous le soutenons, se rapporte uniquement aux facultés intellectuelles. C'est, par exemple, en vertu de ce principe que nous affirmons que la marche de production de l'univers visible a dû être de nature compréhensible, plus ou moins, aux intelligences les plus élevées de l'univers. Mais nous ne sommes nullement portés à affirmer l'éternité de la matière, car ceci indiquerait une application non autorisée, à l'univers invisible, de la loi expérimentale de conservation de la matière, loi appartenant entièrement au système actuel des choses. On nous a encore reproché de plaider en faveur d'un état futur éthéré. A ceci nous répondons qu'il ne résulte pas de nos principes que l'éther doive jouer un rôle important dans nos corps futurs, notre connaissance des choses étant beaucoup trop limitée pour nous permettre d'arriver à une conclusion pareille.

221. Arrêtons-nous un moment, et examinons la position où la science nous a amenés. Par la logique scientifique nous arrivons à un invisible, et par l'analogie scientifique à la spiritualité de cet invisible. En définitive, nous concluons que l'univers visible a été développé par une intelligence résidant dans l'invisible.

Quant à la nature de cet agent intelligent, scientifiquement nous en sommes profondément ignorants. Autant que la Science peut en présumer, il peut consister en une multitude d'êtres, comme les Gnostiques l'ont supposé, ou bien en une intelligence Suprême, ainsi que le croient généralement les disciples du Christ. Comme hommes de science, nous n'en savons absolument rien ; il nous est même impossible de concevoir que nous puissions en être instruits autrement que par le moyen de quelque communication authentique entre les êtres résidant dans l'Invisible et nous-mêmes. Il est absolument illusoire d'attendre quelque lumière sur ce point du simple raisonnement scientifique. Pourrait-il nous dire quelle espèce de vie nous trouverions dans l'intérieur de l'Afrique, ou dans la Nouvelle-Guinée ou au Pôle Nord, avant une exploration faite dans ces pays par des voyageurs ? et s'il en est ainsi, n'est-ce pas une absurdité d'imaginer que nous puissions savoir quelque chose des habitants de l'*invisible,* sans que nous allions à eux ou sans qu'eux viennent à nous?

Il est donc pour nous d'une importance suprême de savoir si quelque communication semblable a eu lieu. Or, s'il en est une digne de foi, nous croyons la trouver dans les annales chrétiennes; ne pas le dire serait de l'affectation de notre part. « Qu'avez-vous à faire de ces annales? » nous ont demandé nos critiques. « Pas peut-être autant, répondrons-nous, que si nous étions des théologiens de profession, mais encore en tirerons-nous quelque chose. »

Il est un texte bien connu qui revendique le droit de nous donner l'histoire d'une communication avec les intelligences spirituelles de l'invisible. S'il est véridique, il doit évidemment nous apprendre bien des choses que la science est incapable de nous révéler. Néanmoins, l'objet de notre livre est de prouver que la science, à elle seule, peut nous donner par la logique et l'analogie combinées un certain aperçu de ces régions mystérieuses, si intéressantes pour nous. En frayant notre chemin vers les hauteurs, à l'aide du principe de Continuité, nous avons atteint certaines régions; en descendant du haut vers le bas, les dogmes chrétiens ont abouti à ces mêmes régions de la pensée. Or, si notre logique scientifique est correcte, et si les récits chrétiens sont dignes de foi, nous devons nous attendre à ce que les deux relations sur cette région commune concordent entre elles.

Recherchons donc ce que le christianisme dit de cet agent de développement mystérieux, infiniment énergique, résidant *dans* l'univers, et, conséquemment, conditionné en quelque sens, auquel nous a conduits la logique scientifique.

222. Les Écritures, telles que la majorité des disciples du Christ les interprètent, font concevoir la Divinité comme une pluralité de personnes dans une unité de substance. Il ne faut pourtant pas oublier qu'ici le mot *personne* n'a pas la même signification que lorsqu'il s'applique à nous-mêmes, mais qu'il indique seulement une certaine distinction que ce mot est le plus propre à exprimer. *Notre* idée de personne ou d'individu ne dérive que de notre expérience particulière de la position que *nous* occupons dans l'univers.

La première Personne de cette Trinité, Dieu le Père, est représentée comme le Créateur inapprochable, l'Être en vertu duquel toutes choses existent.

Ainsi, il est dit (Jean, i, 18) : « Nul homme n'a jamais vu Dieu en aucun temps ; le Fils unique, qui est dans le sein du Père, est celui qui l'a fait connaître. »

Puis, Paul nous dit (Épître aux Romains, XI, 36) : « Car tout est de lui, tout est par lui, tout est en lui. »

Ailleurs (I Épître aux Corinthiens, VIII, 6) : « Il n'y a néanmoins pour nous qu'un seul Dieu, qui est le Père, de qui toutes choses tirent leur être, et qui nous a faits pour lui (εἰς αὐτόν), et un seul Seigneur Jésus-Christ par qui toutes choses ont été faites, et nous aussi par lui. »

Encore (Ephésiens, IV, 6) : « Un Dieu et Père de tous, qui est au-dessus de tout, partout et en tout. »

Ailleurs (I Timothée, VI, 16) : « Qui seul possède l'immortalité, qui habite une lumière inaccessible que nul homme n'a vu et ne peut voir. »

223. En outre de ce que nous pouvons tirer des citations précédentes, il nous est dit de la seconde personne de la Trinité (Jean, I, 1) : « Au commencement était le Verbe, et le Verbe était avec Dieu, et le Verbe était Dieu. Il était dès le commencement avec Dieu. Toutes choses ont été faites par lui, et rien de ce qui a été fait n'a été fait sans lui. »

Nous trouvons encore (II Corinthiens, V, 10) : « Car nous devons tous comparaître devant le tribunal de Jésus-Christ. »

Encore (Colossiens, i, 5) : « Qui est l'image du
Dieu invisible, l'aîné de toute créature; car en
lui étaient toutes choses créées qui sont au ciel,
et celles qui sont sur la terre, visibles ou invisibles, soit les Trônes, soit les Dominations, soit
les Principautés, soit les Puissances. »

Encore (Hébreux, i, 1) : « Dieu ayant parlé
autrefois à nos pères en divers temps et en diverses manières par les prophètes, nous a parlé, à
nous, dans ces derniers jours, par son Fils qu'il a
proclamé héritier de toutes choses, et par qui
aussi il a créé les mondes. »

224. La pensée que nous croyons générale,
parmi les théologiens, est que ces passages indiquent, en premier lieu, l'existence d'un Créateur
inapprochable, l'Être inconditionné dont il est
parlé comme Dieu le Père, et qu'ils indiquent
aussi l'existence d'un autre Être de même substance que le Père, mais différent en personne,
qui a consenti à développer la volonté du Père, et
s'est ainsi soumis, en quelque sens mystérieux, à
subir des conditions et à entrer dans l'univers[1].
La relation entre cet Être et le Père est exprimée
dans le livre des Hébreux par les paroles du Psal-

1. Nous ne combattons pas ici la doctrine que l'*Univers est
dans le Fils de Dieu*. En fait, quand nous considérons une
phase passée quelconque de l'univers, nous sommes amenés à
le regarder comme ayant été précédemment développé par le
Fils de Dieu, qui, sans nul doute, le maintient toujours.

miste. « Alors, je dis : Me voici, je viens selon
qu'il est écrit de moi dans le livre pour faire, ô
Dieu ! votre volonté, car votre loi est dans mon
cœur. » Enfin, cet Être serait l'agent conditionné,
doué, cependant, d'une puissance infinie de développement, auquel paraît conduire l'univers considéré objectivement. Son emploi est double :
d'abord, il développe les différents univers ou
les ordres d'êtres ; ensuite, de certaine façon
mystérieuse, il devient lui-même le type et le
modèle de chaque ordre, le représentant de la
Divinité, autant que les êtres de cet ordre peuvent la comprendre, et manifeste en particulier
telles qualités divines qui ne pourraient pas être
présentées à leur esprit d'une autre manière
intelligible.

Cet Être est donc, en vertu de son office, le Roi
des anges et le régulateur de l'univers invisible,
et c'est à lui que le titre de Seigneur est supposé
s'appliquer dans le livre de Job (Job, i, 6) : « Or,
les enfants de Dieu s'étant un jour présentés devant le Seigneur, Satan se trouva aussi parmi
eux. »

225. Il paraîtrait ainsi que ce que l'on peut
appeler la théorie chrétienne du développement
présente un double aspect : un abaissement et
une révélation. L'abaissement du Fils de Dieu
aux différents degrés de l'existence et, comme

conséquence de cet abaissement, l'élévation des
intelligences amenées par lui à un niveau supérieur. L'Être développant se baisse pour faire
monter les êtres développés. Ainsi, il est dit
(Saint Jean, iii, 13) : « Aussi personne n'est
monté au ciel que celui qui est descendu du ciel,
le Fils de l'homme qui est dans le ciel. » On lit
encore (Ephésiens, iv, 9) : « Et pourquoi est-il
dit qu'il est monté au ciel, sinon parce qu'il était
descendu auparavant dans les parties les plus
basses de la terre? Celui qui est descendu est le
même qui est monté au-dessus de tous les cieux,
afin de remplir toutes choses. »

226. D'après cette manière de voir, il est naturel que l'Armée des Anges soit représentée
comme prenant un intérêt intelligent, sinon même
une part active, comme le pensaient les Gnostiques, à la création de l'univers visible. Ainsi, le
Seigneur est représenté comme disant à Job (Job,
xxxviii, 4) : « Où étiez-vous quand je jetais les
fondements de la terre? Dites-le moi si vous avez
de l'intelligence. Savez-vous qui en règle toutes
les mesures et qui a tendu sur elle le cordeau?
Savez-vous sur quoi ses bases se sont affermies,
ou qui en a posé la pierre angulaire? Où étiez-
vous quand les astres du matin me louaient tous
ensemble, et que tous les enfants de Dieu étaient
transportés de joie? »

227. Il est encore conforme à ces vues que cette même hiérarchie céleste prenne un intelligent intérêt à la vie du Christ. Nous lisons (saint Luc, ii, 13) : « Au même instant, il se joignit à l'ange une grande troupe de l'armée céleste louant Dieu, en disant : Gloire à Dieu au plus haut des cieux, et paix sur la terre aux hommes de bonne volonté. » Ailleurs (I Timothée, iii, 16) : « Et il est grand sans doute ce mystère de piété : Dieu s'est manifesté dans la chair, a été justifié par l'Esprit, contemplé par les anges, prêché aux nations, cru dans le monde, reçu dans la gloire. »

228. On remarquera que les opinions que nous venons de mettre sous les yeux des lecteurs ont été surtout développées d'un point de vue objectif et que notre raisonnement a été fondé sur le principe de Continuité appliqué à l'univers extérieur. En vérité, il nous semble que nous saisissons d'une manière plus ferme et plus tangible l'élément objectif de l'univers, c'est-à-dire l'énergie (§ 103), que nous ne pouvons le faire de l'intelligence et de la vie. Car si nous en venons à la connaissance individuelle de nous-même, il est manifeste que nous n'avons pour guide de nos spéculations aucun principe bien fondé comme le principe de Continuité. Si nous en avions un, en effet, nous saurions tout de suite si la doctrine de l'immortalité est vraie ou fausse.

Nous savons tous fort bien que l'univers sub-
sistera·après que nous serons descendus dans la
tombe; mais quelques-uns ne sont pas aussi sûrs
que notre existence se continuera aussi.

Il peut donc y avoir, au sujet de la connaissance
individuelle, une difficulté que nous ne voyons,
pour le moment, aucun moyen de surmonter;
mais, tandis que la continuation de la vie individuelle est enveloppée de mystère, il est à croire
que nous avons acquis, sur la distribution de la
vie, un principe général qui ne le cède guère, en
étendue et en généralité, à la loi de continuité.
Ce principe est que la vie procède de la vie, ou,
plus exactement, qu'une chose vivante conditionnée ne peut procéder que d'une chose vivante
conditionnée. La matière morte ne peut pas produire d'organisme vivant : les physiologistes les
plus éminents le savent par expérience.

En fait, la loi de biogénie est regardée à juste
titre, par Huxley et d'autres, comme le grand
principe qui sert de base à tous les phénomènes
de l'existence organisée[1].

Le professeur Rascoë, lui aussi, abordant ce
sujet du point de vue chimique, dit, en parlant
des corpuscules rouges du sang : « Nous n'avons

1. Voyez un très intéressant et péremptoire article de Lister.
(Trans. N. S. E., 1874-1875.) Crum-Brown en donne une analyse
très claire. (Proc. R. S. E., 1875.)

pas encore été capables de construire artificiellement ces globules, et, jusqu'à présent, tout porte
à croire que nous ne pouvons pas espérer y arriver jamais, et la question en est là, que, malgré
tous les progrès de la science, nous n'avons pas
pu obtenir un organisme quelconque sans l'intervention de quelque germe préexistant. »

229. Si nous admettons ce principe, il nous
semble qu'il nous mène à conclure immédiatement que la vie n'est pas simplement une espèce
d'énergie ou un phénomène de la matière. Nous
avons vu, en effet (§ 103), que le trait caractéristique de toute énergie est la transmutabilité,
la faculté de passer, comme Protée, d'une forme
à une autre. Nous pouvons, sans doute, produire
de grandes quantités d'électricité au moyen d'un
noyau électrique; mais nous pouvons en faire
tout autant sans ce noyau. Nous pouvons produire
un nombre indéfini d'aimants en acier, à l'aide
d'une pierre d'aimant, mais nous y parvenons
encore mieux à l'aide d'une batterie galvanique;
nous pouvons allumer du feu avec une étincelle,
mais nous pouvons aussi l'obtenir sans elle.

La vie, au contraire, ne peut être produite que
par la vie, et cette loi semblerait indiquer que la
solution de ce mystère ne se trouvera pas en considérant la vie comme une espèce d'énergie. Depuis quelque temps déjà, nous avons abandonné

l'idée que la vie pouvait engendrer l'énergie; il semble·maintenant qu'il faut aussi renoncer à croire que l'énergie peut engendrer la vie.

230. Dans les chapitres précédents, nous avons donné à nos lecteurs une esquisse des méthodes d'après lesquelles les savants imaginent que l'évolution a eu lieu dans l'univers de l'énergie et dans celui de la vie. Dans ces deux mondes, le principe de Continuité exige que, en cherchant à rendre compte de l'origine des phénomènes, nous n'ayons pas recours à l'hypothèse de créations séparées, et que nous ne passions pas du *conditionné* à l'*inconditionné*.

Darwin, Wallace et leurs adhérents se sont efforcés de prouver, comme nous l'avons dit, que les procédés encore suivis par la nature suffisent, en grande partie, sinon complètement, à rendre compte du développement actuel de l'existence organisée, sans qu'il soit nécessaire de recourir à des créations séparées. Darwin particulièrement imagine que tous les organismes actuels, y compris l'homme, peuvent être dérivés, par voie de sélection naturelle, d'un germe primordial unique. Toutefois, quand on remonte jusqu'à ce germe, on est en face d'une difficulté insurmontable. Comment ce germe a-t-il été produit? Toutes les expériences réellement scientifiques nous disent que la vie ne peut être produite que par un

antécédent vivant. Quel était donc l'antécédent de
ce germe? On a, sans doute, proposé des hypothèses; mais il nous est impossible de voir en
elles autre chose que la reconnaissance d'une difficulté insurmontable. Il semble que nous sommes
arrivés à une barrière semblable à celle qui fer-
mait absolument notre route à la recherche de la
production de l'univers visible; et, comme nous
nous sommes sentis forcés, par la logique du procédé scientifique, d'attaquer cette première barrière, il nous sera permis de revendiquer aussi,
avec tous les égards convenables, la même liberté
d'action en ce qui touche la seconde. Si donc la
vie est une des choses de l'univers, s'il est impossible d'admettre que la création de la vie ait eu
lieu dans le temps, et s'il est contraire à toute
expérience que la vie puisse être produite d'anté-
cédents non vivants, nous avons le droit, même
dans le cas actuel, de nous servir de cette conclusion expérimentale. Ainsi, nous sommes forcés
de rechercher un antécédent doué de vie qui ait
donné la vie à ce germe primordial. Cet antécédent doit être dans l'univers et non au dehors; il
doit être conditionné et non inconditionné. Or,
que signifie cette conclusion? D'abord, elle ne
veut pas dire que l'antécédent du germe primordial doive être un germe semblable, car, si nous
savons par expérience que la vie est toujours

produite par la vie, nous savons également que le semblable ne produit pas toujours le semblable. En ce cas, spécialement, l'antécédent vivant doit appartenir à l'univers invisible; il est, par suite, tout à fait différent du germe.

231. Si nous revenons encore au système chrétien, nous trouvons qu'il reconnaît un pareil antécédent dans un agent de l'univers. Il est appelé le Seigneur et Celui qui donne la vie. La troisième personne de la Trinité est regardée, dans ce système, comme agissant dans l'univers; par conséquent, comme conditionnée en un certain sens. Une de ses fonctions consiste à distribuer et développer ce principe de vie que nous sommes forcés de regarder comme une des choses de l'univers, de même que la deuxième personne de la Trinité est considérée comme développant les phénomènes objectifs de l'univers. Ainsi, l'une est entrée depuis l'éternité dans l'univers, afin de le développer objectivement, et l'autre est également entrée dans l'univers depuis l'éternité, afin de développer ses éléments subjectifs : la vie et l'intelligence.

Ainsi, nous lisons dans la Genèse (ɪ, 2) : « La terre était informe et toute nue; les ténèbres couvraient la face de l'abîme, et l'Esprit de Dieu était porté sur les eaux. » Ceci impliquait, nous pouvons le supposer, de la part de cet Esprit une opération particulière et antérieure à l'apparition de la vie dans le monde. Une autre fois, quand, dans la plénitude du temps, le Christ, l'agent développant, a fait son apparition ici-bas et s'est assujetti aux entraves de la nature humaine, son avènement a été précédé d'une opération du même Esprit.

232. Il convient ici de discuter assez complètement la position de la vie dans l'univers au point de vue que le principe de biogénie, scientifiquement établi, nous contraint à adopter.

D'après ce principe, la matière de l'univers visible actuel est incapable par elle-même, c'est-à-dire en vertu des forces dont elle est douée, d'engendrer la vie. Mais si nous sommes obligés de rechercher dans l'univers invisible l'origine de la vie, cette obligation semblerait indiquer que l'arrangement particulier de la matière qui lui est associée n'est pas un simple groupement de particules de l'univers visible, mais qu'il doit y avoir dans cet arrangement quelque particularité tenant de l'invisible. Ne serait-ce donc pas l'indice de quelque particularité de structure s'étendant jusqu'à l'invisible ?

Faisons un pas de plus : la vie ne pourrait-elle pas indiquer une particularité de structure non seulement transmise d'un état à un autre, de l'*invisible* au *visible*, mais remontant des plus basses profondeurs structurales des matériaux de l'univers, ces matériaux étant considérés comme doués d'une structure infiniment complexe comme celle que nous avons dépeinte à nos lecteurs dans une partie précédente de ce chapitre (§ 220)?

Si nous supposons la vie accompagnée d'une pareille particularité, nous ne pouvons manquer de voir immédiatement l'impossibilité de son origine dans le seul univers visible.

233. Nos lecteurs n'ignorent pas qu'il s'est élevé de fréquentes discussions sur la place et le rôle de la vie dans l'univers. Quelle est sa relation avec l'énergie? Elle ne crée certainement pas d'énergie; que fait-elle donc?

Le passage suivant est une manière de répondre à cette question. Il est tiré d'un article sur la théorie atomique de Lucrèce, publié dans la *North British Review* (mars 1868); nous le citons tout au long :

« C'est un principe de mécanique qu'une force agissant perpendiculairement à la direction du mouvement d'un corps n'accomplit pas de travail, bien qu'elle puisse, à chaque instant, altérer la direction dans laquelle le corps se meut. Il n'est pas besoin de puissance ou d'énergie pour dévier un projectile de sa trajectoire, pourvu que la force déviatrice agisse toujours à angle droit avec la trajectoire.....

« Si vous croyez au libre arbitre et aux atomes, vous avez deux voies ouvertes devant vous. La première alternative peut être ainsi définie : on doit admettre l'existence de quelque chose qui n'est pas atome, mais qui peut être supposé capable d'agir sur l'atome. Les atomes peuvent, comme le croyait Démocrite, constituer une grosse machine dont chaque rouage entraîne son voisin, en vertu d'une suite inévitable de causations ; mais vous pouvez admettre qu'au-delà de cet engrenage toujours tournant il existe un pouvoir indépendant et partiellement maître de la machine ; vous pouvez croire que l'homme possède ce pouvoir ; dans ce cas, sa manière d'agir ne peut être mieux expliquée que par l'idée qu'il dévie les atomes dans leur marche en avant, sur la droite ou sur la gauche de leur trajectoire naturelle. La volonté, si telle est son action, n'ajoute rien de sensible à l'énergie de l'univers et n'en enlève rien. Le partisan moderne du libre arbitre adoptera probablement cette manière de voir, qui est certainement compatible avec l'observation, sans cependant être prouvée par elle. C'est le pouvoir de façonner les circonstances, de détourner le torrent vers la rive droite qu'il fertilisera, ou vers la rive gauche qu'il submergera ; mais ce n'est en aucun degré le pouvoir d'arrêter sa course, d'y ajouter ou d'y retrancher. Telle est précisément l'action apparente de la volonté de l'homme. Nous pourrions admettre aussi que l'action déviatrice résulte de quelque courant plus faible et plus subtil de circonstances. Cependant, si nous nous fions à notre perception directe du libre arbitre, nous choisirons probablement la théorie précédente, qui attribue à l'homme un pouvoir au-delà de celui des atomes.

« Nous ne pouvons pas espérer que la science naturelle nous prête jamais la moindre assistance pour résoudre les questions du Libre Arbitre et de la Nécessité. Les doctrines de l'indestructibilité de la matière et de la conservation de l'énergie semblent, à première vue, appuyer les *nécessairiens,* car ils pourraient arguer que, si la volonté libre agit, elle doit ajouter ou enlever quelque chose à l'univers physique, et si l'expérience prouve qu'il ne se passe rien de semblable, la volonté libre n'existe pas ; mais cet argument est sans valeur, car si l'esprit ou la volonté se borne à faire dévier la matière dans son mouvement, il peut produire toutes les conséquences réclamées par l'Ecole du libre arbitre, et cependant ne rien ajouter à l'énergie ou à la matière de l'univers. »

234. Il nous semble qu'on peut faire une très sérieuse objection à cette manière de comprendre la position de la vie, si on n'y apporte pas quelque modification. Prenons une des masses visibles de l'univers actuel, telle qu'une planète. Sup-

posons, pour un moment, qu'au lieu d'être attirée vers un centre de force fixe et visible, comme le soleil, elle soit liée à un centre invisible et errant, dont les irrégularités sont soumises à la condition unique que son mouvement ne donnera lieu à aucune création ou destruction d'énergie.

Il suffit de nous figurer, un instant, un univers semblable pour nous rendre compte de l'inextricable confusion où seraient plongés ses habitants intelligents par les agissements d'une pareille agence invisible et inexplicable. Sans doute, l'hypothèse relative à la vie, citée plus haut, limite ce mode d'action aux mouvements moléculaires de la matière ; mais si le lecteur a bien suivi la suite de notre argumentation, il reconnaîtra probablement que les intelligences supérieures de l'univers peuvent apprécier les mouvements moléculaires comme nous apprécions ceux des grandes masses. Or, à leur tour, ils seraient totalement confondus par l'avènement d'une force inapercevable et, par la nature du cas irresponsable, appelée *volonté*, qui agirait pour dévier les mouvements moléculaires. Cette confusion aurait lieu quand bien même l'énergie de l'univers resterait constante. Nous estimons que Huxley et d'autres ont été blâmés assez injustement pour s'être opposés à cette manière d'envisager la vie. Ils rejetaient l'opération du

mystère appelé vie ou volonté hors de l'univers
objectif; hors de cette partie des choses susceptible d'être étudiée scientifiquement par l'intelligence, et en cela ils avaient très certainement
raison.

.L'erreur commise par ce parti ou par ses adversaires consiste à se figurer qu'en écartant une
chose placée devant eux ils la font, en même
temps, disparaître tout à fait de l'univers. Il n'en
est pas ainsi. La chose disparaît seulement de ce
petit cercle de lumière que nous pouvons appeler
l'univers de la perception scientifique.

Mais, plus grand est le cercle de lumière,
pour employer les expressions du docteur Chal-
mers, plus grande est aussi la circonférence des
ténèbres ; et le mystère chassé devant nous semble agrandi dans l'obscurité qui entoure notre
cercle. Il devient alors de plus en plus mystérieux et effrayant, à mesure que notre circonférence s'étend. Enfin, nous avons déjà fait remarquer que le savant, par sa fonction, doit déblayer
autour de lui un espace d'où tout mystère soit
chassé, et dans lequel il n'y ait que de la matière
et de l'énergie soumises à certaines lois définies
et compréhensibles pour lui. Il y a cependant
trois grands mystères (une trinité de mystères)
qui échappent et échapperont toujours à son
étreinte, et qui hanteront toujours avec per-

sistance les confins de notre cercle d'illumination. Ce sont : le mystère du domicile de l'âme, autrement dit de l'univers considéré objectivement; le mystère de la vie et de l'intelligence, et le mystère de Dieu ; et ces trois mystères n'en font qu'un.

235. Mais cette dernière assertion nous a fait sortir de nos limites; nous voulons bien qu'on nous y fasse rentrer. Il nous suffit de dire que ces trois mystères gigantesques hanteront obstinément les abords de notre cercle d'illumination, ou, plus exactement, ceux de la sphère de la pensée scientifique, dans laquelle la durée, l'étendue et la complexité de structure peuvent être considérées comme les trois coordonnées indépendantes en fonction desquelles le cours du développement marche simultanément avec l'extension des limites de la sphère.

Dans l'intérieur de cette sphère, il n'est que des choses accessibles à la Science Physique; mais nous n'avons pas le droit de conclure que la matière et ses lois ont une réalité et une permanence refusées à l'intelligence. C'est plutôt parce qu'elles sont à la queue de la liste, étant en effet les plus simples et les plus grossières des trois, qu'elles sont plus susceptibles d'être aisément saisies par les intelligences finies de l'univers. Les paroles suivantes du professeur Stokes, dans son discours

présidentiel prononcé devant la British Association à Exeter, expriment très clairement cette
pensée :

« En admettant comme hautement probable,
quoique non démontrée complètement, la possibilité d'appliquer aux êtres vivants les lois vérifiées de la matière morte, je me sens, en même
temps, obligé d'admettre l'existence d'un *quelque
chose* mystérieux placé au-delà. Ce quelque chose
sui generis, dans ma conception, ne maintient ni
ne suspend les lois physiques ordinaires, mais il
travaille avec elles et par elles à l'accomplissement d'un but prémédité. Que peut être ce *quelque chose* que nous appelons vie ? C'est là un
profond mystère..... Quand des phénomènes de la
vie nous passons à ceux de l'esprit, nous péné-
trons dans une région encore plus profondément
mystérieuse. Il nous est facile d'imaginer que là
nous *pourrions* bien avoir affaire à des phénomènes aussi transcendants par rapport à la vie ordinaire que le sont ceux de la vie par rapport à
ceux de la chimie et des attractions moléculaires,
ou ceux de l'affinité chimique, à leur tour, par
rapport à ceux de la simple mécanique, ainsi que
j'ai essayé de le faire voir. On ne peut pas s'attendre à tirer ici un grand parti de la science,
car l'instrument qui sert aux recherches en est
lui-même l'objet. Elle ne peut que nous faire

mieux voir la profondeur de notre ignorance et nous porter à invoquer un secours d'un ordre plus élevé, dans une affaire d'un si puissant intérêt pour nous. »

236. Enfin, les propriétés physiques de la matière composent un alphabet mis par Dieu entre nos mains. Son étude, bien dirigée, nous rendra plus capables de lire dans le Grand Livre que nous appelons l'Univers.

Nous commençons à connaître quelques-unes des principales lettres de cet alphabet et même à les assembler deux à deux, et déjà, comme un enfant intelligent mais quelque peu suffisant, nous sommes fiers de notre savoir. Comme cet enfant, nous n'avons pas encore bien saisi que ces lettres sont simplement des symboles, et nous voyons en elles, avec un étonnement intense, la chose capitale du monde, de notre monde s'entend. Nous contemplons avec une sorte d'adoration ces pages contenant des mots à deux syllabes, et nous sommes prêts à nous jeter aux pieds de l'enfant plus âgé et plus instruit qui a pénétré jusqu'aux profondeurs de ce mystère. Nous nous imaginons que toute la science est faite en vue de l'alphabet, comme le jeune musicien croit que toute la musique est faite pour le piano.

237. On peut donc supposer que la vie, quelle que soit sa nature, pénètre dans les profondeurs

de la construction de l'univers. Son siège est dans une région inaccessible aux recherches humaines, et nous pouvons le supposer également inaccessible aux recherches des intelligences supérieures de la création. Des indices de sa présence jaillissent sans doute à chaque instant de cette région de ténèbres épaisses dans l'univers objectif, mais arrivés là, ils obéissent aux lois ordinaires des phénomènes, suivant lesquelles un effet matériel implique un antécédent matériel.

Malgré tout, la vie existe aussi sûrement que la Divinité existe. Car nous avons soumis les deux mystères aux mêmes procédés, et nous avons trouvé aussi difficile d'éliminer l'un que l'autre.

Nous avons repoussé l'action créatrice de la Grande Cause Première dans les profondeurs de la durée de l'univers, dans l'éternité du passé; mais, malgré tout, nous n'avons pas pu éluder Dieu. De même, nous avons repoussé le mystère de la vie dans les profondeurs constitutionnelles de l'univers, cette région de ténèbres impénétrables à l'œil créé; mais nous n'avons pas aboli la vie, et ne sommes pas en voie de le faire. Avant de terminer cette digression sur la place occupée par la vie, passons en revue les tentatives faites pour en expliquer l'origine par ceux qui n'ont pas encore saisi la conception scientifique d'un univers invisible.

238. Sir W. Thomson les a dépassés tous dans ses recherches. Nous avons déjà parlé de son essai pour expliquer l'origine de l'univers par l'hypothèse de l'anneau-tourbillon, ainsi que de son autre essai pour expliquer la gravitation en modifiant l'hypothèse des corpuscules ultramondains. Ajoutons-y son essai d'explication de l'origine de la vie en s'accordant, autant que possible, avec le principe de Continuité, et on devra reconnaître en lui un véritable pionnier, soit dans les recherches semblables à celles de ce livre, soit dans celles des branches plus ordinaires de la Science Physique.

L'explication de l'origine de la vie proposée par Sir W. Thomson était venue aussi simultanément à l'esprit du professeur Helmholtz. Ce physicien, dans un article sur l'usage et l'abus de la méthode de déduction dans la Science Physique[1], nous explique très clairement ce qui l'a conduit (et Sir W. Thomsom aussi sans doute) à proposer l'hypothèse météorique comme manière possible d'expliquer l'origine de la vie terrestre : « Si l'insuccès doit être au bout de nos efforts, pour obtenir une génération d'organismes avec de la matière inerte, il me semble, dit le professeur Helmholtz, tout à fait correct de rechercher

1. *Nature* (14 janvier 1875.)

si la vie a jamais eu une origine, si elle n'est pas aussi vieille que la matière, et si ses germes, emportés d'un monde à l'autre, ne se sont pas développés partout où ils ont trouvé un sol favorable. »

239. Nous avons déjà fait suffisamment voir que les créations séparées répugnent à l'homme de science, et que, par suite, il essaie d'expliquer la vie terrestre actuelle au moyen d'un germe primordial unique ; mais reste encore la difficulté de l'apparition première de ce germe.

Or, d'après l'hypothèse météorique, ce germe peut nous être apporté de quelque autre monde ou de ses fragments, et ainsi, un seul acte de création de la vie pourrait servir à bien des mondes. Si donc, l'hypothèse était d'ailleurs soutenable, elle diminuerait la difficulté qu'apporte avec elle l'idée de créations séparées ; mais la supprimerait-elle entièrement ? Nous en doutons fort.

Car, en premier lieu, autant que nous pouvons en juger (§ 163), l'univers visible, l'univers des mondes n'est pas éternel, au lieu que l'univers invisible, celui que nous pouvons, pour plus de clarté du moins, associer au milieu éthéré, est nécessairement éternel. L'univers visible doit avoir sans doute tiré son origine, dans le temps, d'un état de nébuleuse (§ 116). Mais, dans cet état, il était difficilement apte à recevoir la vie. Elle doit donc avoir été créée plus tard. Nous avons ainsi au moins deux créations séparées, toutes deux dans le temps : la création de la matière et la création de la vie.

Et si même il était possible, et cela ne l'est pas, de surmonter une des difficultés inhérentes à cette hypothèse, celle de la création dans le temps, en regardant l'univers visible comme éternel, même alors, nous devrions regarder la matière et la vie comme nécessitant deux actes créateurs séparés, si nous admettons comme vraie l'hypothèse de la nébuleuse. Car si x désigne la date de l'avènement de la vie, et $x + a$ celle de l'avènement de la matière, a étant une quantité constante, les deux opérations ne peuvent pas être rendues simultanées en faisant simplement croître x au-delà de toute limite. Or, c'est là ce que nous entendons par l'éternité, et, par conséquent, nous ne pouvons pas nous empêcher de penser que ce manque de simultanéité implique un vice dans cette manière d'envisager l'origine des choses.

240. On a proposé une autre hypothèse; on y admet, comme point de départ, que la matière est vivante, en quelque sens rudimentaire. L'atome est regardé par cette école comme la chose essentielle de l'univers, et les mouvements de l'atome comme accompagnés d'une sorte de connaissance

intime, ou *conscience*, inconcevablement simple.
Dans certaines circonstances, on suppose que cette
conscience éternelle et immortelle est compatible
avec celle que nous appelons *vie individuelle*, tandis que, dans d'autres circonstances, ces deux vies
sont incompatibles. L'individu meurt, mais les
atomes qui composent le corps conservent leur
vie simple et immortelle ; elle leur reste attachée
aussi bien que par le passé.

Rien ne disparaît de l'univers ; le mode seul de
manifestation de la vie simple et immortelle a
subi un changement d'expression, exactement
comme on peut supposer une transformation
d'énergie sans que celle-ci ait disparu. Les adeptes
de cette école pensent que cette hypothèse satisfait
mieux que toute autre au principe de Continuité ;
car, si nous examinons les choses en nous plaçant
à l'ancien point de vue, nous voyons que certains
atomes sont impliqués dans la manifestation de ce
que nous avons appelé *conscience*, ceux du cerveau, par exemple, et que d'autres y sont étran-
gers, comme l'est, par exemple, la matière inorganique qui nous entoure.

En ce cas, disent-ils, il y aurait infraction au
principe de Continuité, d'autant que certaines
choses de l'univers (les particules cérébrales) ont
une fonction à remplir dans leur association avec
la *conscience*, dont d'autres choses (argent, or, etc.)

ne sont dotées en aucune mesure, si toutefois on maintient la distinction essentielle entre l'organique et l'inorganique. Le moyen de prévenir cette violation de la loi est de considérer la matière comme en quelque sens vivante. Avec cette hypothèse, ajoute-t-on, il n'y a plus de difficulté au sujet de l'introduction de la vie, puisque la vie accompagne toujours la matière, et que le mode de manifestation de l'une est réglé par le mode de collocation de l'autre.

241. De notre côté maintenant, nous avouons que ces penseurs ont raison de décliner l'hypothèse qui attribue à certaines substances de l'univers un pouvoir dont les autres sont entièrement dépourvues, ou qui attribue à une même substance, en un moment donné, une propriété fondamentale qui lui fait absolument défaut à un autre moment.

Mais ce n'est pas tant aux prémisses qu'à la conclusion que nous trouvons à redire. Car, examinons un instant ce qu'entraîne l'étonnante assertion qui fait de l'atome la véritable résidence de la vie immortelle dans l'univers, en réduisant cette vie à la plus extrême simplicité.

Elle entraîne d'abord l'éternité de l'atome, ce que nous n'admettons pas. Elle implique ensuite que l'atome est de constitution extrêmement simple, ce que nous rejetons aussi. Elle veut enfin

qu'il ne soit pas nécessaire de chercher les anté-
cédents des mouvements de l'atome autré part que
dans l'atome lui-même, ce que nous n'admettons
pas davantage.

242. Nous avons suffisamment exposé dans
d'autres pages ce qui nous empêche de regarder
l'atome comme éternel ou extrêmement simple
dans sa constitution. Développons maintenant ce
que nous avons à objecter contre le mouvement
de l'atome, considéré, dans le raisonnement qui
précède, comme séparé de l'univers environnant.

Voici notre objection : afin de concevoir la
nature des forces par lesquelles les atomes agissent l'un sur l'autre, nous sommes forcément
conduits, sinon à l'hypothèse même de Le Sage,
du moins à quelque chose qui implique l'existence
et l'opération de l'univers invisible. Mais après
être allés aussi loin, nous n'avons pas le droit de
nous reposer, car nous avons une autre étape en
perspective, et après celle-là une autre, et ainsi
de suite. Bref, cette poursuite n'a pas de fin, et
la seule halte possible pour l'esprit humain est
dans ce fait que l'univers, en tout son ensemble,
répercute le moindre mouvement du plus petit de
ces atomes [1].

1. Le Révérend James Martineau a adopté le même argument. (Voyez, dans le *Contemporary Review*, un article sur le
Matérialisme moderne ; février 1876.)

Il est assurément permis, pour certains résultats pratiques de la science, de considérer l'atome
en lui-même comme une chose, et de faire la
somme des actions *apparentes* des divers atomes
comme si chacun d'eux était indépendant de toute
autre chose.

Mais quand nous en arrivons à une généralisation aussi fondamentale que cette hypothèse sur
la vie, nous sommes forcés de nous demander si
l'action apparente et visible des atomes l'un sur
l'autre est bien tout ce qui a lieu, et alors nous
trouvons, comme nous l'avons montré, que nous
sommes poussés immédiatement vers l'invisible
et, de là, vers une complexité sans fin d'antécé-
dents.

Enfin, comme l'univers, dans ses différents
ordres, participe à tout mouvement concevable,
nous concluons que la conscience intime qui accompagne ce mouvement ne peut pas être logiquement confinée dans le corps ou atome qui paraît se mouvoir ; mais elle doit, en quelque façon,
s'étendre à tout l'Univers Invisible dans ses divers
ordres.

Mais ce n'est là qu'une autre manière d'exprimer les conclusions auxquelles nous sommes arrivés précédemment ; car, naturellement, si nous
imaginons qu'une agence divine réside dans l'univers, il est impossible de ne pas supposer que

chaque mouvement d'un genre quelconque est accompâgné d'une conscience ou connaissance de cette Agence Divine.

Nous maintenons enfin que *ce à quoi nous sommes conduits n'est pas une vie inférieure résidant dans l'atome, mais plutôt une vie supérieure Divine, dans laquelle,* pour employer les paroles d'un écrivain récent, *nous vivons, nous nous mouvons et nous avons notre être.*

243. Il est bon d'examiner ici ce que nous gagnons par cette hypothèse. Notre gain réside simplement dans la manière dont nous envisageons les fonctions de la matière, soit que nous admettions une vie inférieure ou une vie supérieure. Un peu de réflexion nous convaincra qu'aucune des formes de cette hypothèse ne nous permet d'expliquer l'introduction de la vie dans l'univers visible par les seules lois naturelles, et sans avoir recours à quelque action particulière de l'invisible. De fait, nous sommes conduits par la science à accepter la loi de Biogénie comme exprimant l'ordre actuel du monde. Mais l'introduction de la vie dans le monde n'est pas rendue plus compatible avec cette loi par l'hypothèse qui associe une conscience de quelque sorte à chaque mouvement de l'univers.

Il reste un fait mieux établi que jamais : c'est qu'il y a une distinction tranchée entre le vif et

le mort, l'organique et l'inorganique. Et il demeure encore certain, comme résultat universel
de l'expérience scientifique, qu'une chose vivante
ne peut être produite que par une chose vivante,
et que les forces inorganiques de l'univers visible
ne peuvent, en aucune façon, engendrer la vie.

Il nous semble, enfin, que si nous acceptons
loyalement les indications fournies par l'observation et l'expérience, le seul moyen possible pour
éviter de violer la loi de Continuité est d'adopter
notre hypothèse dans laquelle la matière et la vie
sont considérées comme développées de l'invisible, où elles ont existé de toute éternité. On peut
bien dire — comme on pourrait dire toute autre
chose — que l'univers visible est éternel et qu'il
a le pouvoir de donner naissance à la vie; mais
ces deux assertions sont sûrement opposées aux
résultats de l'observation et de l'expérience. Dans
des matières du genre de celle-ci, nous devons
nous contenter de probabilités pour guides, et il
paraît certainement très probable que l'univers
visible *n'est pas* éternel et qu'il *n'a pas* le pouvoir
de produire la vie. Enfin, la vie et la matière, aussi
bien qu'elle, nous viennent de l'Univers Invisible.

244. Arrêtons-nous encore un moment, et examinons la position que nous avons atteinte. Si
nous prenons l'univers visible tel que nous le
trouvons, et si nous regardons tous ses accidents,

sans exception, comme destinés à exercer notre intelligence, nous sommes immédiatement amenés au principe de Continuité, qui affirme que jamais nous ne passerons du *conditionné* à l'*inconditionné,* mais seulement d'un ordre pleinement *conditionné* à un autre ordre semblable. Nous sommes en face de deux grandes lois : la première est la Conservation de la Matière et de l'Énergie, c'est-à-dire la conservation de l'élément objectif de l'univers; l'autre est la loi de Biogénie, en vertu de laquelle l'apparition d'un être vivant dans l'univers dénonce l'existence d'un antécédent doué de vie. Nous sommes conduits par ces deux grandes lois, comme par le principe de Continuité, à considérer comme la solution au moins la plus probable qu'il existe un agent intelligent opérant dans l'univers, dont l'emploi est de développer l'univers au point de vue objectif, et qu'il y a aussi un agent intelligent ayant pour fonction de développer l'intelligence et la vie. Peut-être devrions-nous plutôt dire que si cette conclusion n'est pas forcée, elle semble être du moins celle qui satisfait le plus simplement et le plus naturellement au principe de Continuité.

Mais cette conclusion diffère à peine de la doctrine chrétienne; disons mieux : cette conclusion, dans l'étendue qu'elle comporte, semble être en plein accord avec la doctrine chrétienne.

Enfin, dans notre pensée la doctrine chrétienne, et c'est là un de ses grands mérites, est éminemment une doctrine de liberté intellectuelle, et s'il a plu aux théologiens d'un côté, aux hommes de science de l'autre, d'élever des barrières contre l'investigation, les annales chrétiennes primitives n'en reconnaissent aucune, mais, au contraire, assurent la plus parfaite liberté à toutes les facultés de l'homme.

245. Au point où nous sommes arrivés, nous pouvons très facilement répondre à toute difficulté scientifique à l'égard des miracles. Car si l'invisible a été capable de produire l'univers visible actuel avec toute son énergie, il a pu, *à fortiori*, produire très aisément telles transmutations d'énergie, d'un univers à l'autre, susceptibles de rendre compte des événements survenus en Judée. On ne doit donc plus regarder ces événements comme des infractions absolues à la loi de Continuité, infractions que nous sommes convenus de regarder comme impossibles; mais nous devons voir en eux le résultat d'une action particulière de l'univers invisible sur l'univers visible. Quand nous déterrons une fourmilière, nous faisons un acte qui plonge ses habitants dans une mystérieuse perplexité, et qui confond toutes les notions de leur expérience; mais *nous,* nous savons très bien que la chose se fait sans violer

aucunement la continuité des lois de l'univers.
De même la difficulté scientifique relative aux
miracles disparaîtra entièrement si on accepte
nos opinions sur l'univers invisible, ou si même
on accepte une opinion quelconque qui comporte
la présence, dans cet univers, d'êtres vivants
beaucoup plus puissants que nous. Il est naturellement admis que l'invisible et le visible ont été
et sont encore constamment en relation intime.

246. Nous n'avons encore répondu qu'à l'objection scientifique. Mais il y a d'autres objections qu'on pourrait nous opposer. On pourrait
dire, par exemple : Par quoi a pu être occasionnée cette intervention qu'impliquent les miracles? Ou encore : Le témoignage historique en
leur faveur est-il concluant? Nous laissons à l'historien la tâche de répondre à cette dernière objection. Quant à la première, il nous semble presque évident que le Christ, s'Il vint à nous du
monde invisible, ne pouvait guère le faire (toute
révérence gardée) sans qu'il y eût eu quelque
communication préétablie entre les deux mondes.
Nous pouvons très bien penser, sans doute, que
les actes d'intervention produits en vertu de cette
communication furent strictement limités ; et ce
qui le prouve, c'est que si ces événements furent
assez frappants pour que depuis lors l'humanité
en soit demeurée saisie, ils n'ont pourtant pas été

accablants au point d'ôter toute liberté à la foi individuelle ; le seul fait de l'existence de sceptiques sincères prouve, à notre avis, combien est limitée l'étendue de ces interventions[1]. Nous devons, d'autre part, ne pas oublier qu'il est très possible d'admettre la vérité d'une assertion sans que le cours de nos actions en soit le moins du monde influencé. Le passage le plus terrible du Nouveau Testament est peut-être celui-ci (saint Jacques, II, 19) : « Les démons croient aussi et ils tremblent. »

247. Nous venons de traiter des miracles, ces violations apparentes de la continuité que l'histoire rapporte ; mais nos lecteurs savent très bien que la science nous présente des infractions tout aussi formidables à cette loi. Il y a d'abord ce formidable phénomène de la production de l'univers dans le temps ; deuxièmement, cette autre infraction qui ne l'est guère moins, la production originelle de la vie ; troisièmement, cette infraction, reconnue par Wallace et son école de naturalistes, qui semble avoir eu lieu lors de la première production de l'homme. Nous devons savoir gré à Darwin, Huxley et autres pour avoir plaidé d'une façon remarquable la possibilité que l'ordre des choses actuel se soit déve-

---

1. Voyez le sermon prêché à Belfast par le docteur Riechel, 23 août 1874.

loppé en vertu de forces et d'opérations semblables à celles que nous avons sous les yeux;
cependant, ces violations restent inexpliquées, et
nous sommes obligés de voir là ce qu'eux-mêmes
y reconnaissent sans doute, tout au moins une
lacune de leur système. Si nous ne nous trompons
pas, nos lecteurs apercevront maintenant la
source réelle de l'embarras éprouvé par l'école
évolutionniste : elle n'a pas su voir dans l'intervention de l'univers invisible autre chose qu'une
violation absolue de la loi de Continuité, et s'at-
tachant très justement à cette loi, elle n'a pas su
faire mieux que de reconnaître la difficulté et de
la laisser là.

Mais si on se place à notre point de vue, ces
difficultés ne sont plus des barrières insurmonta-
bles capables d'arrêter à jamais la marche de
nos investigations. Nous prétendons, au contraire, que si on les aborde avec une hardiesse et
un soin suffisants, on trouvera qu'elles contiennent des avenues nous conduisant à l'univers invisible et y appelant nos recherches. Il peut y
avoir d'autres violations apparentes, mais celles-ci paraissent les mieux établies, et, à ces exceptions près, nous pouvons admettre que l'univers visible, autant que nos investigations nous
permettent d'en juger, a été abandonné à lui-
même pour se développer suivant les lois de

l'énergie que nous voyons en vigueur aujourd'hui.

Enfin, il est manifestement dans la nature de l'univers visible d'être quelque chose à la portée de nos intelligences, et s'il s'y trouve quelques exceptions apparentes, c'est qu'en réalité ce sont des avenues à demi cachées qui conduisent à l'*invisible*.

248. Nos lecteurs ne doivent cependant pas conclure de ce que nous venons de dire que nous ne reconnaissons aucun point de contact actuel entre l'invisible et nous. Peut-être n'y a-t-il pas de points d'*intervention apparente* (encore n'en sommes-nous pas sûrs), de sorte que l'homme de science ne peut pas dire : Voilà une infraction; mais, néanmoins, il peut y avoir, entre les deux univers, *union étroite et vitale* dans ces régions où l'investigation ne peut pénétrer. Ainsi, qui pourrait affirmer que les lois de ces régions n'admettent pas l'efficacité objective de la prière? Il peut y avoir une action du monde invisible sur l'esprit individuel; il n'y a pas de raison pour qu'il n'agisse pas aussi sur le monde visible au moyen de ces arrangements délicats qui s'établissent dans ces régions, comme nous l'avons vu (§ 184). Ni l'une ni l'autre de ces actions ne seraient découvertes par la science, si nous exceptons, toutefois, certains cas providentiels généralement mieux

reconnus par les personnes qui en sont l'objet
que par la généralité des hommes. De même que
la réversibilité est le cachet de la perfection dans
une machine inanimée (§ 113), une réversibilité
analogue peut être un cachet de perfection pour
l'homme vivant. Il doit vivre en vue d'un monde
invisible futur, et chercher à y emporter quelque
chose qui n'y soit pas tout à fait inacceptable.
Mais pour qu'il puisse remplir ce but, il faut
aussi que l'invisible agisse sur lui et pénètre de
ses influences sa nature spirituelle. Ainsi la vie
pour l'invisible et *par* l'invisible doit être regardée comme la seule vie parfaite.

249. Enfin, l'invisible peut avoir un très large
champ d'influence, mais, par le fait de sa nature,
même son action n'est pas perceptible pour l'œil
des sens, ou du moins est peu distincte pour lui.
Nous sommes donc obligés d'en revenir aux récits
Chrétiens pour obtenir, relativement à la réalité
de l'influence exercée par l'univers invisible sur
le nôtre, des renseignements qu'il est impossible
de trouver ailleurs. Et d'abord nous avons les
paroles suivantes du Christ lui-même (Math., XIII,
41) : « Le Fils de l'homme enverra ses anges qui
ramasseront et enlèveront hors de son royaume
tous ceux qui sont des occasions de chute et de
scandale, et ceux qui commettent l'iniquité, et ils
les précipiteront dans la fournaise du feu. C'est

là qu'il y aura des pleurs et des grincements de dents. » Ailleurs (Math., xxv, 31) : « Or, quand le Fils de l'homme viendra dans sa majesté, accompagné de ses anges, il s'assoiera sur le trône de sa gloire. Et toutes les nations étant assemblées devant lui, il séparera les unes d'avec les autres, comme un berger sépare les brebis d'avec les boucs. » Encore, parlant à Pierre (Math., xxvi, 53) : « Croyez-vous que je ne puisse pas prier mon père et qu'il ne m'enverrait pas plus de douze légions d'anges? » Nous lisons encore (Hébr., i, 14) : « Tous les anges ne sont-ils pas des esprits faisant fonction de serviteurs et de ministres, envoyés pour exercer leur ministère en faveur de ceux qui doivent être les héritiers du salut? »

Ces passages, et beaucoup d'autres que nous pourrions citer, paraissent indiquer, d'après les Écritures, que les anges prennent une part éminente au gouvernement de l'univers, sous la direction du Fils de Dieu. Ils sont ses ministres et ses messagers, ils exécutent ses décrets, et accomplissent ses missions de miséricorde ou de justice. Ainsi il est dit du Christ : « Vous êtes le Roi des anges. » Lui-même, dans son état glorieux, parle ainsi à ses disciples (saint Math., xxviii, 18) : « Toute puissance m'a été donnée dans le ciel et sur la terre. Allez donc, et

instruisez les nations, les baptisant au nom du
Père, du Fils et du Saint-Esprit, et leur appre-
nant à observer toutes les choses que je vous ai
commandées. Et voilà que je suis toujours avec
vous jusqu'à la fin du monde. »

Terminons cette série de citations par la suivante, tirée de l'Ancien Testament (II Rois, VI,
15, 17) : « Le serviteur de l'homme de Dieu se
levant au point du jour, sortit dehors; et ayant
vu une armée autour de la ville, de la cavalerie et
des chariots, il vint en avertir son maître, et lui
dit : Hélas! mon seigneur, que ferons-nous? Elisée
répondit : Ne craignez point, car ceux qui sont
avec nous sont plus que ceux qui sont avec eux.
Et Elisée pria et dit : Seigneur, ouvrez ses yeux
afin qu'il voie. Et le Seigneur ouvrit les yeux du
serviteur, et il vit : et voilà que la montagne
était pleine de chevaux et de chariots de feu tout
autour d'Elisée. »

Enfin une grande partie de l'Église Chrétienne
croit que l'Esprit de Dieu fait sa demeure des
âmes des fidèles, et agit sur elles : voilà bien
l'influence qui, émanant *de* l'invisible, vient
atteindre l'âme humaine et la dispose à vivre *pour*
l'invisible.

250. Dans notre premier chapitre nous avons
cité des passages très remarquables de Swedenborg relatifs à la nature particulière de la provi-

dence de Dieu. Voyons maintenant ce que disent les Ecritures à ce sujet. Le Christ nous dit (saint Luc, XII, 6) : « N'est-il pas vrai que cinq passereaux se donnent pour deux oboles? Et néanmoins il n'y en a pas un seul qui soit en oubli devant Dieu. Les cheveux même de votre tête sont comptés! Ne craignez donc pas; vous valez mieux que beaucoup de passereaux. » Paul nous dit encore (Épît. aux Rom., VIII, 28) : « Or nous savons que tout contribue au bien de ceux qui aiment Dieu, de ceux qu'il a appelés selon son dessein. » Ailleurs (Épît. aux Rom., VIII, 38) : « Car je suis assuré que ni la mort, ni la vie, ni les anges, ni les principautés, ni les puissances, ni les choses présentes, ni les futures, ni tout ce qu'il y a de plus haut ou de plus profond, ni toute autre créature, ne pourra jamais nous séparer de l'amour de Dieu en Jésus-Christ Notre-Seigneur. »

251. Nous croyons pouvoir conclure de tous ces passages que l'Écriture enseigne la doctrine d'une providence particulière. Néanmoins, une des choses les plus difficiles à comprendre est l'accord de cette doctrine avec l'action des lois générales qui paraissent, autant que nous pouvons en juger, ne tenir aucun compte de l'individu. Feu Stuart Mill sentit cette difficulté d'une manière intense. Il dit dans une œuvre posthume: « Où en sont donc les choses? Après la grandeur

des forces cosmiques, la qualité qui frappe le plus
celui qui ne veut pas fermer les yeux est leur indifférence parfaite et absolue. Elles vont droit
leur chemin sans s'inquiéter de qui ou de quoi
elles écrasent sur leur route. Les optimistes,
dans leurs efforts pour prouver que « tout ce
qui est, est bien », sont obligés de soutenir,
non pas que la Nature ne se détourne jamais
d'un pas de son chemin pour éviter de nous
écraser, mais que nous serions très déraison-
nables d'attendre d'elle cette attention. La
question de Pope : « La gravitation cesse-t-elle
d'agir quand vous passez? » est la boutade qui
répond à quiconque serait assez simple pour
attendre de la Nature quelque chose ressemblant
à la vulgaire moralité. Mais cette apostrophe
triomphante serait d'une rare impudence s'il
s'agissait de deux hommes ayant affaire entre
eux, au lieu d'un homme en présence d'un phénomène naturel. Un homme qui continuerait à jeter
des pierres ou à tirer des coups de canon quand un
autre homme passe, et qui après l'avoir tué s'ex-
cuserait par un semblable motif, serait très jus
tement convaincu de meurtre. En toute vérité, la
plupart des crimes pour lesquels les hommes sont
pendus ou emprisonnés, sont œuvres journalières
de la Nature. »

Cette objection à la croyance du gouvernement

de Dieu a été exprimée très éloquemment par le Révérend James Martineau dans un de ses sermons. Il se met, pour un moment, à la place de Mill et de son école, et nous dit : « La lutte pour l'existence fait rage toujours et partout; la règle est de ne pas faire quartier, d'achever les blessés, de surprendre les haltes, de faire tomber les aveugles, et de jeter les fugitifs par-dessus les précipices dans la mer. »

Dans son beau langage, le poète Tennyson pose la même énigme, et y répond ainsi :

> Are God and nature then at strife
> That nature lends such evil dreams?
> So careful of the type she seams,
> So careless of the single life;
>
> . . . .
> So careful of the type? But no.
> From scarped cliff and quarried stone
> She cries : « A thousand types are gone :
> « I care for nothing : all shall go. »
>
> . . . .
> O life as futile, then, as frail!
> O for thy voice to soothe and bless!
> What hope of answer or redress?
> Behind the veil, behind the veil[1].

---

1. Dieu et la nature sont-ils donc en lutte
   Pour que la nature nous prête de si mauvais rêves?
   Elle, si soigneuse de l'espèce,
   Si indifférente pour l'être isolé.

   . . . .
   Si soigneuse de l'espèce? Mais non.
   De la falaise escarpée, comme de la pierre tumulaire,
   Elle nous crie : « Mille races ont passé :

Dans un autre passage, tout aussi beau, le même poëte exprime sa conviction :

> That nothing walks with aimless feet :
> That not one life shall be destroy'd
> Or cast as rubbish to the void
> When God hath made the pile complete.
>
> That not a worm is cloven in vain;
> That not a moth with vain desire
> Is shrivell'd in a fruitless fire,
> Or but subserves another's gain [1].

Le professeur Jevons, dans ses *Principles of Science* (vol. II, p. 468), fait allusion à cette difficulté dans les termes suivants : « L'hypothèse d'un Créateur à la fois tout-puissant et tout bon doit paraître à l'investigateur impartial entourée de difficultés très voisines de la contradiction logique. La présence de la plus légère somme de

> « Rien ne me soucie, tout doit périr. »
> . . . .
> O vie aussi futile qu'éphémère!
> Oh! ta voix pour consoler et bénir!
> Où est l'espoir de la rétribution et de la justice?
> Derrière le voile, derrière le voile.

1. Que rien ne marche hors d'une voie tracée.
   Que pas une vie ne sera détruite,
   Ni jetée dans le vide comme un vil rebut,
   Quand Dieu aura couronné l'édifice,

   Que pas un ver ne périt en vain;
   Qu'un moucheron, par un vain hasard,
   N'est pas consumé dans une flamme sans but,
   Ou n'est pas absorbé pour le seul profit d'un autre.

douleur ou de mal semblerait démontrer ou qu'il
n'est pas tout-puissant, ou qu'il n'est pas parfaitement bon. Personne n'a longtemps vécu sans
être éprouvé par des événements cruels dont la
signification est inexplicable; mais, si nous ne
pouvons même pas éviter la contradiction dans
nos notions de géométrie élémentaire, pouvons-
nous attendre que les fins dernières de l'existence
nous soient manifestées avec une clarté parfaite?
Je ne vois rien qui empêche de croire que, dans
un état d'intelligence plus élevé, bien des choses
obscures maintenant seront éclaircies. Nous nous
trouvons à chaque instant dans la position d'esprits finis qui entreprennent des problèmes infinis.
Sommes-nous sûrs que ce qui nous semble contradiction ne serait pas harmonie logique pour
une intelligence infinie? »

252. Avant de quitter ce sujet, rappelons une
chose qui ne doit pas être oubliée. Évidemment,
le développement de l'univers est de telle nature
que nous pouvons le comprendre et l'expliquer,
en grande partie, au moyen des lois et des procédés avec lesquels nous sommes familiarisés;
nous disons plus : il est même de notre devoir
d'étudier l'ordre de l'univers. Mais le résultat de
nos recherches n'est que l'appréciation des lois
générales du mouvement, et il ne peut être autre
chose. A ce point de vue, l'action de ces lois ne

peut avoir aucun rapport avec les intérêts indivi-
duels. Si la pesanteur agissait par fois et s'arrê-
tait à d'autres, nous ne pourrions tirer aucun
renseignement certain de notre expérience, nous
ne pourrions faire aucun progrès dans l'art ou
dans la science, et nous serions infailliblement
et rapidement plongés dans la confusion. Néanmoins, il n'est pas impossible que les événements
amenés par l'action de la pesanteur puissent,
après tout, être arrangés de manière à avoir rapport au bien-être réel des individus ; ce rapport
peut n'être pas apparent pour nous, parce que
nous sommes incapables de le distinguer : c'est
notre destin, du moins en cette vie. Ce pouvoir
serait pour nous un don très dangereux, et mè-
nerait loin dans le renversement de l'économie
actuelle. Nous savons bien peu comment les événements influencent nos intérêts, et pas du tout
comment ils influencent ceux de nos voisins. Nous
pouvons cependant croire, avec Jevons, que, dans
l'état futur, nous apercevrons au moins quel est
le rapport qui existe entre ces choses, si même
nous ne devenons pas les instruments qui l'établissent.

253. Le résultat de toutes ces considérations
nous ferait ainsi regarder le système chrétien
comme ouvrant un libre champ au développement, soit de l'univers, soit de l'individu. Sa loi

est essentiellement libérale, et elle nous a amenés à conclure que la doctrine de la Trinité ou quelque chose d'analogue constitue, pour ainsi dire, l'avenue par laquelle l'univers lui-même conduit à la conception de l'Unité infinie et éternelle.

Néanmoins, bon nombre de nos lecteurs pourront être peu disposés à adopter une conception précise de la nature divine. Ils ne sont ni athées ni déistes; ils écartent simplement la Divinité comme une chose placée au-delà de leur compréhension, et les doctrines fondées sur une conception définie de la Divinité comme des édifices sans fondements.

Or, nous croyons, comme nous l'avons dit dans notre introduction, que les résultats auxquels nous sommes arrivés, au sujet d'un état futur, peuvent être presque complètement, sinon tout à fait, détachés de toute conception sur l'essence Divine.

Nous n'avons qu'à prendre l'Univers tel qu'il est, puis, en adoptant le principe de Continuité, nous appuyer sur une chaîne sans fin d'événements, tous pleinement soumis à des conditions, aussi loin que nous puissions aller, en avant ou arrière. Ce procédé nous conduit immédiatement à la conception d'un univers invisible, et à voir que l'immortalité est possible sans que la continuité soit interrompue. Nous n'avons cependant

aucune preuve physique en notre faveur, à moins
d'admettre la résurrection du Christ. Mais, si le
Christ est ressuscité d'entre les morts, on admettra qu'une vie future est plus que possible ; elle devient probable ; et nous ne voyons pas que cette
conclusion, en elle-même, puisse être beaucoup
modifiée par les différences de nos opinions sur
l'exacte nature du Christ.

En outre, la production de l'univers visible
dans le temps nous conduit, par le principe de Continuité, à la conception d'un univers intelligent,
pleinement conditionné et antérieur à cette production. Il y a mieux : nos arguments nous amè-
nent, par induction, à considérer l'introduction
de l'univers visible comme l'œuvre d'une agence
intelligente résidant dans l'invisible. Si donc cette
agence a pu produire l'univers visible, elle a pu
certainement, aussi, accomplir la résurrection
du Christ, et cela sans interrompre la continuité
en ce qui concerne l'univers tout entier.

254. Les joies du Ciel Chrétien sont célébrées
par des Hymnes souvent très belles sans qu'elles
atteignent, cependant, le sublime des odes anciennes des Hébreux. Une des plus belles, qui
n'est pas d'origine Chrétienne, a été traduite du
latin par Pope :

Vitale étincelle de la flamme céleste quitte, quitte cette
charpente mortelle!

Tremblante, pleine d'espoir, de langueur, et du désir de t'envoler!

Vienne la douleur et le bienfait de la mort!

Cesse, bonne Nature, cesse ta lutte, et laisse-moi languir jusqu'à la vie !

. . . .

. . . .

Ecoute! Ils parlent bas. Les anges disent : « Ame, notre sœur, viens avec nous. » Qu'est-ce donc qui m'absorbe en entier, ravit mes sens et ferme mes yeux, envahit mes esprits et arrête mon souffle ?

Dis-moi, mon âme, est-ce la mort?

. . . .

Le monde se retire ! Il disparaît !

Les cieux s'ouvrent à mes yeux! mes oreilles sont pleines de la musique des Séraphins !

Prêtez-moi vos ailes ! Je monte! Je vole!

O tombe! où est ta victoire?

O mort! où est ton aiguillon ?

Nous pourrions donner bien d'autres spécimens, si nous voulions composer un recueil des Hymnes Chrétiennes qui parlent du Ciel. Quelquefois aussi nous avons de belles descriptions en prose. La réception du chrétien plein d'espoir dans la cité céleste, décrite par Bunyan, ne peut manquer d'être jugée digne par le lecteur du vrai nom de poésie.

255. Si nous analysons maintenant ces hymnes d'allégresse, nous trouvons qu'elles touchent toujours l'une ou l'autre de deux cordes principales. La première exprime le soulagement qu'éprouve le Chrétien d'être délivré de la douleur et de la mort; la seconde, exprime la joie qu'il ressent, par anticipation, de la présence du Christ, ou son

désir intense de contempler le Roi dans toute sa gloire. .

Ces deux cordes vibrent ensemble quand saint Jean dit : « Et j'entendis une grande voix qui venait du Ciel et qui disait : Voici le Tabernacle de Dieu avec les hommes ; car il demeurera avec eux et ils seront son peuple ; et Dieu demeurant lui-même avec eux sera leur Dieu. Dieu essuiera toutes les larmes de leurs yeux, et la mort ne sera plus ; il n'y aura plus ni larmes, ni cris, ni afflictions, parce que le premier état sera passé. »

Sous d'autres rapports les descriptions du Ciel Chrétien sont, sans doute, figuratives. Elles s'adressent à des Chrétiens de tous les siècles, de ce monde, et n'ont que peu de rapport avec les conditions matérielles d'existence dans un monde futur. Les fidèles qui vivaient il y a dix-huit cents ans ne pouvaient pas les comprendre, car nous pouvons à peine dire que nous les comprenons maintenant. Néanmoins, en regardant dans une certaine direction, *nous pensons* être en état d'obtenir un aperçu des conditions de la vie future.

256. Un des caractères les plus remarquables de l'esprit humain, même quand il est bien dirigé, est une insatiable curiosité.

Quelle n'est pas notre anxiété de connaître les

conditions d'existence de nos ancêtres dans les
siècles passés! Quel intérêt excite en nous le
moindre renseignement qui nous vient du vieux
monde défunt, ou la moindre lumière jetée sur la
civilisation antérieure à ces temps reculés! Que
ne donnerait-on pas pour passer une demi-heure
avec Socrate ou Platon? Croyant ou incrédule,
que ne donnerait-on pas pour avoir sous les yeux
une peinture exacte et vivante de quelque épisode
de la vie du Christ? Et ce n'est que par des voies
difficiles, pénibles, tantalisantes, détournées, que
nous parvenons à saisir quelque rapide échappée
de vue sur ces vieux âges historiques. La terre
n'est pas différente du cerveau humain, en ce sens
qu'elle renferme certaines traces du passé. De
même que nous fouillons nos cerveaux à la recherche d'un vieux souvenir, l'historien et l'anti-
quaire cherchent dans la terre ce qu'elle renferme
comme souvenir de ces siècles éloignés et glorieux.
Mais l'univers possède, aussi bien que l'individu,
une autre mémoire différente de la mémoire matérielle. Nous nous sommes efforcés (§ 196) de
convaincre nos lecteurs qu'en réalité rien ne se
perd; que, dans l'univers, le passé est toujours
présent. S'il en est ainsi, on peut aisément concevoir que cette mémoire universelle puisse être
surexcitée par quelque procédé d'exaltation ou
de renfort, comme par une sorte de *batterie de*

relai, et qu'ainsi l'individu, dans son état glorieux
futur, puisse, par l'effet de la puissance Divine,
faire revivre des scènes d'un passé lointain. Car
si on peut obtenir autant d'une chose aussi peu
plastique que la mémoire matérielle de la terre,
à quoi n'arriverait-on pas à l'aide de cet état
d'existence infiniment plus plastique que nous
appelons le monde à venir?

257. En outre, si dans le monde actuel nous
éprouvons de grandes difficultés à remémorer
notre propre passé, nous en éprouvons encore de
plus grandes pour connaître ce qui se passe, en
ce moment même, dans les parties éloignées de
l'univers visible. Les Astronomes et les Physiciens s'accordent à dire que la vie est possible
dans la planète Mars, et que vraisemblablement
des êtres intelligents, analogues à nous-mêmes,
vivent actuellement sur sa surface; mais ici-bas
nous ne saurons rien de certain sur eux. Il y a là
une barrière aussi insurmontable pour nos recherches physiques que si Mars appartenait à
l'univers invisible au lieu d'être, comme il l'est,
notre voisin porte à porte dans l'univers actuel.
Or, cettte barrière ne pourra-t-elle pas être fran-
chie dans l'état futur? Ceci a été un des sujets
favoris des théologiens savants, et nous croyons
que tous ceux qui se sont livrés à des recherches
sur les conditions de la vie future ont unanime-

ment convenu que, dans ce monde à venir, nous
jouirions d'une liberté de mouvements beaucoup
plus grande. On ne peut douter que les conditions
relatives au temps et à l'espace seront grandement
altérées et élargies. Les hommes pourront se
mouvoir çà et là dans l'univers, et leur science,
pour ainsi dire, n'aura plus de limites.

258. Mais notre glorification dans l'état futur
ne sera pas seulement intellectuelle, elle aura plus
encore un caractère moral, et c'est l'aspect qu'en-
visagent presque exclusivement les Ecritures Bi-
bliques. Elles nous disent que rien n'est oublié.
Le Christ nous dit (saint Luc, VIII, 17) : « Car,
il n'y a rien de secret qui ne doive être manifesté, ni rien de caché qui ne doive être connu
et paraître au dehors. » Et saint Jean (Apocalypse, XX, 12) : « Je vis ensuite les morts, grands
et petits, se tenant devant Dieu, et les livres furent
ouverts ; et un autre livre fut ouvert qui était le
livre de la vie ; et les morts furent jugés sur ce
qui était écrit dans ces livres selon leurs œuvres. »
Cette pensée a été développée par le Révérend
Alexandre Mac-Leod. D. D. dans un ouvrage intitulé : « *Nos propres Vies sont les Livres du Jugement.* » Cet auteur montre que, dans bien des
cas, il n'est même pas nécessaire d'en appeler à
l'univers pour la mémoire de notre passé, car il
est suffisamment imprimé sur notre corps lui-

même. Il fait ensuite une vive et effrayante peinture de l'homme sensuel dont le corps mortel est comme un parchemin écrit au dedans et au dehors, triste et terrible témoignage de toutes ses souillures.

Et si pareille chose est possible avec un organisme doué d'une aussi faible plasticité que le corps naturel à qui l'individu s'efforce de conserver un extérieur respectable, qu'en sera-t-il de l'âme de cet homme[1]? « Si l'on traite ainsi l'arbre vert comment l'arbre sec sera-t-il traité? » Quel hideux et horrible aspect doit présenter cette chose impure qui sort du « tombeau et de la porte de la mort », et paraît en présence de l'*Invisible* et de l'Eternel !

259. Un rapprochement extrêmement frappant en cette occasion est celui de la page suivante du Gorgias de Platon que nous citons d'après la traduction de Jowett. C'est Socrate qui parle : « Ceci, Calliclès, est une histoire que j'ai entendue raconter, et que je crois, et dont je tire ces conclusions :

---

1. Ceux qui croient que l'annihilation des méchants dans la Géhenne est affirmée par le Nouveau Testament, admettent, naturellement, que les Justes seuls obtiendront le corps spirituel. Mais nous n'avons aucun terme défini pour exprimer ce que sera ce corps, depuis la mort jusqu'à la résurrection (dans le Hades du Nouveau Testament). Il est probable que l'absence de ce terme est due à ce que les auteurs de la version reconnue du Nouveau Testament ont malheureusement traduit les mots *Hades* et *Géhenne* indifféremment par le mot *Hell* (enfer), appartenant lui-même à la mythologie scandinave.

la mort, si je ne me trompe, est d'abord la séparation de deux choses, l'âme et le corps, et rien
de plus. Après avoir été séparées, chacune d'elles
conserve ses caractères divers à peu près pareils
à ce qu'ils étaient pendant la vie; le corps conserve la même nature, les mêmes manières d'être,
les mêmes affinités, toutes faciles à reconnaître.
Par exemple, celui qui, naturellement ou par
l'effet d'exercices corporels, était de haute taille
pendant sa vie, restera tel après la mort; l'homme
gros restera gros, et ainsi de suite. Si le vivant
avait le goût d'une chevelure flottante, le cadavre
aura la même chevelure. Si pendant sa vie il a
reçu la marque du fouet ou l'empreinte de châtiments ou de blessures, vous pourrez les retrouver sur le corps mort; si les membres étaient
brisés ou contrefaits pendant la vie, ils conserve-
ront après la mort la même apparence. En un mot,
tout ce qui distinguait le corps pendant la vie le
distinguera encore après la mort, sinon complètement, du moins en grande partie et pour un
temps. J'en concluerais, Calliclès, qu'il en est
de même pour l'âme ; quand l'homme est dépouillé
de son corps, toutes ses affections naturelles ou
acquises sont dévoilées au grand jour. Et quand
les âmes arrivent devant le juge, comme celles
des Asiatiques vinrent auprès de Rhadamante, il
les place à ses côtés, et les examine impartiale-

ment, ne sachant pas à qui elles appartiennent.
Peut-être tiendra-t-il sous sa main l'âme d'un grand
roi ou d'un autre roi ou prince qui n'aura point
la pureté en lui, mais dont l'âme sera marquée
du fouet, portera les souillures du parjure et de
crimes dont chacun aura laissé sur elle son empreinte, et qui sera toute courbée sous la fausseté
et l'imposture, parce qu'il a vécu sans la vérité.
Celui-là, Rhadamante le regarde, et le voit plein
de difformités et de dégradations causées par
l'incontinence, la luxure et l'orgueil, et il l'en-
voie ignominieusement dans la prison pour y
subir la punition qu'il mérite. »

260. De même que chez les monarques orien-
taux un voile était jeté sur le visage du coupa-
ble[1], de même, dans le Nouveau Testament, le
voile de ténèbres est tiré sur la face de l'âme perdue qui tombe entre les mains du Dieu vivant :
« Le roi entra ensuite pour voir ceux qui étaient à
table, et, ayant aperçu un homme qui n'avait
point de robe nuptiale, il lui dit : Mon ami, comment êtes-vous entré ici sans avoir la robe nuptiale? Et cet homme demeura muet. Alors le roi
dit à ses officiers : Liez-lui les pieds et les mains,
emportez-le et jetez-le dans les ténèbres extérieu-

---

1. « A peine cette parole était-elle sortie de la bouche du
roi qu'on couvrit le visage d'Aman. » (Esther., VII, 8.)

res ; c'est là qu'il y aura des pleurs et des grincements de dents[1]. »

Nous doutons fort qu'aucune école théologique
soit parvenue à jeter un seul rayon de véritable
lumière sur cette mystérieuse région[2]. Nos lecteurs
n'ignorent pas que ces écoles sont au nombre de
trois : l'une soutient l'éternité d'un châtiment
physique, ou mental, ou l'un et l'autre à la fois ;
une autre, le salut final de tous les hommes ; la
troisième croit à l'annihilation des méchants dans
la Géhenne. Discuter ces opinions est en dehors
de nos attributions. On nous permettra cependant
de faire remarquer qu'à notre avis le principe de
Continuité ne demande pas un seul état, mais
plutôt une succession éternelle et infinie d'états
pour constituer une véritable immortalité.

Il ne nous appartient pas de discuter les conditions de cette immortalité. Dans toutes les écoles

1. Saint Mathieu, xxii, 11, 13. Voyez cependent l'Évangile de
saint Luc (xiii, 28), où le vrai sens est évidemment « tandis que
vous serez chassés dehors ». Notre version contient encore d'autres erreurs de traduction évidentes, par exemple dans saint
Marc (ix, 43), où pour « le feu qui ne peut être enlevé » nous
avons « le feu qui ne sera jamais éteint ».
Il est à souhaiter qu'une version rectifiée puisse donner aux
lecteurs qui ne savent pas le grec une idée tout à fait correcte
de la signification du texte original, spécialement sur des
points d'une importance aussi terrible.
2. L'étendue de notre savoir, ou plutôt de notre ignorance,
à ce sujet, est très heureusement exprimée par le Rév. Dr Izons
quand il dit que nous sommes seulement autorisés à conclure
que la rétribution sera moralement complète.

de théologie, l'immortalité glorieuse comprend, en dernier ressort, une union morale et spirituelle avec la vie supérieure Divine, tandis que le sort de l'impénitent doit être, assurément, quelque chose de si effrayant que le langage manque pour l'exprimer.

261. Mais cette puissante et graphique peinture du destin des réprouvés quand elle tomba aux mains des hommes matériels du moyen âge n'eut pas un meilleur sort que tant d'autres conceptions du Nouveau Testament. Sa signification fut complétement altérée; l'enfer chrétien, au lieu de rester la Géhenne de l'Univers où toutes les scories et impuretés sont consumées, fut changé en une région murée d'un mur de diamant, et remplie d'un feu physiquement impossible, le Diable étant le chauffeur en chef.

La première idée est solennellement terrible, la seconde est simplement grotesque. Un juif d'autrefois, passant accidentellement dans la vallée de *Hinnon* et dont les sens étaient pénétrés par les aspects et les odeurs de ce lugubre lieu, doit avoir conservé de la description de l'enfer donnée par le Christ une idée aussi différente que possible de celle que nous a transmise le moyen âge et à laquelle quelques-uns de nos lecteurs auront peut-être été accoutumés dans leur enfance. Le lecteur qui désire avoir quelque idée de la malignité plus qu'infernale avec laquelle des êtres humains (surtout des ministres chrétiens) ont renchéri sur le langage solennel mais si réservé de l'Écriture, n'a qu'à ouvrir l'enfer du Dante. Peut-être le réalisme hideux des illustrations de Doré lui suffira-t-il; sinon, quelques lignes de texte achèveront certainement de l'édifier.

Voici la traduction du passage :

Perch'io dissi : « Maestro, esti tormenti
« Cresceranno ei dopo la gran sentenza?
« O fien minori, o saran si cocenti ? »
Ed egli a me : « Ritorna a tua scienza,
« Che vuol, quanto la cosa é più perfetta,
« Più senta'l bene, e cosi la doglienza.
« Tutto che questa gente maledetta
« In vera perfezion giammai non vada,
« Di là, più che di qua, essere aspetta[1]. »

Depuis Dante plusieurs tentatives ont été faites par des hommes qui n'avaient pas son génie pour ajouter encore quelque nouvelle horreur.

Jusqu'à un certain point, sans doute, la des-

---

1. Le sens est celui-ci : C'est pourquoi je dis : « Maître, ces tourments seront-ils plus forts après le grand jugement? seront-ils moindres ou resteront-ils les mêmes? » Il répondit : « Retournez à votre savoir scolastique : il vous dit que plus un être est parfait, plus il est sensible au plaisir ou à la peine. Et, quoique ces maudits ne puissent jamais atteindre la perfection complète, ils s'attendent, cependant, à être plus parfaits après qu'avant (le jugement). »

cription de la Géhenne Universelle donnée par le
Christ doit être considérée comme figurative;
cependant, nous ne croyons pas que les paroles
du Christ sur le monde invisible doivent être
regardées comme de simples figures de langage.
Nous sommes convaincus que le principe de Continuité s'élève hautement contre une telle interprétation. Ces paroles ne donneraient-elles pas
de ce qui se passe dans l'univers invisible une
description rendue sensible à notre esprit par des
comparaisons parfaitement exactes avec les faits
et les choses les plus analogues de l'univers
actuel? De même que dans l'univers visible il
semble y avoir un *gaspillage* énorme et inexplicable de germes, de semences et d'œufs de toute
espèce qui meurent simplement parce qu'ils sont
inutiles, de même, par analogie, nous pourrions
être amenés à conclure que quelque chose de
semblable, et d'une étendue au moins aussi
énorme, a lieu dans l'univers invisible pour les
germes de constitutions spirituelles. La chenille,
qui n'a pas choisi un bon refuge pour s'y transformer en chrysalide, ne vit pas assez pour
devenir insecte parfait. Les grains qui tombent
sur le bord du chemin, bien qu'ils soient répandus par un semeur intelligent, sont la proie des
oiseaux de l'air. « Que chacun d'eux passe comme
l'enfant avorté d'une femme, afin qu'ils ne puis-

sent pas voir le soleil. » « Car il y aura beaucoup d'appelés, mais peu d'élus [1]. »

262. Ainsi, la Géhenne chrétienne est à l'univers invisible ce que la Géhenne des Juifs était à la ville de Jérusalem ; de même que le feu brûlait toujours et que le ver était toujours actif dans l'une, nous sommes forcés de considérer comme indéfinie la durée des choses dans l'autre.

Nous ne pouvons pas nous mettre facilement d'accord avec ceux qui limitent au monde présent l'existence du mal. Nous savons maintenant que la matière de l'univers visible tout entier fait corps avec celle que nous reconnaissons ici et que les êtres des autres mondes doivent, apparemment, être soumis, tout comme nous, à des événements accidentels provenant de leur relation avec l'univers extérieur. Mais s'il y a accident, ne doit-il pas y avoir souffrance et mort? Or, ces deux choses sont naturellement associées dans notre esprit avec la présence du mal moral.

Nous sommes donc amenés, sinon forcés, à soupçonner que le fil noir connu sous le nom de

---

1. Nous devons peut-être informer nos lecteurs que ce que nous venons de dire se rapporte à l'état particulier qui suivra l'état actuel. On a appelé seconde mort la sortie de cet état en conséquence d'une séparation volontaire de son centre de vie et d'énergie. Cette seconde mort est-elle équivalente à une annihilation absolue? C'est là un point que nous n'avons pas la prétention de discuter.

mal est tissé très profondément dans ce vêtement de Dieu qu'on appelle l'Univers.

Enfin, de même que les arguments contenus dans ce chapitre nous font regarder l'ensemble de l'Univers[1] comme éternel, nous sommes amenés à soupçonner l'éternité du mal, et, par conséquent, il n'est pas facile d'imaginer l'Univers sans sa Géhenne, où « le ver ne meurt pas, et où le feu ne s'éteint jamais ». En tout cas, cet ordre de choses nous semble devoir être très probablement durable. Cependant bien des passages du Nouveau Testament semblent indiquer une continuité de développement moral dans l'univers invisible, développement qui atteindra son apogée quand le dernier ennemi, la mort, sera détruit dans la Géhenne.

263. Attendre de la Science quelque lumière sur le plus grand des mystères, l'origine du mal, serait une espérance vaine. Nous avons atteint une région dans laquelle nous devons nous laisser guider uniquement par la lumière qui nous vient des dogmes chrétiens. Nous allons citer ici un ouvrage remarquable sur l'Oraison dominicale[2] par

---

1. En y comprenant *un état de choses* semblable à l'univers physique actuel, mais non pas, cependant, *les choses mêmes* qui existent maintenant, car celles-ci sont éphémères, au moins sous le rapport de l'énergie, si ce n'est aussi sous celui de la matière.

2. *Cambridge Macmillan*, 1855.

le Rév. Charles Parsons Reichel, B. D., ouvrage qui jette un grand jour sur le témoignage fourni par les Écritures, ainsi que sur la stérilité des recherches faites par ailleurs. Notre premier extrait se rapporte à la personnalité de l'Esprit du Mal :

« Pour réfuter les objections élevées contre l'existence personnelle de l'*Adversaire*, cette observation est tout à fait suffisante : c'est que nous ne pouvons rien savoir sur le monde des esprits que par une révélation directe. Il est, en effet, au-delà du domaine des sens, au-delà du domaine de la raison. Un aveugle de naissance pourrait tout aussi bien essayer de prouver par le raisonnement la non-existence d'un sens qu'il ne connaît que par ouï-dire, que nous, entreprendre, par le même procédé, la démonstration de la non-existence d'un esprit dont nous ne savons rien que par simple témoignage. Le seul point à vérifier, dans les deux cas, est la suffisance du témoignage. Si le témoignage de l'Écriture est suffisant, je ne vois pas comment il serait possible de nier l'existence de Satan plutôt que celle de Dieu.

« *Comment* Satan existe-t-il? *où* est-il actuellement? comment *exerce-t-il* son pouvoir, comme on nous le dit, pour concerter la tentation et la suggérer? Jusqu'à quel point est-il au courant de ce qui se passe dans l'esprit des hommes pour adapter ses suggestions à leur faiblesse? On ne nous le dit pas ; nous n'en savons donc rien. Mais, de ce qu'il ne nous est rien dit de la manière dont son pouvoir s'exerce et opère, nous ne pouvons pas tirer une preuve de la non-existence de cet Être redoutable présenté, dans tout le Nouveau Testament, comme l'adversaire de Dieu et de tout ce qui est bon, « soit dans l'individu, soit dans le développement de la race humaine ».

Le passage suivant peut être médité avantageusement par chacun de nous. Il a rapport à la tentation.

« Tout risque couru sans nécessité dans le but de faire parade de notre confiance en Dieu ; tout acte inusité et qui n'est pas nécessaire, accompli seulement ou principalement pour faire ostentation de nos prérogatives ou de notre conviction, ou pour attirer l'attention et l'admiration ; tout écart de la voie directe, non ornée, non admirée du simple devoir, en est une phase. »

. . . .

« Pourquoi Dieu permet-il qu'une de ses créatures soit tentée? C'est une question à laquelle nous ne pouvons pas plus répondre qu'à cet autre, dont elle n'est qu'un cas particulier : Pourquoi Dieu permet-il l'existence du mal? Mais nous savons que le mal existe et que la tentation existe aussi. Il nous est dit que le mal fut introduit dans le monde par un être nommé Satan ou

l'Adversaire (II Corinthiens, xi, 3) ; que cet être
essaya d'entraîner notre Sauveur dans le mal
d'abord par la séduction, ensuite par la menace.
Il nous est dit également qu'il est constamment
occupé à nous tenter comme il a tenté le Christ. »

. . . .

. . . .

« La véritable interprétation du dernier article de la prière du Christ semble donner à entendre que le même Être s'occupe aussi à suggérer
des tentations à tous les Chrétiens : « Ne nous in-
« duisez pas en tentation, mais délivrez-nous
« de l'Esprit du Mal. »

264. Mais le moment de la conclusion est
venu. Résumons cependant en peu de mots les
résultats de notre discussion.

Le grand principe scientifique dont nous avons
fait usage est la Loi de Continuité. Ceci signifie
simplement que tout l'univers est d'une seule
pièce, qu'il est quelque chose qu'un être intelligent peut comprendre, non pas complètement ni
tout à la fois, mais de mieux en mieux, à mesure
qu'il l'étudie davantage. Dans ce grand tout que
nous appelons l'Univers, il n'y a pas de barrière
impénétrable au développement intellectuel de
l'individu. La mort n'est pas une telle barrière,
soit que nous la considérions chez les autres, soit
que nous la subissions nous-mêmes. Et cette même

continuité, sur laquelle nous avons insisté au .:-
jet de nos conceptions intellectuelles de l'univers,
s'applique aussi, nous en doutons peu, aux autres
facultés de l'homme et aux autres régions de la
pensée.

Quand de cette position nous examinons l'univers, nous sommes conduits à nous en former une
idée scientifique présentant une analogie frappante avec le système que nous offre la religion
chrétienne. Car ses annales mentionnent non
seulement l'état nébuleux du commencement de
l'univers visible et sa fin par le feu, mais elles assignent encore à l'univers invisible une constitution et un pouvoir merveilleusement semblables à
ceux auxquels nous ont conduits nos légitimes
procédés scientifiques.

255. Nos lecteurs sont maintenant en mesure
d'apercevoir le résultat que l'on obtient en interrogeant ainsi la science, et en se laissant guider
complètement, sans défiance et sans hésitation,
par des principes scientifiques autorisés. Ce résultat est que la science ainsi développée, loin de se
présenter en adversaire du Christianisme, devient
son soutien le plus efficace ; et que la charge de
montrer comment les premiers chrétiens purent
acquérir sur la constitution de l'univers invisible
une notion totalement étrangère aux autres cos-
mogonies et toute semblable à ce que proclame la

science moderne est rejetée sur les épaules des adversaires du Christianisme.

266. Pour le moment, nous nous contentons d'ajouter que le principe dont nous nous sommes servis avec profit, n'est pas seulement une arme théologique, mais qu'il finira par devenir un puissant auxiliaire scientifique. Nous en avons déjà fait usage pour essayer de modifier l'hypothèse la plus probable qui ait été formulée sur la constitution dernière de la matière.

La vérité est que la science et la religion ne sont pas, et ne peuvent pas être, deux champs de connaissances sans communication possible entre eux. Une semblable hypothèse est simplement absurde.

Il existe indubitablement une avenue conduisant de l'une à l'autre. Mais cette avenue traverse l'univers invisible; et malheureusement elle a été murée avec cet écriteau : *On ne passe pas par ici,* et cela d'un commun accord, au nom de la science d'un côté, au nom de la religion de l'autre.

Nous avons l'espoir que lorsque ces régions de la pensée seront plus sérieusement étudiées, elles conduiront à quelque terrain commun sur lequel les hommes de science, d'une part, et les partisans de la religion révélée de l'autre, se réconcilieront et reconnaîtront leurs droits mutuels, sans rien sacrifier de leur indépendance, et sans rien perdre de leur respect réciproque. En adoptant cette manière de voir, nous accueillerons avec un sincère plaisir toutes remarques ou critiques sur les idées émises par nous, soit qu'elles nous viennent des maîtres de la pensée scientifique, soit des autorités en matière religieuse.

Mais, à quelque point de vue que nous nous placions, scientifique ou religieux, nous ne devons pas oublier qu'un grand objet de notre vie dans l'univers visible est évidemment d'apprendre, et que la constitution de l'être humain étant ce qu'elle est, l'avancement dans la science implique nécessairement un but élevé toujours posé [devant nous, et, en même temps, un effort ardent et continuel pour l'atteindre. Car, ainsi qu'il est dit dans la première épître de Jean, « la victoire que nous remportons sur le monde est l'œuvre de notre foi. »

Τῷ νικῶντι δώσω αὐτῷ Φαγεῖν ἐκ τοῦ ξύλου τῆς ζωῆς

(Au vainqueur je donnerai à manger du fruit de l'arbre de vie.)

TABLE DES MATIÈRES

CHAPITRE II

POSITION PRISE PAR LES AUTEURS — AXIOMES PHYSIQUES

CHAPITRE III

L'UNIVERS PHYSIQUE ACTUEL

Esquisse historique de la seconde loi de la thermodynamique.

CHAPITRE IV

MATIÈRE ET ÉTHER

CHAPITRE V

DÉVELOPPEMENT

CHAPITRE VI

PEUT-IL Y AVOIR DES INTELLIGENCES SUPÉRIEURES DANS L'UNIVERS VISIBLE?

CHAPITRE VII

L'UNIVERS INVISIBLE

Réplique aux objections contre notre théorie sur une vie future.

Miracles et résurrection du Christ.

FIN DE LA TABLE DES MATIÈRES

Toulouse, imprimerie Douladoure-Privat, rue Saint-Rome, 39. — 1785

www.ingramcontent.com/pod-product-compliance
Lightning Source LLC
Chambersburg PA
CBHW060954220326
41599CB00023B/3715